住房和城乡建设部“十四五”规划教材
高等学校建筑环境与能源应用工程专业推荐教材

燃气工程施工

岑 康 主编
焦文玲 万 云 张云林 主

中国建筑工业出版社

图书在版编目（CIP）数据

燃气工程施工 / 岑康主编. — 北京 ：中国建筑工业出版社，2021.11（2024.6 重印）
住房和城乡建设部“十四五”规划教材 高等学校建筑环境与能源应用工程专业推荐教材
ISBN 978-7-112-26520-6

Ⅰ. ①燃… Ⅱ. ①岑… Ⅲ. ①煤气供给系统－工程施工－高等学校－教材 Ⅳ. ①TU996.7

中国版本图书馆 CIP 数据核字(2021)第 177015 号

本书主要内容包括：绪论；燃气工程常用管材与附件；燃气管道工程施工；钢质燃气管道防腐施工；燃气管道穿跨越工程施工；燃气场站工程施工；室内燃气工程施工；燃气输配系统投产置换；施工组织与管理。本书以系统实用、简明扼要为宗旨，强调系统性、实践性、先进性和易读性。

本书可供建筑环境与能源应用工程专业、油气储运专业的学生学习使用，也可作为广大燃气工程建设、运行、维护人员的参考书。

责任编辑：齐庆梅
文字编辑：胡欣蕊
责任校对：焦 乐

住房和城乡建设部“十四五”规划教材
高等学校建筑环境与能源应用工程专业推荐教材
燃气工程施工
岑 康 主编
焦文玲 万 云 张云林 主审
*
中国建筑工业出版社出版、发行（北京海淀三里河路 9 号）
各地新华书店、建筑书店经销
北京红光制版公司制版
建工社（河北）印刷有限公司印刷
*
开本：787 毫米×1092 毫米 1/16 印张：16¾ 字数：418 千字
2021 年 12 月第一版 2024 年 6 月第二次印刷
定价：**45.00** 元（赠教师课件）
ISBN 978-7-112-26520-6
（37968）

出 版 说 明

党和国家高度重视教材建设。2016 年，中办国办印发了《关于加强和改进新形势下大中小学教材建设的意见》，提出要健全国家教材制度。2019 年 12 月，教育部牵头制定了《普通高等学校教材管理办法》和《职业院校教材管理办法》，旨在全面加强党的领导，切实提高教材建设的科学化水平，打造精品教材。住房和城乡建设部历来重视土建类学科专业教材建设，从“九五”开始组织部级规划教材立项工作，经过近 30 年的不断建设，规划教材提升了住房和城乡建设行业教材质量和认可度，出版了一系列精品教材，有效促进了行业部门引导专业教育，推动了行业高质量发展。

为进一步加强高等教育、职业教育住房和城乡建设领域学科专业教材建设工作，提高住房和城乡建设行业人才培养质量，2020 年 12 月，住房和城乡建设部办公厅印发《关于申报高等教育职业教育住房和城乡建设领域学科专业“十四五”规划教材的通知》（建办人函〔2020〕656 号），开展了住房和城乡建设部“十四五”规划教材选题的申报工作。经过专家评审和部人事司审核，512 项选题列入住房和城乡建设领域学科专业“十四五”规划教材（简称规划教材）。2021 年 9 月，住房和城乡建设部印发了《高等教育职业教育住房和城乡建设领域学科专业“十四五”规划教材选题的通知》（建人函〔2021〕36 号）。为做好“十四五”规划教材的编写、审核、出版等工作，《通知》要求：(1) 规划教材的编著者应依据《住房和城乡建设领域学科专业“十四五”规划教材申请书》（简称《申请书》）中的立项目标、申报依据、工作安排及进度，按时编写出高质量的教材；(2) 规划教材编著者所在单位应履行《申请书》中的学校保证计划实施的主要条件，支持编著者按计划完成书稿编写工作；(3) 高等学校土建类专业课程教材与教学资源专家委员会、全国住房和城乡建设职业教育教学指导委员会、住房和城乡建设部中等职业教育专业指导委员会应做好规划教材的指导、协调和审稿等工作，保证编写质量；(4) 规划教材出版单位应积极配合，做好编辑、出版、发行等工作；(5) 规划教材封面和书脊应标注“住房和城乡建设部‘十四五’规划教材”字样和统一标识；(6) 规划教材应在“十四五”期间完成出版，逾期不能完成的，不再作为《住房和城乡建设领域学科专业“十四五”规划教材》。

住房和城乡建设领域学科专业“十四五”规划教材的特点：一是重点以修订教育部、住房和城乡建设部“十二五”“十三五”规划教材为主；二是严格按照专业标准规范要求编写，体现新发展理念；三是系列教材具有明显特点，满足不同层次和类型的学校专业教学要求；四是配备了数字资源，适应现代化教学的要求。规划教材的出版凝聚了作者、主审及编辑的心血，得到了有关院校、出版单位的大力支持，教材建设管理过程有严格保障。希望广大院校及各专业师生在选用、使用过程中，对规划教材的编写、出版质量进行反馈，以促进规划教材建设质量不断提高。

住房和城乡建设部“十四五”规划教材办公室

2021 年 11 月

前　言

燃气是经济社会发展的重要能源。城镇燃气工程施工质量是燃气安全可靠供应的前提和基础，直接关系到人民群众生命财产安全与企业效益，必须严加管控。近年来，各种新材料、新设备、新工艺和新技术不断涌现，提升了燃气行业的整体技术水平。但目前关于燃气工程施工的教学用书多偏重理论，缺少建设程序、标准规范、技术方案、应用场景等实践性知识的介绍，难以帮助学生形成燃气工程建设的系统性概念。本书旨在弥补这一不足。

本书以系统实用、简明扼要为宗旨，强调系统性、实践性、先进性和易读性。具体表现在：根据燃气工程施工任务类型，以燃气工程施工工艺过程为主线，强化内容的系统性，使整个教材条理清晰，层次分明；强调基本理论、标准规范与工程实例的有机结合，每个章节配套相应思考题与习题，促进学生学以致用；及时引入城镇燃气工程施工方面的新材料、新设备、新工艺和新技术，并与最新的标准规范全面接轨；配以适当的插图、照片等，采用图文并茂的形式，增强教材内容的直观性、生动性与易读性。

本书由西南石油大学岑康主编。其中：第 1 章由岑康、江鑫编写；第 2 章由江鑫、李薇编写；第 3 章由岑康、豆利军、熊俊楠编写；第 4 章由王澜、彭善碧、岑康编写；第 5 章由卢恩苍、吴晓南、岑康编写；第 6 章由岑康、卢恩苍编写；第 7 章由江鑫、伍颖编写；第 8 章由岑康和孙岩峰编写；第 9 章由张羽编写。全书由哈尔滨工业大学焦文玲教授、成都燃气集团股份有限公司万云教授级高级工程师和华油燃气集团有限责任公司张云林高级工程师主审。港华燃气集团、昆仑能源有限公司、成都燃气集团股份有限公司、亚大集团提供了大量现场资料。邓渤凡、李文璇、苏霖昕、骆良波、何钐、黄喻、杨宗康、毛飞、严宏宇、叶亚西、岳超、张伟、覃见平等绘制了全部插图。本书编写过程中参阅了大量参考文献，从中受益匪浅。在此一并表示衷心的感谢。

尽管我们在教材编写方面尽了很大的努力，力求完美，但由于水平有限，加之时间仓促，书中难免有疏漏或不当之处，敬请读者批评指正，多提宝贵意见和建议。

目　　录

第 1 章　绪　　论

1.1　燃气工程性质与分类

燃气工程是市政工程重要基础设施之一。燃气工程的规划建设直接关系到城乡居民的生计，并与城乡建设、住房、供水、供电、交通等设施相互配套、相互促进，影响城乡的经济、文化、环境建设与可持续发展。因此，燃气工程建设必须符合当地城乡建设总体规划和国民经济发展纲要的要求。

燃气工程是复杂的系统工程。根据燃气设施用途的不同，燃气工程大致可分为：气源工程、场站工程、输配管网工程、用户工程。

1.2　燃气工程建设的基本原则与程序

1.2.1　基本原则

燃气工程建设的基本原则包括：

(1) 燃气工程的规划建设、运行管理应遵循安全生产、保障供应、节约资源、保护环境、技术先进、经济合理的原则。

(2) 工业和民用建筑需配套建设燃气设施的，其燃气设施应当与主体工程同时设计、同时施工、同时验收。燃气工程中的安全设施和环境保护设施应与主体工程同时投入使用。

(3) 燃气工程建设应由符合国家规定的相应资质等级的勘察设计、施工和监理单位承担，并严格遵循国家相关技术标准、规范及规程，应保证工程质量、进度、投资、安全，并文明施工。

(4) 采用新技术、新工艺、新材料、新设备时，应满足国家现行标准规范相关要求。当采用的技术措施与技术规范的规定不一致时，应进行合规性判定。

1.2.2　基本程序

工程项目基本建设程序是指工程项目从设想、选择、评估、决策、设计、施工到竣工验收、投产试运行的整个建设过程中，各项工作必须遵循的先后次序。一个工程项目一般要经过投资决策、建设实施和交付使用三个发展阶段。这三个发展阶段又可分为若干个子阶段，它们之间可以进行合理的交叉，但不能任意颠倒次序，如图 1-1 所示。

1. 项目投资决策阶段

项目投资决策阶段的工作主要是编制项目建议书、项目申请报告或可行性研究报告。投资决策阶段的作用是对拟建项目作框架性总体设想，对项目何时投资、在何地投资、如何实施等重大问题进行科学论证和多方案比较，阐明项目建设的必要性、重要性、可行性

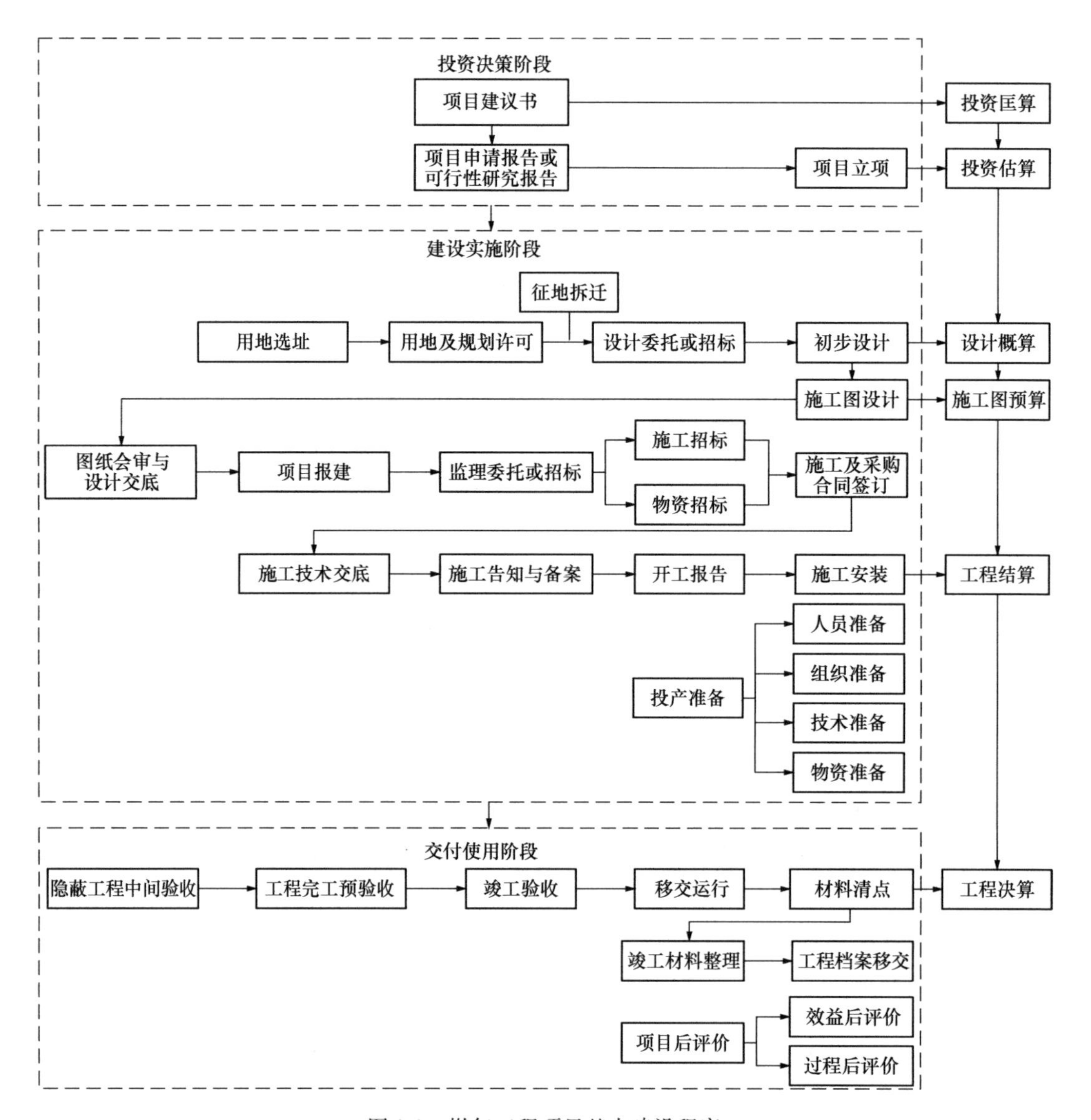

图 1-1　燃气工程项目基本建设程序

等，供筹建单位作出决策，提高项目投资决策的科学性和合理性。此阶段虽然投入少，但对项目效益影响大。前期若决策失误，往往会导致重大损失。

(1) 项目建议书

根据《国务院关于投资体制改革的决定》，政府投资项目和非政府投资项目分别实行审批制、核准制或登记备案制。

1) 政府投资项目。对于采用直接投资和资本金注入方式的政府投资项目，政府需要从投资决策的角度审批项目建议书。应根据建设规模和限额划分，编制项目建议书，并报送政府有关部门审批。需要注意的是，批准后的项目建议书并不代表项目的最终决策。

2) 非政府投资项目。对于企业不使用政府资金投资建设的项目，政府不再进行投资决策性质的审批，项目实行核准制或登记备案制。企业不需要编制项目建议书，可直接编制可行性研究报告。

3）项目建议书一般应包括以下几个方面的内容：

建设项目提出的必要性和依据；

供气规模、气源和储气设施布点的初步设想；

建设项目内容及气源供应情况、建设条件、协作关系；

投资匡算、资金筹措及还贷方案设想；

项目进度安排；

经济效益和社会效益的初步匡算；

环境影响的初步评价。

（2）项目申请报告

项目申请报告，是企业在投资建设应报政府核准的项目时，为获得项目核准机关对拟建项目的行政许可，按核准要求报送的项目论证报告。编写项目申请报告时，应根据政府公共管理的要求，对拟建项目从规划布局、资源利用、征地移民、生态环境、经济和社会影响等方面进行综合论证，为有关部门对企业投资项目核准提供依据。至于项目的市场前景、经济效益、资金来源、产品技术方案等内容，不必在项目申请报告中进行详细分析和论证。目前部分省、市政府根据项目申请报告即可完成项目立项，不再要求提供可行性研究报告。项目申请报告一般应包括以下几方面内容：

1）项目建设的必要性；

2）项目建设的技术可行性；

3）项目建设的经济合理性。

大纲内容可以参考可行性研究报告，各省也有相关的项目申请报告编制深度要求。

（3）可行性研究报告

1）政府投资项目。政府需要从投资决策的角度审批可行性研究报告，除特殊情况外不再审批开工报告，同时还要严格审批其初步设计和概算；对于采用投资补助、转贷和贷款贴息方式的政府投资项目，则只审批资金申请报告。

2）非政府投资项目。一律不再实行审批制。根据不同情况，实行核准制或登记备案制。

①核准制。企业投资建设《政府核准的投资项目目录》中的项目时，仅需向政府提交项目申请报告，不再经过批准项目建议书、可行性研究报告和开工报告的程序。

②备案制。对于《政府核准的投资项目目录》以外的企业投资项目，实行登记备案制。除国家另有规定外，应由企业按照属地原则向地方政府投资主管部门备案。

可行性研究应完成以下工作内容：

1）进行市场研究，以解决项目建设的必要性问题；

2）进行工艺技术方案的研究，以解决项目建设的技术可行性问题；

3）进行财务和经济分析，以解决项目建设的经济合理性问题。

可行性研究报告应包括以下基本内容：

1）可行性研究报告的编制依据；

2）城市概况；

3）发展城市燃气的理由；

4）气源及供气规模；

5）供气原则及气化范围；

6）确定燃气供需平衡及调峰措施和手段；

7）燃气输配系统方案及其技术经济比较；

8）消防措施；

9）节能、节水措施；

10）环境影响评价；

11）劳动安全卫生；

12）组织机构与人力资源配置；

13）项目实施进度；

14）投资、材料估算及资金筹措；

15）社会经济效益分析和风险评价；

16）结论和存在问题及建议。

（4）注意事项

1）针对主要燃气场站和高压管道等重大建设项目，相关法律法规还要求建设前期聘请专业单位做好《安全评估报告》《环境评估报告》《消防审核意见》，场站工程所需土地还需取得土地管理部门《土地规划选址意见书》。此外，工程竣工后应取得相关安评、环评、消防、建设选址及建设用地规划许可证等，还需进行项目后评估、核实、核查等各项工作。

2）针对市政中压管网和小区庭院管道等中小型燃气工程项目，项目前期工作可适当简化。应了解清楚当地政府主管部门要求及有关法规，做好前期申报工作。

2. 项目建设实施阶段

燃气工程项目建设实施阶段工作内容主要包含工程设计、建设准备、施工安装、投产准备等阶段。

（1）工程设计

工程设计包括初步设计和施工图设计两个阶段，有特殊要求的项目还需要增加技术设计。其中，初步设计阶段通过对工程项目做出的基本技术经济规定，编制项目总概算。如果初步设计提出的总概算超过可行性研究报告总投资的10%，可行性研究报告需要重新审批。初步设计方案应符合城市总体规划，并由建设单位报送建设行政主管部门审批。

施工图设计则是根据批准的初步设计，绘制出正确、完整和尽可能详尽的土建与安装工程图纸，以满足工程施工及设备材料采购和定制的要求。建设单位应当将施工图报送建设行政主管部门，并由其委托有关审查机构，进行结构安全和强制性标准规范执行情况等内容的审查。施工图一经审查批准，不得擅自修改。如遇特殊情况需要进行涉及审查主要内容的修改时，必须重新报请原审批部门，由原审批部门委托审查机构审查后再批准实施。

（2）建设准备

建设单位完成工程建设准备工作并具备工程开工条件后，应及时办理工程质量监督手续和施工许可证。

1）工程质量监督手续的办理。建设单位在办理施工许可证之前，应当到规定的工程质量监督机构办理工程质量监督注册手续。办理质量监督注册手续时，需提供下列资料：

① 施工图设计文件审查报告和批准书；

② 中标通知书和施工、监理合同；

③ 建设单位、施工单位和监理单位工程项目的负责人和机构组成；

④ 施工组织设计和监理规划（监理实施细则）；

⑤ 其他需要的文件资料。

2）施工许可证的办理。建设单位在开工前，应当向工程所在地的县级以上人民政府建设行政主管部门申请领取施工许可证。工程投资额在30万元以下或者建筑面积在 $300m^2$ 以下的建筑工程，可以不申请办理施工许可证。

项目在开工建设之前要切实做好各项准备工作，其主要内容包括：

1）征地、拆迁和场地平整；

2）完成施工用水、电、通信、道路等接通工作；

3）组织招标，选择工程监理单位、承包单位及设备、材料供应商；

4）准备必要的施工图纸。

（3）施工安装

项目的开工时间，是指工程项目设计文件中规定的任何一项永久性工程第一次正式破土开槽施工的日期。不需要开槽的，以正式开始打桩的日期为开工日期。需进行大量土、石方工程的，以开始土、石方工程的日期为开工日期。工程地质勘察、场地平整、原有建筑物的拆除、临时建筑、施工用临时道路和水、电等工程开始施工的日期，不能算作正式开工日期。

项目正式开工后，即开展各项既定的施工安装工作。

（4）投产准备

投产准备是指燃气管输系统正式投产运营前应做的准备工作，一般应包括以下主要内容：

1）人员准备；

2）组织准备；

3）技术准备；

4）物资准备。

3. 项目交付使用阶段

工程项目交付使用阶段包含竣工验收、项目后评价两部分。

（1）竣工验收

竣工验收一般由项目批准单位或委托项目主管部门组织，建设单位、监理单位、施工单位、勘察设计单位参与验收。验收委员会要对工程设计、施工和设备质量等方面作出全面的评价。

竣工验收的范围和标准如下：

1）生产性项目和辅助公用设施已按设计要求建设完毕，能满足生产要求；

2）主要工艺设备经联动负荷试车合格，形成生产能力，具备投入正式运行的能力；

3）生产准备工作能适应投产初期的需要；

4）环境保护设施、劳动安全卫生设施、消防设施已按设计要求，与主体工程同时建成使用。

竣工验收的准备工作：

1）整理技术资料；

2）绘制竣工图；

3）编制竣工决算。

竣工验收的程序：

1）规模较大、较复杂的工程建设项目应先进行初验，然后进行正式验收；也可先进行分项单独验收，最后整体验收。

2）规模较小、较简单的工程项目，可一次性进行全部项目的竣工验收。

（2）项目后评价

项目后评价是工程项目实施阶段管理的延伸。工程项目竣工验收或交付使用，只是工程建设完成的标志，而不是工程项目管理的终结。项目后评价是通过对项目实施过程、结果及其影响进行调查研究和全面系统回顾，与项目决策时确定的目标以及技术、经济、环境、社会指标进行对比，找出差别和变化，分析原因，总结经验，吸取教训，得到启示，提出对策建议。通过信息反馈，改善今后的投资管理和决策，达到提高投资效益的目的。

项目后评价包括效益后评价、过程后评价、影响后评价、可持续性评价，常用的基本评价方法主要有对比法、逻辑框架法、成功度评价法等。

1.2.3 燃气工程建设注意事项

（1）应严格执行招标程序，做好资格预选工作，保证公平竞争。燃气工程涉及土建工程、安装工程，具有鲜明的行业特殊性，关键人员也应具有相应的从业资质。

（2）压力管道和压力容器需报当地质量技术监督（市场监管）部门参与监检。

（3）按国家相关建设工程定额、计价标准进行工程预决算。

（4）坚持民生优先；坚持先规划设计、后建设施工；坚持先地下、后地上。

（5）工艺方案应经过多方案的技术经济比选。一般高压输送、中压配送、低压使用。燃气供应系统应设置数据采集与监控管理信息化系统。

（6）根据气源压力等级、储气方式、站址地质条件、安全评估、环境保护、运行管理、人文因素等综合条件，合理确定储气调峰规模及其设施，加强质量监督管理，确保工程质量与安全。

（7）城镇燃气设施的建设、运行、维护，应采取有效保证人身和公共安全的措施。

（8）对抗震设防烈度为6度及以上地区，燃气设施的建设必须采取抗震措施。

思考题与习题

1. 简述燃气工程建设的基本原则。
2. 试述政府投资燃气工程项目的基本建设程序。
3. 试述非政府投资燃气工程项目的基本建设程序。

第 2 章　燃气工程常用管材与附件

2.1　钢材

钢材是燃气管道、储罐、压缩机及其附件等的主要原料。不同工艺系统的介质压力、温度等存在显著差异，使用的钢材类型也有差异。

2.1.1　钢的分类

钢是含碳量（质量分数）在 0.02%～2.11%之间的铁碳合金。为了保证其韧性和塑性，含碳量一般不超过 1.7%。钢的主要元素除铁、碳外，还有硅、硫、磷、氧和氮等。其中硫、磷、氧和氮为有害杂质，会对钢材性能产生不利影响。

铁是基本元素，碳是决定钢的性能的主要元素。含碳量增加时，钢材的强度和硬度增加，而塑性、韧性和焊接性能相应降低。磷含量提高，钢材的强度有所提高，但塑性和韧性显著下降，温度越低，影响越大。硫降低钢的各种机械性能。氧降低钢的机械性能，尤其是韧性。氮使钢的强度提高，但塑性和韧性显著下降，可焊性降低。

按照钢的化学成分，分为碳素钢和合金钢。按其含碳量不同，碳素钢分为低碳钢（含碳量≤0.25%）、中碳钢（0.25%＜含碳量≤0.60%）和高碳钢（0.60%＜含碳量≤2.11%）；按其质量不同，碳素钢又分为普通碳素钢和优质碳素钢。合金钢是指在碳素钢的基础上，为改善钢的性能在冶炼时特意加入一些合金元素（如铬、镍、硅、钼、锰等）而炼成的钢。合金钢性能比碳素钢更加优良，如耐腐蚀、耐高温、抗氧化、抗蠕变和良好的持久强度等。合金钢按其合金元素总含量（质量分数），可分为低合金钢（合金元素含量＜5%）、中合金钢（合金元素含量 5%～10%）和高合金钢（合金元素含量＞10%）。按其用途分为合金结构钢、合金工具钢和具有特殊性能的特种合金钢，如耐热钢、低温钢、耐酸钢等。

按钢的脱氧程度，分为镇静钢、沸腾钢和半镇静钢。镇静钢指完全脱氧的钢；沸腾钢指不脱氧的钢；半镇静钢指半脱氧的钢，其脱氧程度介于沸腾钢和镇静钢之间。

按钢的品质，分为普通钢（含磷量≤0.045%、含硫量≤0.050%）、优质钢（含磷量≤0.035%、含硫量≤0.035%）、高级优质钢（含磷量≤0.035%、含硫量≤0.030%）。

按钢的用途，分为结构钢、工具钢、特殊性能钢和专业用钢。其中：结构钢主要用于建筑用钢和机械用钢；工具钢主要用于制造各种工具，如刀具、量具、模具等；特殊性能钢是具有特殊物理、化学性能的钢，如不锈钢、耐酸钢、耐热钢等；专业用钢是指各个工业部门专业用途的钢，如锅炉用钢、航空用钢、化工机械用钢、电工用钢、焊条用钢等。

按成形方法，分为锻钢、铸钢、热轧钢和冷拉钢。

2.1.2　燃气工程常用钢材牌号

燃气工程常用含碳量在 0.24%以下的优质碳素结构钢、普通碳素结构钢、低合金结构钢以及不锈钢、耐热钢等特殊钢。

1. 普通碳素结构钢

根据《碳素结构钢》GB/T 700，普通碳素结构钢的牌号由代表屈服强度的字母、屈服强度数值、质量等级符号、脱氧方法符号等四个部分按顺序组成。其中，以Q开头，表示屈服强度的汉语拼音首字母，其后是表示钢材屈服强度的三位数字（单位为MPa），最后的两位字母分别表示质量等级和脱氧方法。质量等级分为A、B、C、D四级。其中，A级质量最差，D级最好。脱氧方法符号中F表示沸腾钢，Z表示镇静钢（可不标出）、TZ表示特殊镇静钢（可不标出）。

例如：Q235AF钢表示屈服强度为235MPa、质量等级为A级的普通碳素结构钢，且为沸腾钢。

低压流体输送用钢管、钢筋等一般均采用普通碳素结构钢。燃气工程中常用牌号主要有Q235、Q275等。

2. 优质碳素结构钢

根据《优质碳素结构钢》GB/T 699，优质碳素结构钢的牌号由含碳量、化学成分符号、脱氧方法符号、质量等级符号等四个部分按顺序组成。牌号头两位数字代表平均含碳量的万分之几；其后为钢中主要合金元素符号，若合金元素后面未附数字，表示其平均含量在1.5%以下；脱氧方法或专业用钢也应在数字后标出（如g表示锅炉用钢）。

例如：20钢表示平均含碳量为万分之二十（0.20%）的优质碳素结构钢，且为镇静钢（字母Z省略）；16Mn钢表示平均含碳量为万分之十六（0.16%）的优质碳素结构钢，且为镇静钢，平均含锰量低于1.5%。

燃气场站工艺管道等一般均采用优质碳素结构钢。燃气工程中常用牌号主要有20、16Mn等。

3. 低合金高强度结构钢

根据《低合金高强度结构钢》GB/T 1591，低合金高强度结构钢牌号由代表屈服强度的字母Q、屈服强度数值、交货状态代号、质量等级符号（B、C、D、E、F）四个部分组成。其中，交货状态为热轧时，交货状态代号AR或WAR可省略；交货状态为正火或正火轧制状态时，交货状态代号均用N表示。

例如：Q345ND表示屈服强度为345MPa的D级低合金结构钢，交货状态为正火或正火轧制。

燃气储罐支架等重要钢结构常采用低合金高强度结构钢。燃气工程中常用牌号主要有Q345等。

4. 不锈钢和耐热钢

根据《不锈钢和耐热钢 牌号及化学成分》GB/T 20878，不锈钢和耐热钢牌号的头两位数字代表平均含碳量万分之几；其后为钢中主要合金元素符号，其含量以百分之几数字标出，若合金元素后面未附数字，表示其平均含量在1.5%以下。

例如：06Cr18Ni10Ti表示平均含碳量为0.06%，平均含铬量18%，平均含镍量10%，平均含钛量低于1.5%。

LNG液相管道、CNG管道一般采用不锈钢，常用牌号主要为06Cr19Ni10等；工业燃烧炉的喷头等一般采用耐热钢，常用牌号有10Cr17等。

2.2 常用管材

2.2.1 管道标准

管道标准化的主要内容是统一管道、管件的主要参数与结构尺寸。其中最重要的内容之一是直径和压力的标准化和系列化，即管道工程常用的公称直径系列和公称压力系列。

1. 公称直径

为了使管道与管路附件能够相互连接，其接合处的口径应保持一致。所谓公称直径就是各种管道与管路附件的通用口径，用符号 *DN* 表示。*DN* 后附以 mm 为单位的公称直径数值。

对于钢管和塑料管及其同材质管件，*DN* 后的数值不一定是管道内径（*D*），也不一定是管道的外径（D_W），而是与 *D* 和 D_W 接近的整数。对于钢管，*DN* 后的数值是接近于内径的一个整数；对于聚乙烯管，其公称直径一般用 *de* 表示，后面的数值表示外径；对于工艺设备，*DN* 后的数值是设备接口的内径。

根据《管道元件 公称尺寸的定义和选用》GB/T 1047 的规定，优先选用的公称直径范围为 *DN* 6～*DN* 2700，共 58 个级别。

对于采用管螺纹连接的管道，其公称直径在习惯上用英制管螺纹尺寸（英寸）表示。公称直径 *DN* 和 *NPS*（以英寸为单位）的对应关系，详见表 2-1。

_DN_ 数值和 NPS 数值对应关系　　表 2-1

DN	*NPS*
6	1/8
8	1/4
10	3/8
15	1/2
20	3/4
25	1
32	1 1/4
40	1 1/2
50	2
65	2 1/2
80	3
100	4

注：*DN*≥100 时，*NPS*=*DN*/25。

2. 公称压力

公称压力表针与管道系统部件耐压能力有关的参考数值。根据《管道元件 公称压力的定义和选用》GB/T 1048，公称压力包括 PN 和 Class 两个系列，如表 2-2 所示。其中：PN 系列共有 12 个级别，其后的数值的单位为 bar（0.1MPa）；Class 系列共有 17 个级别，其后的数值的单位为 psi（磅/平方英寸）。

公称压力数值　表 2-2

序号	PN 系列	Class 系列
1	PN 2.5	Class 25[a]
2	PN 6	Class 75
3	PN 10	Class 125
4	PN 16	Class 150
5	PN 25	Class 250
6	PN 40	Class 300
7	PN 63	(Class 400)
8	PN 100	Class 600
9	PN 160	Class 800[c]
10	PN 250	Class 900
11	PN 320	Class 1500
12	PN 400	Class 2000[d]
13	—	Class 2500
14	—	Class 3000[e]
15	—	Class 4500[f]
16	—	Class 6000[e]
17	—	Class 9000[g]

注：[a]适用于灰铸铁法兰和法兰管件；[b]适用于铸铁法兰、法兰管件和螺纹管件；[c]适用于承插焊和螺纹连接的阀门；[d]适用于锻钢制的螺纹管件；[e]适用于锻钢制的承插焊和螺纹管件；[f]适用于对焊连接的阀门；[g]适用于锻钢制的承插焊管件；带括号的公称压力数值不推荐使用。

需要特别注意的是，上述压力等级的划分与城镇燃气输配管道分级完全不同。《燃气工程项目规范》GB 55009 按城镇燃气管道设计压力分为 8 级，如表 2-3 所示。

城镇燃气输配管道分级　表 2-3

名称		最高工作压力（表压）(MPa)
超高压燃气管道		$4.0<P$
高压燃气管道	A	$2.5<P\leqslant 4.0$
	B	$1.6<P\leqslant 2.5$
次高压燃气管道	A	$0.8<P\leqslant 1.6$
	B	$0.4<P\leqslant 0.8$
中压燃气管道	A	$0.2<P\leqslant 0.4$
	B	$0.01<P\leqslant 0.2$
低压燃气管道		$P\leqslant 0.01$

2.2.2 钢管

钢管承压能力强、可塑性好、便于焊接，但耐腐蚀性较差，必须采取可靠的防腐措施。钢管按照制造工艺不同，分为无缝钢管和焊接钢管两大类。焊接钢管按照焊缝形式的不同，又可分为直缝焊钢管和螺旋缝焊钢管。同时，无缝钢管和焊接钢管均可用作石油天然气工业管线输送用钢管，简称管线钢管。

1. 无缝钢管

无缝钢管是采用热成型工艺制造的不带焊缝的钢管。在热成型后，可以进行冷定径或冷精整，以获得需要的外形、尺寸及性能。

按制造方法不同，分为热轧无缝钢管和冷拔（冷轧）无缝钢管。热轧无缝钢管是将圆钢坯加热后，经穿管机穿孔热轧而成。冷拔（冷轧）无缝钢管是将圆钢坯经加热穿孔后，再冷拔（冷轧）成管。

在燃气管道工程中，钢管外径大于 57mm 时，一般采用热轧无缝钢管；外径小于等于 57mm 时，一般采用冷轧（冷拔）无缝钢管。燃气工程中常用无缝钢管外径及壁厚，如表 2-4 所示。

无缝钢管常用规格 **表 2-4**

公称直径	外径（mm）	壁厚（mm）	
DN 25	32	3	4
DN 32	38	3	4
DN 40	45	3.5	4
DN 50	57	3.5	4
DN 80	89	4.5	
DN 100	108	4.5	
DN 150	159	5	
DN 200	219	6	
DN 250	273	7	
DN 300	325	8	
DN 350	377	9	
DN 400	426	9	

直缝焊钢管、螺旋缝焊钢管和无缝钢管规格的习惯表示方法相同，均为：外径×壁厚（$\phi D_W \times \delta$）。

2. 焊接钢管

焊接钢管是由卷成管形的钢板以对缝或螺旋缝的形式焊接而成，又称有缝钢管。可分为低压流体输送用钢管、螺旋缝焊钢管、直缝焊钢管。

（1）低压流体输送用钢管

低压流体输送用钢管是由焊接性能较好的低碳钢制造，管径通常用 *DN* 表示规格。常用作低压、小口径燃气管道（如户内燃气管道）的管材。按表面是否镀锌，可分为镀锌管（白铁管）和不镀锌管（黑铁管）；按壁厚，可分为普通管和加厚管。

钢管最小公称直径为 6mm，普通长度为 4～12m。采用螺纹连接的燃气管道，一般使用的最大公称直径为 50mm。低压流体输送用钢管常用外径及壁厚，如表 2-5 所示。

低压流体输送用钢管常用规格　　表 2-5

公称直径	外径（mm）	壁厚（mm）	
		普通管	加厚管
DN 15	21.3	2.8	—
DN 20	26.9	2.8	—
DN 25	33.7	3.2	4.0
DN 32	42.4	3.5	4.0
DN 40	48.3	3.5	4.5
DN 50	60.3	3.8	4.5
DN 65	76.1	4.0	4.5
DN 80	88.9	4.0	5.0
DN 100	114.3	4.0	5.0

（2）直缝焊钢管

直缝焊钢管用中厚钢板直缝卷制，以电弧焊方法焊接而成。钢板的弯卷常用三辊或四辊对称式卷板机。

公称直径 *DN* 400 以下的钢管一般采用直缝高频电阻焊焊接，简称 ERW（Electric Resistance Welded）钢管。高频电阻焊焊接基本原理为：其待焊边缘通过机械加压焊接在一起，焊接热量由感应或传导电流流过电阻产生；公称直径 *DN* 400 以上的钢管一般采用直缝双面埋弧焊焊接，简称 LSAW（Longitudinal Submerged Arc Welded）钢管。

按制作钢管的成型工艺不同，直缝焊钢管又可分为 UOE（Uing Oing and Expanding）成型和 JCOE（Jing Cing Oing and Expanding）成型两种。

（3）螺旋缝焊钢管

螺旋缝焊钢管是将钢带螺旋卷制后焊接而成，如图 2-1 所示。其优点是生产效率高，可用较窄的钢带生产大口径管道，并具有较高的承压能力。

图 2-1　螺旋缝焊钢管

直缝焊钢管和螺旋缝焊钢管的常用外径及壁厚，如表 2-6 所示。

直缝焊钢管和螺旋缝焊钢管常用规格 表 2-6

公称直径	外径（mm）	壁厚（mm）
DN 200	219.1	6.3
DN 250	273.1	6.3
DN 300	323.9	7.1
DN 350	355.6	7.1
DN 400	406.4	8.0
DN 450	457	8.0
DN 500	508	8.8

3. 管线钢管

管线钢管为石油天然气工业管线输送用钢管的简称，包含无缝钢管和焊接钢管两大类，具有《石油天然气工业 管线输送系统用钢管》GB/T 9711 规定的两种产品规范水平（PSL1 和 PSL2）。其中：PSL1 提供标准质量水平的管线钢管；PSL2 则在 PSL1 质量水平基础上，进一步增加了包括化学成分、缺口韧性、强度性能和补充无损检测的强制性要求。

管线钢管等级由字母和规定最小屈服强度构成，以识别钢管的强度水平。其中：GB/T 9711 中，L 后面的数字对应于用 MPa 表示的规定最小屈服强度；API Spec 5L 中，X 后面的数字则对应于用 1000psi 表示的规定最小屈服强度。在高压、次高压燃气管道工程中，常选用 PSL1 系列中的 L245、L290、L320、L360、L390 等。常用的钢材型号还有 PSL2 系列中的 L360N、L360M。M 表示热机械轧制，是指钢材的最终变形在一定温度范围内进行的轧制工艺，从而保证钢材获得仅通过热处理无法获得的性能。N 表示正火，是指钢材加热到高于相变点温度以上的一个合适的温度，然后在空气中冷却至低于相变点温度的热处理工艺。国内外管线钢管牌号及性能对比，详见表 2-7。

国内外管线钢管牌号及性能 表 2-7

管线钢管牌号		屈服强度（MPa）	抗拉强度（MPa）	钢材类型
GB/T 9711	API Spec 5L			
	A25	172	310	普通碳素钢
L210	A	207	311	
L245	B	241	413	
L290	X42	289	413	普通低合金高强度钢
L320	X46	317	434	
L360	X52	358	455	
L390	X56	386	489	微合金化高强度钢
L415	X60	415	517	
L450	X65	448	530	
L485	X70	482	565	微合金化高强度钢、低合金钢
L555	X80	551	620	
	X100	727	837	

2.2.3　聚乙烯管

聚乙烯（PE）燃气管材是按照《燃气用埋地聚乙烯（PE）管道系统　第1部分：管材》GB 15558.1要求，由聚乙烯混配料经塑化、挤出、冷却定型而制成的管材。

聚乙烯材料等级根据长期静液压强度确定。长期静液压强度表示在20℃、50年寿命、预测概率为97.5%的条件下，材料能够承受的最小环向应力（单位为MPa）。目前已得到大量应用的有PE80级和PE100级管材。PE80级材料的长期静液压强度为8.0MPa，PE100级材料的长期静液压强度为10.0MPa。按颜色区分燃气管材主要有黑色管材、黄色管材和橙色管材，其中橙色和黄色管材一般为PE100级管材。

按照公称外径与壁厚之比SDR（即标准尺寸比）不同，可分为SDR11、SDR17、SDR21、SDR26四个系列。SDR11和SDR17为常规首选系列，SDR21和SDR26系列常用于燃气管道非开挖修复工程。PE80级管材一般仅用于生产SDR11系列，而PE100管材则用于生产SDR11和SDR17两个系列。

聚乙烯燃气管材常用规格，如表2-8所示。

聚乙烯燃气管材常用规格　　**表2-8**

材料等级	SDR	公称外径（mm）
PE80	11	32、40、50、63、90、110、160、200、250、315
PE100	11	32、40、50、63、90、110、160、200、250、315
	17	160、200、250、315

（1）聚乙烯管材的优点

1）管道内壁光滑。聚乙烯管内壁当量绝对粗糙度约为钢管的1/10～1/20，摩擦阻力小，通常其流通能力比钢管约高30%。

2）柔韧性好。小直径管材可以盘管成卷，便于运输，在施工过程中可一根整管敷设或蛇形敷设绕过障碍物，显著减少管道中的接头数量。

3）连接方便。管道连接可采用电熔连接或热熔对接连接，但不得采用螺纹连接或粘接。聚乙烯管与金属管道连接，需采用钢塑过渡接头连接。

4）具有很好的耐腐蚀性，可直埋且无需防腐，使用寿命长。

5）抗冲击性能好，具有较高的断裂延伸率，具有良好的抗震性能。

6）具有较好的气密性，气体渗透率低。

7）经济优势明显。*de* 400以下的聚乙烯管与钢管相比，虽主材费用较高，但安装费用和运行费用均较低。

（2）聚乙烯管的缺点

1）常温下强度较低，耐冲击性差，允许工作压力较低。

2）耐温性较差。

3）当管径增大时，壁厚急剧增大，管材成本也随之快速增加。

4）由于地下塑料燃气管道的位置较难探测，需安装示踪带（线）。

5）不能承受紫外线长时间照射，故不能露天架空敷设。

2.2.4　不锈钢管

不锈钢管由于具有耐腐蚀、强度高、寿命长、安全、卫生、美观等特点，目前已大量应用于建筑给水和直饮水管道中。随着燃气管道使用寿命要求的提高，借鉴给水工程的成功经验，《城镇燃气设计规范》GB 50028、《城镇燃气室内工程施工与质量验收规范》CJJ 94 已将不锈钢管列为室内燃气管道的选用管材之一。

不锈钢，即耐空气、蒸汽、水以及酸、碱、盐等介质腐蚀的钢的统称。不锈钢所含的铬合金元素会与腐蚀介质中的氧气反应，在钢表面形成一层自钝化氧化膜 Cr_2O_3，该氧化膜可阻止钢基体进一步腐蚀。由于这层铬氧化膜在空气或水中可迅速生成，所以不锈钢管道在划伤或损坏后其耐蚀性具备自修复功能。不锈钢按基体组织分为铁素体、马氏体、奥氏体等，按成分分为析出硬化系（SUS600）、Cr 系（SUS400）、Cr-Ni 系（SUS300）及 Cr-Mn-Ni（SUS200）。

根据《流体输送用不锈钢焊接钢管》GB/T 12771，不锈钢焊接钢管分为薄壁和厚壁两大类。壁厚与外径比不大于 3%的为薄壁不锈钢管；壁厚与外径比大于 3%的为厚壁不锈钢管。目前燃气工程中使用的薄壁不锈钢管要求壁厚不小于 0.6mm。

2.2.5 铝塑复合管

铝塑复合管是以纵向焊接铝管为中间层，可隔绝气体渗透，内外层均为聚乙烯，采用专用热熔胶，通过挤出成型方法复合成一体的管材。铝塑管的特殊结构，使其同时具备金属管和塑料管的优点，具有易弯曲、不回弹的特性，管道易弯曲定型，施工方便。

铝塑复合管应符合《铝塑复合压力管　第 1 部分：铝管搭接焊式铝塑管》GB/T 18997.1 或《铝塑复合压力管　第 2 部分：铝管对接焊式铝塑管》GB/T 18997.2 的规定。

铝塑复合管使用环境温度应小于 60℃，使用压力不大于 10kPa，只允许用作室内低压燃气管道。其主要缺点为防火、防机械损伤性能较差，对紫外线较敏感，一次成型后移动易出现密封不严。

燃气用铝塑复合管常用规格，如表 2-9 所示。

燃气用铝塑复合管常用规格　　**表 2-9**

规格	内径（mm）	外径（mm）
Q1216	12.1	16
Q1620	15.7	20
Q2025	19.9	25

2.3 管道附件

2.3.1 螺纹管件

低压流体输送用钢管的管件，由可锻铸铁和低碳钢制造，多为圆柱内螺纹，用作管道接头连接。根据是否镀锌分为黑铁管件和白铁管件。可锻铸铁管件，适用于公称压力 $PN \leqslant 0.8$MPa。低碳钢管件，适用于公称压力 $PN \leqslant 1.6$MPa。管件规格用公称直径 DN 表示，根据管件在管道安装连接中的用途分为以下几种：

（1）用于管道互相连接的管件：活接头、法兰、管箍等。

（2）改变管道方向的管件：弯头。

（3）改变管道管径的管件：补心（内外螺纹）、异径管箍（大小头）等。

（4）增加管路分支的管件：同径或异径三通、同径或异径四通等。

（5）用于管路密封的管件：丝堵、法兰盲板等。

常用螺纹管件及可锻铸铁管件，分别如图2-2和图2-3所示。

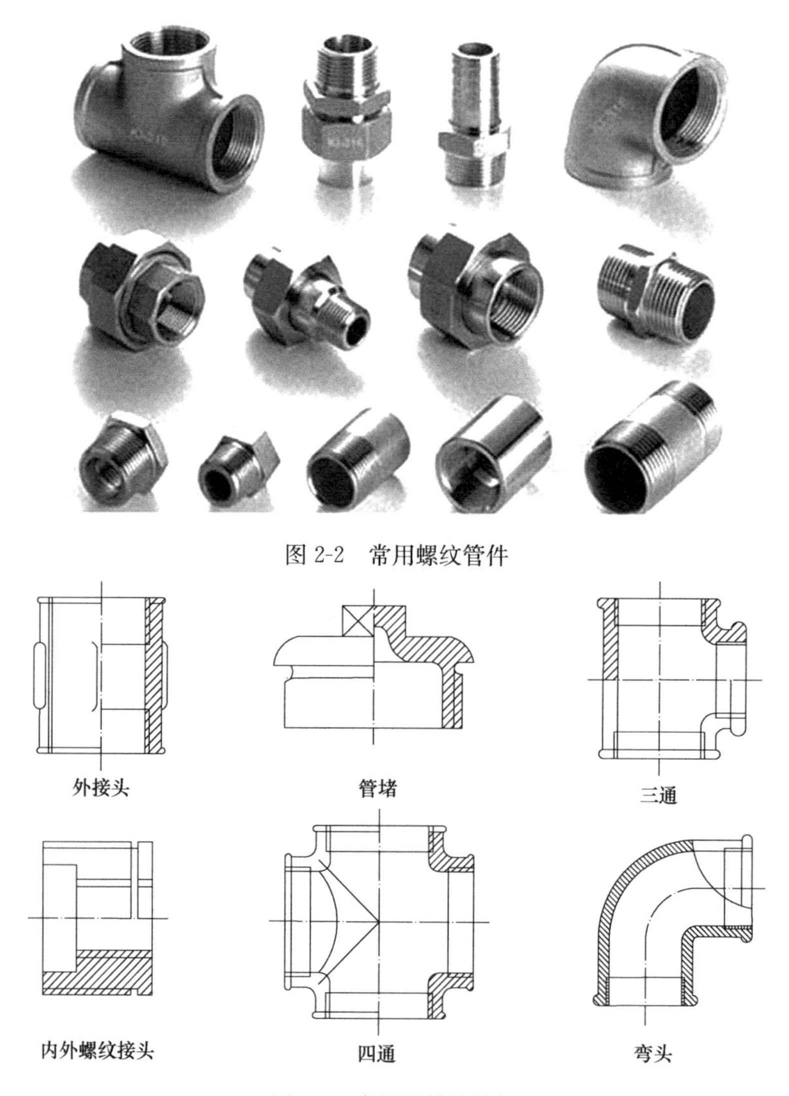

图2-2　常用螺纹管件

图2-3　常用可铸铁管件

2.3.2　钢制管件

燃气管道中常用钢制管件为无缝钢制管件。常用无缝钢制管件有弯头、大小头和三通，如图2-4所示。弯头弯曲半径 $R=(1\sim1.5)DN$，弯曲角度有45°、60°和90°三种。无缝大小头分为同心和偏心大小头。无缝三通分为同径和异径三通。用于燃气管道中的无缝钢制管件的材质应与主管材质相同，以满足工艺要求。

2.3.3　聚乙烯管件

燃气用聚乙烯管件是以聚乙烯树脂为主要原料，经注塑成型工艺制成。聚乙烯管件的颜色为黑色或黄色，内外表面应清洁、光滑，不应有缩孔（坑）、明显划痕和其他表面缺陷。

聚乙烯燃气管道系统中使用的管件，按连接方式分主要有以下几类：

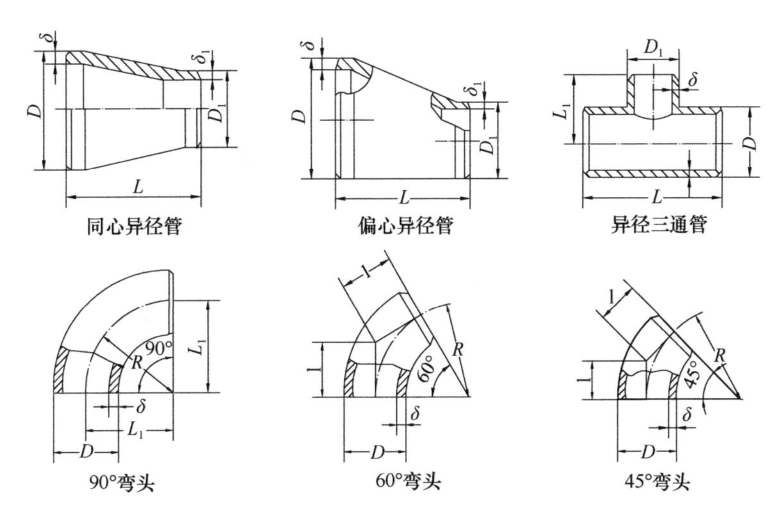

图 2-4 无缝钢制管件

（1）热熔对接管件。一般为注塑生产，包括变径、三通、弯头、端帽等。需要注意的是，热熔承插管件严禁用于燃气管道。

（2）电熔管件。分为电熔鞍形管件和电熔承口管件两大类。电熔承口管件包括电熔套筒、电熔三通、电熔变径、电熔弯头等。

（3）机械式连接管件。包括螺纹式和钢管式钢塑转换接头、聚乙烯法兰等。

典型注塑管件、电熔管件、聚乙烯钢塑转换接头，分别如图 2-5～图 2-7 所示。

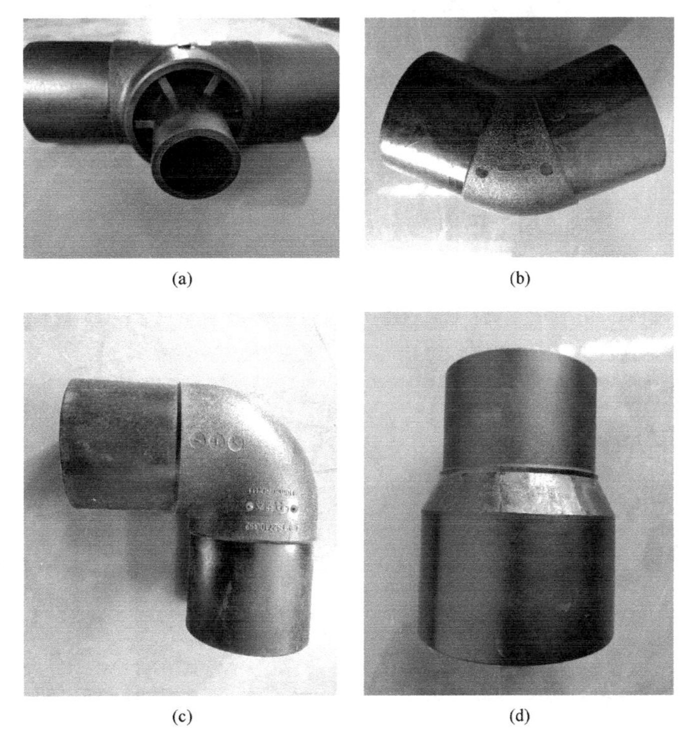

(a) (b) (c) (d)

图 2-5 典型注塑管件

（a）三通；（b）120°弯头；（c）90°弯头；（d）变径

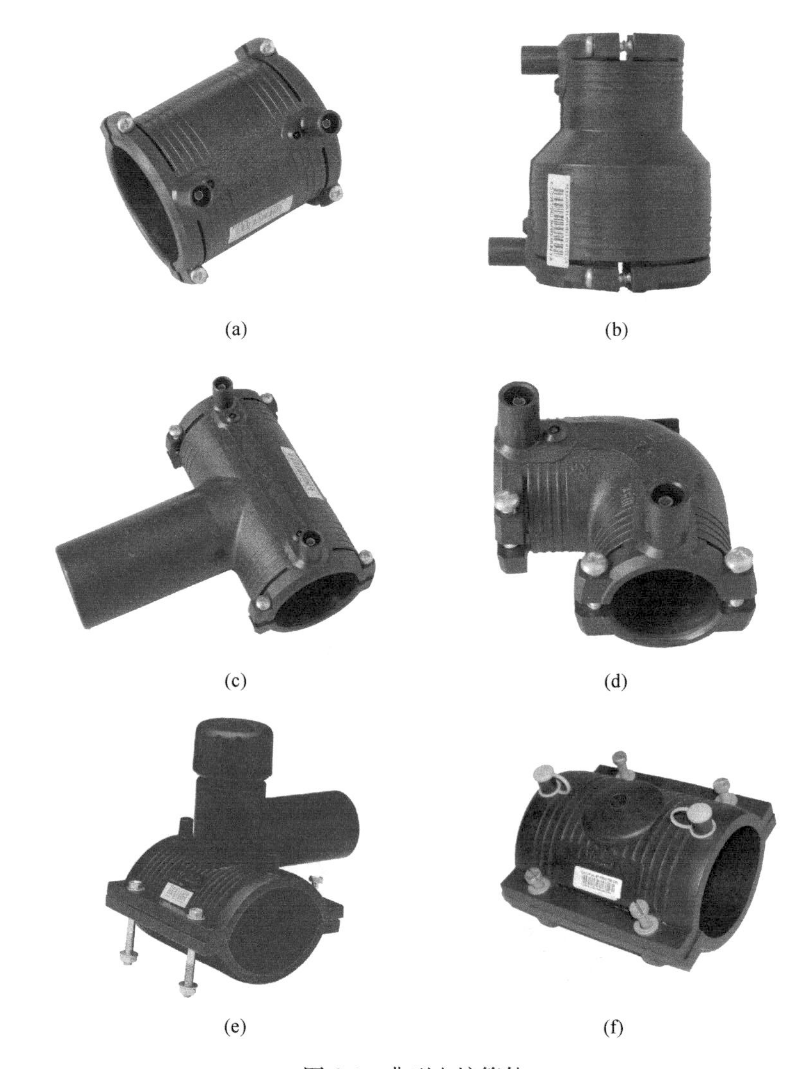

(a)　(b)　(c)　(d)　(e)　(f)

图 2-6　典型电熔管件

(a) 套筒；(b) 变径套筒；(c) 三通；(d) 弯头；(e) 鞍形三通；(f) 鞍形修补

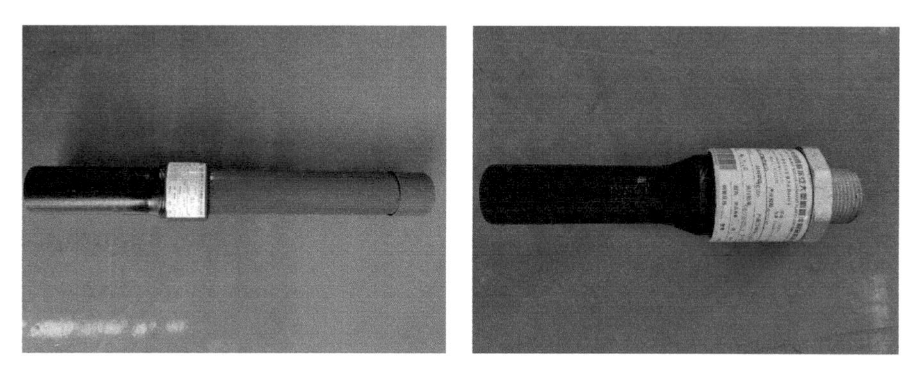

图 2-7　典型钢塑转换接头

2.3.4 法兰与紧固件

1. 法兰

法兰是一种标准化可拆卸连接件，广泛用于燃气管道与工艺设备、调压器及阀门的连接，具有拆卸方便、连接可靠的优点。

根据法兰与管道的固定方式，可分为平焊法兰、对焊法兰、螺纹法兰和松套法兰。燃气工程常用法兰类型，如图 2-8 所示。平焊法兰是将管道插入法兰内孔一定深度后，法兰与管端采用焊接固定，一般适用于 $PN \leqslant 1.6$MPa、$t \leqslant 250$℃的条件下，是燃气工程应用最多的一种。对焊法兰（高颈法兰）与管端采用对口焊接，强度较高，适用于较高压力的情况。螺纹法兰内表面加工成管螺纹，管道与法兰通过螺纹连接，常用于 $DN \leqslant 50$mm 的低压燃气管道。标准法兰均应按照公称压力和公称直径来选择。

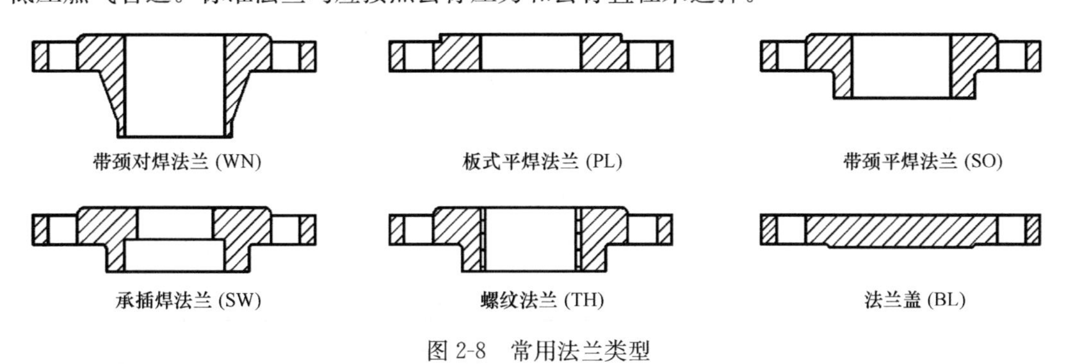

图 2-8 常用法兰类型

法兰密封面形式及其代号，如表 2-10 所示。

法兰密封面形式及其代号 表 2-10

密封面形式	突面	凹面	凸面	榫面	槽面	全平面	环连接面
代号	RF	FM	M	T	G	FF	RJ

2. 法兰用紧固件与垫片

（1）法兰紧固件的选用

法兰所用螺栓、螺母的类型与材质，取决于法兰的公称压力和工作温度，一般要求为：

1）当设计压力小于等于 2.5MPa 及工作温度小于等于 350℃时，可选用根据《六角头螺栓 C 级》GB/T 5780 规定的粗制六角螺栓和《1 型六角螺母 C 级》GB/T 41 规定的粗制六角螺母。

2）当设计压力大于 2.5MPa 或工作温度高于 350℃时，应选用《等长双头螺柱 B 级》GB/T 901 规定的精制等长双头螺栓和 A 型精制六角螺母。

3）在选择螺栓和螺母材料牌号时，应注意螺母材料的硬度不要高于螺栓的硬度，避免螺母破坏螺杆上的螺纹。

（2）法兰垫片

1）法兰垫片应符合下列要求：

① 橡胶石棉垫、橡胶垫及软塑料等非金属垫片应质地柔韧，不得有老化变质或分层现象，表面不应有折损、皱纹等缺陷。

② 金属垫片的加工尺寸、精度、光洁度及硬度应符合要求，表面不得有裂纹、毛刺、凹槽、径向划痕及锈斑等缺陷。

2）常用垫片

① 中、低压法兰一般选用软垫片，最常用的软垫片为橡胶石棉垫片。与法兰安装时，应涂以黄油或机油与石墨的拌合物。

② 中、高压法兰常选用金属垫片。

2.4 管材与管件的选用

高压与次高压燃气管道应采用钢管；中压与低压燃气管道宜采用钢管（焊接钢管、无缝钢管）、不锈钢管（厚壁管、薄壁管、波纹管）、聚乙烯管、钢骨架聚乙烯塑料复合管、机械接口球墨铸铁管、铜管、铝塑复合管、衬塑铝合金管等。

2.4.1 中压与低压燃气管道管材选用

1. 地下管道

（1）地下中压与低压燃气管道管材常选用聚乙烯管、无缝钢管、焊接钢管。管材、适用范围、工作压力及连接方式应符合设计文件要求，当无具体要求时，可按表 2-11 选取。

地下中压与低压燃气管道常用管材　　**表 2-11**

序号	管材类型	管材标准	适用范围	工作压力	连接方式
1	聚乙烯管	GB/T 15558.1	市政、庭院	≤0.4MPa	电熔、热熔对接
2	无缝钢管	GB/T 8163、GB/T 9711	市政、庭院	≤0.4MPa	焊接
3	焊接钢管	GB/T 3091、GB/T 9711	市政、庭院	≤0.4MPa	焊接

（2）新建埋地燃气管道，管径小于等于 *DN* 300 时宜采用聚乙烯管，管径大于 *DN* 400 时宜采用钢管，管径介于 *DN* 300 和 *DN* 400 之间时可选用聚乙烯管或钢管。

（3）聚乙烯管材应符合《燃气用埋地聚乙烯（PE）管道系统　第 1 部分：管材》GB/T 15558.1。聚乙烯管材选用时可遵循如下原则：

1）市政道路管径应根据城镇燃气管网规划和燃气市场发展需求综合确定，公称外径不宜小于 *de* 110。同时，管材费用随管径增大快速增长。聚乙烯管与钢管的单位长度建设费用对比结果表明，聚乙烯管最大管径不宜超过 *de* 315。

2）庭院内中、低压管道公称外径不宜大于 *de* 250。大型住宅小区整体壁挂炉供暖时，如埋深、敷设位置能满足要求，可放宽管径。

3）公称外径大于等于 *de* 160 时，可采用 PE80 SDR11 或 PE100 SDR17 系列，推荐采用 PE100 SDR17 系列；公称直径小于 *de* 160 时，可采用 PE80 SDR11 或 PE100 SDR11 系列，推荐采用 PE100 SDR11 系列。当聚乙烯管道水平定向钻施工时，应选用 SDR11 系列且长度不宜大于 300m。

4）公称外径小于 *de* 90 的聚乙烯管应电熔连接；公称外径大于等于 *de* 90 的聚乙烯管宜热熔对接连接。

5）PE 级别（PE80、PE100）或壁厚系列（SDR11、SDR17）不一致的管材或管件必须采用电熔连接，且连接管件应采用 PE100 SDR11 管件。

（4）地下燃气管道选用钢管时，公称直径大于 *DN* 200 时宜选用焊接钢管；公称直径小于等于 *DN* 200 时应选用无缝钢管；埋地钢制管道应有外防腐层。

2. 地上管道

（1）地上中压与低压燃气管道管材、适用范围、工作压力及连接方式应符合设计文件要求，当无具体要求时，可按照表 2-12 选取。

地上中压与低压燃气管道常用管材　　表 2-12

序号	管材类型	管材标准	适用范围	工作压力	连接方式
1	无缝钢管	GB/T 8163 GB/T 9711	不限	≤0.4MPa	焊接
2	焊接钢管	GB/T 3091 GB/T 9711	室外或通风良好室内	≤0.4MPa	焊接
3	热镀锌钢管	GB/T3091	室外或通风良好室内	<10kPa	螺纹
				≤0.4MPa	焊接
4	薄壁不锈钢管	GB/T 12771	引入管阀门后， 室外或通风良好室内	<10kPa	环压 双卡压
5	燃气输送用不锈钢波纹软管	GB/T 26002	表后且室内	<10kPa	螺纹
6	燃气用具连接用不锈钢波纹软管	CJ/T 197	燃气具连接	<10kPa	螺纹
7	燃气用具连接用金属包覆软管	CJ/T 490	燃气具连接	<10kPa	螺纹 插入
8	铝塑复合管	GB/T 18997.1	表后且户内	<10kPa	卡套
9	铜管	GB/T 18033	室内支管	<10kPa	硬钎焊
10	涂覆管	GB/T 3091 和 CGAS 001	室外或通风良好室内	<10kPa	螺纹
11	厚壁不锈钢管	GB/T 14976	具备条件的建筑高度大于 100m 的住宅建筑或具备条件的综合体	<10kPa	焊接

注：涂覆管是以热镀锌钢管为基管，外表面具有环氧树脂涂覆层的管道。

（2）选用无缝钢管时的公称直径不宜大于 *DN* 200；选用焊接钢管的公称直径不宜小于 *DN* 200。

（3）选用镀锌钢管时，公称直径不应大于 *DN* 100。公称直径小于等于 *DN* 80 且用于室外或室内自然通风良好时，可采用螺纹连接。螺纹连接接头密封材料宜采用聚四氟乙烯生料带，严禁使用麻丝。管道连接时不应将密封材料挤入管道内，拧紧后应将外露的密封材料清除干净。螺纹连接两端都受约束的设备，需在一端加活接头。当镀锌钢管采用焊接连接时，焊接前必须将坡口及内外侧表面 30mm 范围内的镀锌层清理干净。对焊时两端管道的直焊缝应错开。

（4）薄壁不锈钢管用于引入管阀门后的低压燃气管道，公称直径不应大于 *DN* 100，宜小于等于 *DN* 50。

（5）当铝塑复合管用于民用工程室外挂表后管道时，必须对铝塑复合管进行防机械损伤、防紫外线（UV）伤害及防热保护，可采用PVC套管或盖槽板，其质量应符合《建筑排水用硬聚氯乙烯（PVC-U）管材》GB/T 5836.1的规定。

（6）选用涂覆管时，施工工艺可参照《宽边管件连接涂覆燃气管道技术规程》CGAS 001规定执行。涂覆管施工时，管钳应使用不破坏涂覆层的无损管钳。

（7）建筑高度大于100m的住宅建筑外立管应采用无缝钢管并焊接连接，也可采用厚壁不锈钢管并焊接连接。外立管采用无缝钢管时，宜选用抗UV伤害的防腐层。

（8）住宅室内暗埋燃气管道可选用带外包覆层的不锈钢波纹软管或铜管。

（9）民用嵌入式（固定式）灶具、热水器连接管可选用不锈钢波纹软管、金属包覆软管。当使用台式灶（移动式）时，应采用金属包覆软管。

（10）商业餐饮灶具可采用硬管或软管连接。使用公称直径小于等于*DN* 32的软管连接时，应符合《燃气用具连接用不锈钢波纹软管》CJ/T 197的规定；使用公称直径大于*DN* 32的软管连接时，应符合《波纹金属软管通用技术条件》GB/T 14525的规定。

2.4.2　高压与次高压燃气管道管材选用

用于高压、次高压燃气管道的管材种类很多，应综合考虑燃气管道设计压力、使用温度、介质特性、使用地区、材料焊接性能等因素，经技术经济比较后确定管材类型与钢级。

（1）钢管类型选择

当高压与次高压燃气管道直径大于*DN* 150时，一般采用焊接钢管，选用的焊接钢管应符合《石油天然气工业管线输送系统用钢管》GB/T 9711的规定。当直径小于等于*DN* 150时，一般选用无缝钢管，选用的无缝钢管应符合《输送流体用无缝钢管》GB/T 8163的规定。

高压、次高压燃气管道管材选用建议，如表2-13所示。

高压与次高压燃气管道管材选用　　　　表2-13

钢管类型		执行标准	压力等级				
			次高压B	次高压A	高压B	高压A	高压A以上
焊接钢管	直缝电阻焊钢管	GB/T 9711 PSL1	○	○	×	×	×
		GB/T 9711 PSL2	○	○	○	○	×
	直缝埋弧焊钢管	GB/T 9711 PSL1	○	○	○	○	×
		GB/T 9711 PSL2	○	○	○	○	○
	螺旋缝埋弧焊钢管	GB/T 9711 PSL1	○	○	○	○[a]	×
		GB/T 9711 PSL2	○	○	○	○[a]	○[a]
无缝钢管		GB/T 8163	○	○	○	○	×
		GB/T 9711 PSL1	○	○	○	○	×
		GB/T 9711 PSL2	○	○	○	○	○

注：1. ○表示可选用，×表示不可选用；

2. [a] 仅限于一、二、三级地区。

（2）管材钢级及壁厚选择

1）应从强度、刚度、稳定性、安全性、抗腐蚀性、经济性及市场供求情况选择钢管材质等级与壁厚，同时还应考虑同一条管道选材的一致性。

2）应有两种或两种以上钢级的管材进行比选，给出计算壁厚、选取壁厚及管材重量表，并作技术经济比较。应在满足规范、安全的前提下，兼顾经济性。

3）管径＜Φ508mm、设计压力≤6.3MPa 时，宜采用 L360 及以下钢级的碳素镇静钢；管径 Φ508～813mm、设计压力≤8MPa 时，宜采用 L415 及以上钢级的低碳微合金控轧钢；管径＞Φ813mm、设计压力≤10MPa 时，宜采用 L450 及以上钢级的低碳微合金控轧钢。

4）敷设在山区及因无法避开而敷设在可能发生地震、滑坡等地质状况不良的地区时，宜选用钢级较低、壁厚较大的钢管。

5）三级和四级地区高压燃气管道管材钢级不应低于 L245。

6）管材的壁厚按相关规范进行计算，然后将壁厚向上圆整至最近的常用壁厚，且不得小于表 2-14 中所列最小壁厚。

钢质燃气管道最小壁厚　　　　表 2-14

公称直径	最小壁厚（mm）
DN 100～*DN* 150	4.0
DN 200～*DN* 300	4.8
DN 350～*DN* 500	5.2
DN 500～*DN* 550	6.4
DN 600～*DN* 700	7.1
DN 750～*DN* 900	7.9
DN 950～*DN* 1000	8.7
DN 1050	9.5

2.4.3 燃气场站管材选用

（1）燃气场站中不同设计压力与最低使用温度条件下管材的选用，详见表 2-15。

燃气场站工艺管道管材选用　　　　表 2-15

设计压力（MPa）	最低使用温度（℃）	管材	产品标准
≤0.4	＞−20	无缝钢管	GB/T 8163
	＞−40	无缝钢管	GB/T 8163
＞0.4 且≤4.0	＞−20	无缝钢管	GB/T 8163
	＞−40	直缝埋弧焊钢管	GB/T 9711
		无缝钢管	GB/T 8163
＞4.0	＞−40	无缝钢管	GB 6479 GB 5310 GB/T 9711
		直缝埋弧焊钢管	GB/T 9711
CNG 高压管道	＞−40	不锈钢无缝钢管	GB/T 14976
LNG 低温管道	＞−196		

(2) 在配管时，宜根据所连设备、阀门的界面选择管道外径系列。

(3) CNG场站高压管道（设计压力27.5MPa）用不锈钢无缝钢管外径及壁厚，可按表2-16选用。

高压不锈钢无缝钢管常用规格 **表2-16**

公称直径	外径（mm）	壁厚（mm）
DN 6	10	2.0
DN 10	14	2.0
DN 15	22	4.0
DN 20	25	4.0
DN 25	32	5.0
DN 32	38	5.0
DN 40	45	6.0
DN 50	57	7.0

(4) LNG低温管道（设计温度为−196℃）用不锈钢无缝钢管外径及壁厚，可按表2-17选用。

低温不锈钢无缝钢管常用规格 **表2-17**

公称直径	外径（mm）	壁厚（mm）
DN 10	14	2.0
DN 15	18	2.5
DN 20	25	3.0
DN 25	32	3.0
DN 32	38	3.0
DN 40	45	3.5
DN 50	57	3.5
DN 65	76	4.0
DN 80	89	4.5
DN 100	108	4.5
DN 150	159	5.0
DN 200	219	6.0
DN 250	273	7.0
DN 300	325	8.0

2.4.4 管件选用

(1) 无缝钢管管件应符合《钢制对焊管件 类型与参数》GB/T 12459和《钢制对焊管件 技术规范》GB/T 13401的相关规定。常规燃气用户工程中无缝管件的外径及壁厚宜与所连管材一致。弯头宜选用长半径弯头。

（2）聚乙烯管件应符合《燃气用埋地聚乙烯系统　第 2 部分：管件》GB 15558.2 的有关规定。钢塑转换管件应符合《燃气用聚乙烯管道系统的机械管件　第 1 部分：公称外径不大于 63mm 的管材用钢塑转换管件》GB 26255.1 的规定和《燃气用聚乙烯管道系统的机械管件　第 2 部分：公称外径大于 63mm 的管材用钢塑转换管件》GB 26255.2 的规定。

（3）热镀锌钢管管件应采用符合《可锻铸铁管路连接件》GB/T 3287 的标准管件。

（4）薄壁不锈钢管环压式管件应符合《不锈钢环压式管件》GB/T 33926 的要求，卡压式管件应符合《不锈钢卡压式管件组件　第 1 部分：卡压式管件》GB/T 19228.1 以及《不锈钢卡压式管件组件 第 3 部分：O 形橡胶密封圈》GB/T 19228.3 的要求。

（5）铝塑复合管连接管件常采用卡套式铜制管接头，其质量应符合《卡套式铜制管接头》CJ/T 111 的规定。

（6）涂覆管连接管件选用宽边管件时，管件需满足《可锻铸铁管路连接件》GB/T 3287 和 CGAS 001 的要求。

（7）不锈钢管道与碳钢管材或管件连接时，应注意因自然腐蚀电位差异可能产生的电化学腐蚀。必要时，宜采用铜质管件过渡。

（8）高压、次高压燃气管道附件不得采用螺旋焊缝钢管制作，严禁采用铸铁制作。

思考题与习题

1. 普通碳素结构钢、优质碳素结构钢、低合金高强度结构钢、不锈钢牌号命名规则分别是什么？燃气工程常用钢材牌号有哪些？

2. 管线钢管等级命名方法是什么？

3. 聚乙烯管材的优缺点各有哪些？

4. 燃气工程中，低压流体输送用钢管、聚乙烯管、石油天然气工业管线输送用钢管的常用管径分别有哪些？

5. 在高压、次高压、中压、户内燃气管道工程中，常选用的管材类型分别是什么？

6. 常用的无缝钢管管件、聚乙烯管件、低压流体输送用钢管管件分别有哪些？如何选择管件？

本章参考文献

[1] 黄梅丹. 城镇燃气输配工程施工手册[M]. 北京：中国建筑工业出版社，2018.

[2] 严铭卿. 燃气工程设计手册[M]. 北京：中国建筑工业出版社，2019.

[3] 花景新. 燃气工程施工[M]. 北京：化学工业出版社，2008.

[4] 戴路. 燃气输配工程施工技术[M]. 北京：中国建筑工业出版社，2006.

[5] 李帆，管延文. 燃气工程施工技术[M]. 武汉：华中科技大学出版社，2007.

[6] 中国市政工程华北设计研究院. GB 50028(2020 版)城镇燃气设计规范[S]. 北京：中国建筑工业出版社，2020.

[7] 北京市煤气热力工程设计院有限公司. CJJ 94 城镇燃气室内工程施工与质量验收规范[S]. 北京：中国建筑工业出版社，2009.

[8] 中国石油集团工程设计有限责任公司西南分公司. GB 50251 输气管道工程设计规范[S]. 北京：中国计划出版社，2015.

[9] 亚大集团公司. GB 15558.1 燃气用埋地聚乙烯(PE)管道系统 第 1 部分：管材[S]. 北京：中国标准出版社，2015.

[10] 亚大塑料制品有限公司. GB 15558.2 燃气用埋地聚乙烯(PE)管道系统 第2部分：管件[S]. 北京：中国标准出版社，2005.
[11] 鞍钢股份有限公司. GB/T 8163 输送流体用无缝钢管[S]. 北京：中国标准出版社，2018.
[12] 天津友发钢管集团股份有限公司. GB/T 3091 低压流体输送用焊接钢管[S]. 北京：中国标准出版社，2015.
[13] 宝鸡石油钢管有限责任公司国家石油天然气管材工程技术研究中心. GB/T 9711 石油天然气工业管线输送系统用钢管[S]. 北京：中国标准出版社，2017.
[14] 江苏武进不锈钢管厂集团有限公司. GB/T 14976 流体输送用不锈钢无缝钢管[S]. 北京：中国标准出版社，2012.
[15] 攀钢集团成都钢钒有限公司. GB 5310 高压锅炉用无缝钢管[S]. 北京：中国标准出版社，2017.
[16] 鞍钢股份有限公司. GB 6479 高压化肥设备用无缝钢管[S]. 北京：中国标准出版社，2013.
[17] 冶金工业信息标准研究院. GB/T 700 碳素结构钢[S]. 北京：中国标准出版社，2006.
[18] 冶金工业信息标准研究院. GB/T 699 优质碳素结构钢[S]. 北京：中国标准出版社，2015.
[19] 中机生产力促进中心. GB/T 1048 管道元件 公称压力的定义和选用[S]. 北京：中国标准出版社，2019.
[20] 日丰企业集团有限公司. GB/T 18997.1 铝塑复合压力管 第1部分：铝管搭接焊式铝塑管[S]. 北京：中国标准出版社，2020.
[21] 金德管业集团有限公司. GB/T 18997.2 铝塑复合压力管 第2部分：铝管对接焊式铝塑管[S]. 北京：中国标准出版社，2020.
[22] 无锡市新峰管业股份有限公司. GB/T 12459 钢制对焊管件 类型与参数[S]. 北京：中国标准出版社，2017.
[23] 中国石油集团工程设计有限责任公司西南分公司. SY/T 0516 绝缘接头与绝缘法兰技术规范[S]. 北京：石油工业出版社，2016.
[24] 中机生产力促进中心. GB/T 5780 六角头螺栓 C级[S]. 北京：中国标准出版社，2016.
[25] 中机生产力促进中心. GB/T 41 1型六角螺母 C级[S]. 北京：中国标准出版社，2016.
[26] 国家机械工业委员会标准化研究所. GB/T 901 等长双头螺柱 B级[S]. 北京：中国标准出版社，1988.
[27] 鞍钢股份有限公司. GB 3087 低中压锅炉用无缝钢管[S]. 北京：中国标准出版社，2008.
[28] 山西太钢不锈钢钢管有限公司. GB/T 12771 流体输送用不锈钢焊接钢管[S]. 北京：中国标准出版社，2019.
[29] 中国寰球化学工程公司. GB 50316 工业金属管道设计规范[S]. 北京：中国计划出版社，2008.
[30] 江阴市南方管件制造有限公司. GB/T 1340 钢制对焊管件 技术规范[S]. 北京：中国标准出版社，2017.
[31] 亚大塑料制品有限公司. GB/T 26255.1 燃气用聚乙烯管道系统的机械管件 第1部分：公称外径不大于63mm的管材用钢塑转换管件[S]. 北京：中国计划出版社，2010.
[32] 亚大塑料制品有限公司. GB/T 26255.2 燃气用聚乙烯管道系统的机械管件 第2部分：公称外径大于63mm的管材用钢塑转换管件[S]. 北京：中国标准出版社，2010.
[33] 济南玫德铸造有限公司. GB/T 3287 可锻铸铁管路连接件[S]. 北京：中国标准出版社，2011.
[34] 成都共同管业集团股份有限公司. GB/T 33926 不锈钢环压式管件[S]. 北京：中国标准出版社，2017.
[35] 中机生产力促进中心无锡金羊管件有限公司. GB/T 19228.1 不锈钢卡压式管件组件 第1部分：卡压式管件[S]. 北京：中国标准出版社，2011.
[36] 无锡金羊管件有限公司. GB/T 19228.3 不锈钢卡压式管件组件 第3部分：O形橡胶密封圈

[S]. 北京：中国标准出版社，2012.
[37] 浙江中元枫叶管业有限公司. CJ/T 111 卡套式铜制管接头[S]. 北京：中国标准出版社，2018.
[38] 中国石化集团洛阳石油化工工程公司. GB 50160 石油化工企业设计防火标准[S]. 北京：中国计划出版社，2018.
[39] 公安部天津消防研究所. GB 50016(2018 版)建筑设计防火规范[S]. 北京：中国计划出版社，2018.

第3章　燃气管道工程施工

燃气管道工程施工包括门站前（分输站至门站之间）的气源管道和门站后的燃气输配管道安装。气源管道的安装施工应遵循《压力管道规范　长输管道》GB/T 34275 和《油气长输管道工程施工及验收规范》GB 50369；燃气输配管道的安装施工，则应遵循《压力管道规范　公用管道》GB/T 38942 和《城镇燃气输配工程施工及验收规范》CJJ 33。当气源管道敷设在城市建成区时，可参照燃气输配管道的规范执行。

在不同地貌、水文、工程地质和气候条件的地区，燃气管道工程施工难易程度存在较大差异。但就某一施工段而言，从施工准备至竣工验收存在一个基本流程，施工质量要求也大致相同。燃气管道工程的基本施工流程包括施工准备、测量放线、沟槽开挖、布管对口、焊接与质量检查、管道下沟与回填、吹扫、试压、干燥、竣工验收等，详见图 3-1。因此，应首先了解各基本工序的施工方法。

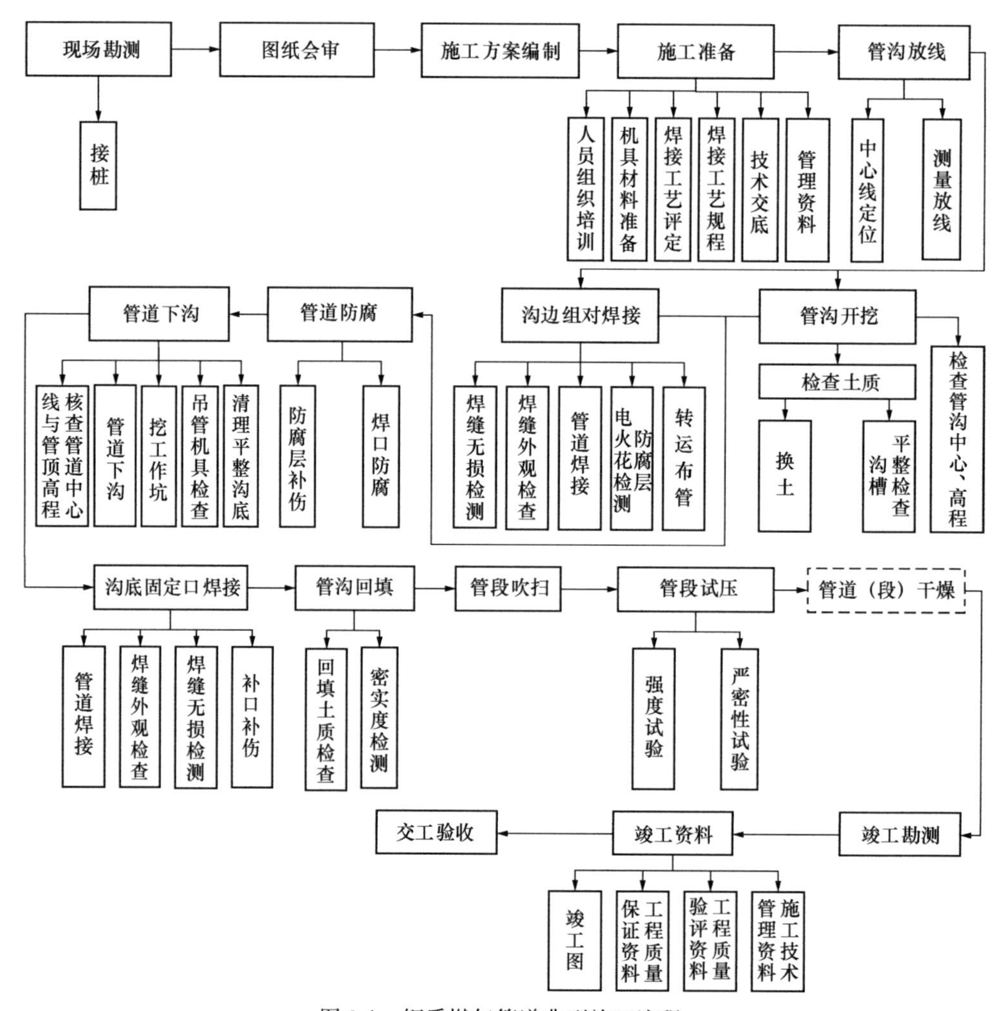

图 3-1　钢质燃气管道典型施工流程

3.1 施工准备

3.1.1 准备工作内容

施工前的准备工作是整个施工活动中的重要一环。一项工程施工前准备工作做得如何，不仅直接影响工程的工期，还会影响到整个工程的质量、安全、经济和社会效益。因此，在工程开工前必须认真做好施工前的各项准备工作。燃气管道施工前的准备工作内容较多，主要包括技术准备、物资准备、施工队伍准备、施工现场准备、管理文件及资料准备。

（1）技术准备

主要包括：施工标准及验收规范；熟悉设计文件、图纸及标书内容，组织内部会审；施工现场踏勘；参加设计交底，图纸、设计文件会审；编制施工组织设计、特殊工程施工方案、施工作业指导书、焊接工艺规程等，并按程序进行审批。

（2）物资准备

主要包括：材料、设备落实和仓储准备；自购材料计划编制与审批；特殊管件的购置或加工；施工技术措施所需材料与设备的计划、申报与落实；物资管理人员培训；编制物资供应计划以及物资管理、保管、发放实施细则。

（3）施工队伍准备

主要包括：建立项目组织机构，建立与建设单位、监理、设计相互关联的质量保证体系；健全各项管理制度；组织各工种人员培训、岗位练兵和考试取证；施工设备的检修维护、改装及特殊要求设备的购置或研制；工器具制作；施工任务划分及主要人员、设备的调配；编制调迁计划，并组织实施。

（4）施工现场准备

主要包括：建立施工营地；办理施工许可证；办理水、电、路、通信使用许可证；现场平面布置及标示、标志牌的制作；现场“四通一平”工作安排实施；施工营地、施工现场的安全防护与环保措施；关联单位、个人的联系方式。

（5）管理文件及资料准备

主要包括：项目工程的质量、工期、成本三大目标的方针、管理程序；QHSE（Quality，Health，Safety，Environment）方针、目标；QHSE 管理手册、QHSE 作业指导书；施工组织设计；施工标准及验收规范；质量检验计划；质量检验、特殊工种资格证、上岗证；项目质量责任制度；项目各项管理制度。

以上各项准备工作都有相应的编制和准备方法，下面仅对图纸会审、设计交底和技术交底方面的内容进行简单介绍。

3.1.2 图纸会审

在图纸会审前，建设、设计和施工单位人员应共同踏勘施工现场，了解清楚现场情况，如燃气管道位置和地上建筑物、树木、电线杆、地下管线与构筑物等施工障碍，有无施工道路与电源，以及当地的水文地质情况等。

图纸会审是指工程各参建单位（建设、设计、监理、施工等）在收到施工图审查机构审查合格的施工图设计文件后，进行全面细致的熟悉和审查施工图纸的活动。建设单位应及时主持召开图纸会审会议，组织设计、监理、施工等单位相关人员进行图纸会审。图纸会审主要包括以下内容：

（1）施工图纸是否齐全、清晰，技术说明是否正确，相互之间是否一致；

（2）各专业图纸对管道安装尺寸、标高、方位、方向的要求是否一致，走向及接口位置是否明确、详细；

（3）管道安装的主要尺寸、位置、标高等有无差错和漏项，说明是否清楚；

（4）预埋件或预留洞位置、尺寸、标高是否一致，有无漏项，说明是否清楚；

（5）管件实际安装尺寸与设计安装尺寸是否一致；

（6）特殊地质、地貌、特殊工程的地质勘察资料是否规范、标准；

（7）设计方提出的工程材料及消耗材料的用量是否满足工程需要；

（8）设计方推荐的有关施工方法对施工安全有无影响，现有施工工艺能否达到设计要求的质量标准；

（9）提出可行的建议和意见。

图纸会审提出的问题和意见由施工单位整理成会议纪要，与会各方会签，及时进行处理，并符合以下要求：

（1）设计单位应对图纸会审所提出的问题逐一解答，并提出明确的处理解决办法；

（2）图纸会审议定事项，由建设单位或监理以会议纪要的形式，于施工前发送至各有关单位；

（3）需对设计进行修改的内容，应由设计单位在施工前以设计修改变更通知单形式，经建设单位和监理批准后，书面通知各有关单位。

3.1.3 设计交底

设计交底是指在施工图完成并经审查合格后，设计单位在设计文件交付施工时，就施工图设计文件向施工、监理和建设单位详细介绍设计意图，以及工艺和结构设计的主要内容、特点、质量要求等。设计交底应包括以下内容：

（1）设计单位应说明勘察设计概况、设计依据、设计原则、工程所采用的工艺设计和流程，以及新技术、新工艺、新设备、新材料的应用；

（2）关键设备、材料、特殊地质地貌的施工技术要求；

（3）现场设计代表的职责与分工；

（4）施工单位提出的需要设计方澄清的具体问题。

3.1.4 技术交底

技术交底是在图纸会审与设计交底完成后，由施工单位在其内部向施工管理人员和施工作业人员进行的施工技术交底，是把设计要求、施工措施贯彻到基层的有效方法，是施工技术管理的重要环节。技术交底一般包括图纸交底、施工技术措施交底、安全技术交底等。在每一单项和分部分项工程开始前，均应进行技术交底工作，要求严格按照施工图、施工组织设计、施工验收规范、操作规程和安全规程的有关技术规定施工。各项技术交底记录也是工程技术档案资料中不可缺少的部分。技术交底应由专人负责记录，汇总后由技术人员填写技术交底记录，汇入技术档案存档。主要包括以下内容：

（1）设计图纸交底。主要内容为设计意图、工程规模、工程内容、现场实际情况、工艺和结构特点、设计要求以及由各方参加的设计图纸会审决议等。对一些工程规模不大、技术要求不复杂的工程，往往把图纸会审和设计图纸交底放在一起进行。

（2）施工组织设计和施工技术措施交底。在施工组织设计或施工技术措施经过审批之后，为了便于贯彻执行，必须向参加施工的有关队长、工长、技术人员、质量检查人员、施工人员、安全人员等进行交底，并由各专业的队长或技术员再向专业施工班组和工人进行详细的专业交底。主要内容一般包括：施工的工期、质量、成本目标及内容；采用的设备及施工工艺的特点和本工程要求达到的主要经济技术指标，以及实现这些指标应采取的技术措施；施工方案顺序、工序衔接及劳动组织和各项工程的负责人等。

（3）施工中的 QHSE 交底。主要包括工程的特点、施工中的 QHSE 要求和保证 QHSE 目标实现的各项技术措施、具体责任人。

（4）施工质量交底。主要包括施工中各项质量要求及保证质量的各种措施交底，质保体系的具体责任人。

（5）新设备、新工艺、新材料、新结构和新技术交底。

3.2 测量放线

测量放线就是采用经纬仪、水准仪、激光全站仪等专用仪器，准确确定管道安装的中心线位置，并划出施工作业带界限。

3.2.1 测量准备

测量放线由施工单位自行组织完成，由参加接桩的测量技术人员主持。测量放线之前应做好以下准备工作：

（1）备齐放线区段完整的施工图；

（2）备齐交接桩记录及认定文件；

（3）检查校正全站仪等专用仪器；

（4）备足木桩、花杆、彩旗和白灰；

（5）备齐定桩、撒灰工具；

（6）准备满足作业的车辆、通信设备。

3.2.2 设置临时水准点

向测量部门索取燃气管道设计位置附近的永久水准点位置和高程数据。由于管道测量精密等级要求不太高，所以也可以用管道附近的导线点高程来代替水准点用。在开工前，把水准点或导线点引至管道附近预先选好的位置。选择临时水准点时要设置牢固，标志醒目，编号清楚，三方向要通视。最后进行水准点的串测，要求水准线路闭合。

3.2.3 管道定位

地下燃气管道位置应按照规划部门批准的管位进行定位。一般定位方法为：

（1）敷设在城镇内道路下的管道，一般以道路侧石线或道路中心线至管道轴心线的水平距离为定位尺寸；

（2）敷设在郊区道路下或路旁的燃气管道，一般以道路中心线至管道轴心线的水平距离为定位尺寸；

（3）敷设于住宅区或厂区的管道，一般以住宅、厂房等建筑物至管道轴心线的水平距离为定位尺寸；

（4）穿越农田的管道，以规划道路中心线进行定位。

3.2.4　直线测量

直线测量就是采用经纬仪或全站仪等测绘仪器，将施工平面图直线部分确定在地面上：根据施工图中的管道起点、平面与纵向折点、管道终点，在地面上确定各点准确位置，并打中心桩，桩顶钉中心钉。

3.2.5　放线

应采用白石灰或其他鲜明、耐久的材料，放出管道线路中线和施工作业带边界线，如图 3-2 和图 3-3 所示。

图 3-2　测量放线

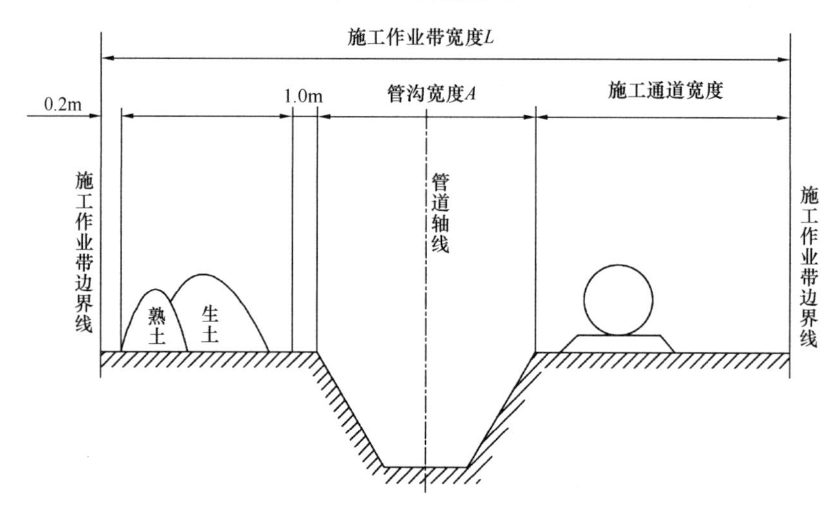

图 3-3　施工作业带边界线

3.2.6　测挖深

当管沟挖到约距设计标高 50cm 时，要对管底标高进行测量，再继续开挖，如图 3-4

所示。地下燃气管道埋设的最小覆土厚度（地面至管顶）要求，详见表 3-1。

城镇燃气管道常埋设在道路或人行道下，水准点不易获取，故常用道路的标高来确定管道的埋深。

图 3-4 测挖深

地下燃气管道埋设的最小覆土厚度要求 表 3-1

管道埋设位置	最小覆土厚度（m）
车行道下	0.9
非车行道（含人行道）下	0.6
庭院（绿化地及载货汽车不能进入之地）内	0.3
水田下	0.8

注：当采取行之有效的防护措施后，上述规定可适当降低。

3.2.7 验槽

开挖管沟至设计管底标高，清槽后，复测管底标高。要求每 1m 测 1 个点，不合格处要修整。管底需夯实时，夯实后再测一次，然后验收沟槽。

3.3 管沟开挖

3.3.1 管沟形状与尺寸

在管道工程施工中，土石方工程的工作量占整个工程工作量的比重很大。因此，如何选择经济合理的土石方断面形状以减少土石方量，是管道施工中的一项重要任务。

管沟的断面形状主要取决于管沟所在处的土壤性质、挖沟方式、地下水水位、管径和埋深等。管沟的断面形状主要有直沟、梯形沟、混合沟、阶梯沟四种，如图 3-5 所示。

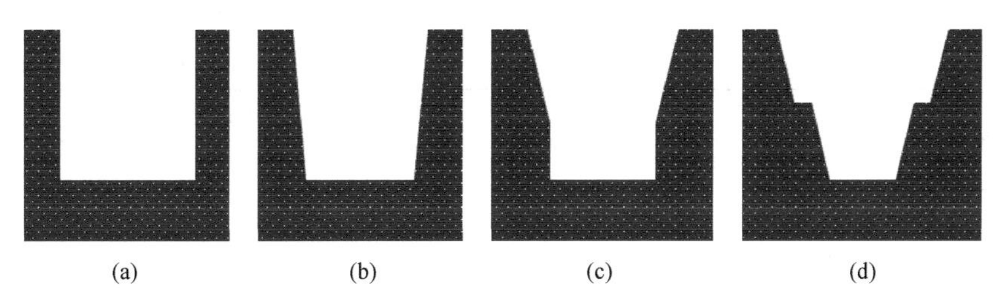

图 3-5 管沟的断面形状

（a）直沟；（b）梯形沟；（c）混合沟；（d）阶梯沟

对于黏土等粘结力强的土壤和岩石地带的管沟，在地下水位较低时可采用直沟断面；对于土壤较松、粘结力较小、地下水位较高地带的管沟，可采用梯形沟断面；当沟深范围内各层土壤特性不同时，可采用混合沟断面。

管沟的尺寸取决于沟底宽度、埋深和边坡坡度，应根据现场实际情况和管道敷设方法确定。

1. 管沟的沟底宽度

（1）单管沟底组装按表 3-2 确定。

沟底宽度尺寸　　表3-2

管道外径（mm）	50～80	100～200	250～350	400～450
沟底宽度（m）	0.6	0.7	0.8	1.0

（2）单管沟边组装或双管同沟敷设时，可按式（3-1）计算：

$$a = D_1 + D_2 + s + c \tag{3-1}$$

式中　a——沟槽底宽度，m；

D_1——第一条管道外径，m；

D_2——第二条管道外径，m；

s——两管道之间的设计净距，m；

c——工作宽度，沟底组装时 c=0.6m，沟边组装时 c=0.3m。

（3）当管沟开挖需要加强支撑时，管沟沟底宽度应考虑支撑结构所占用的宽度。

（4）管沟沟底必须平整，管道应紧贴沟底。

2. 管沟边坡坡度

管沟边坡坡度表示边坡的垂直投影（高）与水平投影（宽）的比值。管沟边坡坡度应根据试挖或土壤的内摩擦角、黏聚力、湿度、密度等物理力学性质确定。当缺少土壤物理力学性质资料、地质条件良好、土壤质地均匀、地下水位低于管沟底面标高，且挖深在5m以内时，不加支撑的管沟最大边坡坡度应符合表3-3的规定。

在无法达到表3-3的要求时，应采用支撑加固沟壁。对不坚实的土壤应及时做连续支撑，支撑物应有足够的强度。

深度在5m以内的沟槽最大边坡坡度（不加支撑）　　表3-3

土的类别	边坡坡度（高：宽）		
	人工开挖并将土抛于沟边上	机械开挖	
		在沟底挖土	在沟边上挖土
中密的砂土	1：1.00	1：1.25	1：1.50
中密的碎石类土（充填物为砂土）	1：0.75	1：1.00	1：1.25
硬塑的粉土	1：0.67	1：0.75	1：1.00
中密的碎石类土（充填物为黏性土）	1：0.50	1：0.67	1：0.75
硬塑的粉质黏土、黏土	1：0.33	1：0.50	1：0.67
老黄土	1：0.10	1：0.25	1：0.33
软土（经井点降水后）	1：1.25	—	—

当在无地下水的天然湿度土壤中开挖沟槽，且沟深不超过表3-4的规定时，沟壁可不设边坡。

不设边坡沟槽深度　　表3-4

土的类别	沟槽深度（m）	土的类别	沟槽深度（m）
密实的砂土或砾石土	≤1.00	黏土	≤1.50
砂质粉土或黏质粉土	≤1.25	坚土	≤2.00

3.3.2　管沟开挖

常采用液压单斗挖掘机、多斗挖沟机等机械来开挖管沟，如图 3-6 所示。管沟开挖过程中应注意：

图 3-6　管沟开挖

(1) 管沟开挖行进方向应按管道中心灰线进行控制。管沟开挖深度应按开挖通知书的要求，并结合线路控制桩、标志桩标示及设计图纸综合考虑进行开挖控制。管沟开挖应制定切实可行的施工安全措施，并加以落实。

(2) 地下水位高于沟深地段及深度超过 5m 的管沟坡度，可根据相邻工序的施工方案，采用明渠排水、井点降水、管沟加支撑等方法。在管沟开挖前做试验，由建设单位或监理现场认定，批准后方可实施。支撑应按先撑后挖、限时、对称、分层、分区等开挖方法确定开挖顺序，不应超挖，应减小沟槽无支撑暴露开挖时间和空间。

(3) 有地下障碍物时，障碍物两侧 3m 范围内，应采用人工开挖。对于重要设施，开挖前应征得管理方的同意，并应在其监督下进行管沟开挖。

(4) 对不同的土质，在开挖初始阶段做试验时，应考虑施工机械的侧压、振动、管沟暴露时间等因素。

(5) 管沟一侧或两侧临时堆土位置和高度不得影响边坡的稳定性和管道安装，临时堆土高度不宜超过 1.5m，且不得靠墙堆土。堆土前应对消火栓、阀门井、雨水口等设施进行保护。

(6) 有地下设施或石方地段，宜先进行管沟开挖。

(7) 在靠近道路、建筑物地段开挖管沟时，必须设置明显的标志，夜间必须设置照明设施。

(8) 局部超挖部分应回填压实。当沟底无地下水时，超挖在 0.15m 以内，可采用原土回填；超挖在 0.15m 及以上，可采用石灰土处理。超挖部分回填后应压实，其压实度应接近原地基天然土的压实度。

（9）在农田耕作区开挖管沟时，表层不小于0.5m深的耕作土应靠边界线堆放，下层土应靠近管沟堆放。

3.3.3　管沟地基处理

管沟开挖后，一般应对管沟地基进行恰当处理，其目的主要有两个：增加天然土基的承载能力；防止损坏管道外防腐层。

1. 换土加固

当管道通过旧河床、旧池塘或洼地等松软土层或管底位于地下水位以下时，管道上面又要压盖一定厚度的覆土，必然会给松软的土层增加压力。若沟底土层不进行加固处理，往往会使管道产生不均匀沉降现象，严重时可能导致管道断裂。此时，应根据浸泡土及含水率较大土层的厚度采用不同的处理方法：

图3-7　砂垫层

（1）浸泡土层厚度在200mm以内，将浸泡土铲除采用石灰土或中粗砂换填夯实；

（2）含水率较大土层厚度在200～500mm时，将该土层挖除，采用中粗砂、天然级配砂砾或砂石换填，分层夯实；

（3）含水率较大土层厚度大于500mm时，将该土层挖除，采用卵石或块石回填，再用砂砾石填充空隙并找平表面，或按设计要求进行处理。

2. 砂垫层

沟底遇有废弃构筑物、硬石、木头、垃圾等杂物时必须清除，并应铺一层厚度不小于0.15m的砂土或素土，整平压实至设计标高，如图3-7所示。

3.3.4　管沟开挖的检查验收

管沟检验项目、检验点数量、检验方法及合格标准，应符合表3-5的规定。

管沟开挖允许偏差　　**表3-5**

检验项目	检验数量	检验方法	合格标准
外观	全部	观察检查施工记录	直线段管沟顺直，曲线段圆滑过渡，无凹凸和折线；沟壁和沟底平整，无沟坎阶梯，无锐器物；沟内无塌方、无杂物、转角符合设计要求
沟底高程	每百米不少于3处	用水准仪测量	土方允许偏差应为±20mm；石方允许偏差应为+20mm、－200mm
槽底中线每侧宽度	每百米不少于6处	挂中线用钢尺量测，每侧计3点	正偏差
沟槽边坡坡度	每百米不少于6处	用坡度尺量测，每侧计3点	正偏差

3.3.5 管沟开挖的安全要求

(1) 交叉作业及石方爆破时，沿途应设警戒人员，各主要路口应设警示牌，并设专人看护。

(2) 开挖管沟时应由试验确定边坡坡度，以免发生塌方事故。开挖过程中如遇到地下管道、电缆以及来源不明物品等时，应立即停止作业，采取必要措施后方可继续施工。

(3) 管沟开挖作业应自上而下进行，不能掏洞。两人在沟内作业间距应为2～3m，挖出的土方应堆在无焊接管一侧，且距沟边不小于0.5m，堆积高度不能超过1.5m。

(4) 雨后及解冻后开挖管沟时，必须仔细检查沟壁。如发现裂纹等不正常情况，应采取支撑或加固措施，在确认安全可靠后，方可施工。非工作人员不能在沟内停留。

(5) 在靠近道路、建筑物等地段开挖管沟时，应设置昼夜醒目标志，并征得有关部门同意。

(6) 当先焊管道后挖管沟时，沟边与焊接管边缘的净距离应不小于1.0m，并应有防滚管措施。

3.4 运输与布管

3.4.1 防腐钢管的运输

防腐钢管运输是指通过运输车辆将防腐钢管从防腐厂或库房，配送到施工工地的过程。在燃气管道建设中，需要把大量的管材运到施工现场，运输费用约占施工安装总费用的10%～15%。因此，如何合理地组织运送流程，合理地选择卸货位置及经济的管道配送路线和管理方法，对降低成本、节省工期都具有重要意义。

防腐钢管的出厂验收交接检查由监理和相关交接单位参加，共同检查验收防腐钢管的数量及质量情况，需要逐根检查。检查内容有：

(1) 核对管号，查看出厂合格证；

(2) 检查防腐层外观是否完整、光洁，有无刮伤、针孔、起泡等情况；

(3) 管道本身有无压扁、摔坑、弯曲等；

(4) 查看管口有无保护装置，有无碰伤、压扁等。

必要时，可进行防腐层厚度、粘附力与电绝缘性检查，合格后再运。

由于钢管防腐层易碰伤，因此应使用较宽的尼龙带吊具进行吊装。运输时，管道放在支承表面为弧形的、宽的木支架上，紧固管道的绳索等应衬垫好。运输过程中，管道不能互相碰撞。

3.4.2 聚乙烯管材的运输

管材搬运时，应小心轻放，不得抛、摔、滚、拖。当采用机械设备吊装管材时，应采用非金属绳（带）绑扎管材两端后吊装。

管材运输时，应放置在带挡板的平底车上或平坦的船舱内，堆放处不得有可能损伤管材的尖凸物，并应采用非金属绳（带）捆扎、固定，以及应有防晒措施。

管件、阀门运输时，应按箱逐层叠放整齐、固定牢靠，并有相应的防雨淋措施。

3.4.3 布管

布管是把管道所需的管段沿规定路线散开，使各根管道首尾相接。布管可利用运管车在卸车过程中逐根卸下，也可以利用专门的布管机械把一堆管道逐根运到预定位置沿线布置。

管道运输和布管应尽量在管沟挖成后进行。将管道布置在管沟堆土的另一侧。布管时，应注意首尾衔接。在街道布管时，尽量靠一侧布管，不要影响交通，避免车辆损伤管道，并尽量缩短管道在道路上的放置时间。

当管道沿管沟旁堆放时，应支撑起来，离开地面，以防止损伤防腐层。当沟底为岩石时，铺管时会损伤防腐层，应先在沟底垫一层过筛的土或细砂。移动钢管用的撬棍应套橡胶管。

布管应依据设计要求、测量放线记录和现场转角桩、标志桩，在管道组装焊接一侧进行。每段管道布完之后，应进行核对，以保证管道类型、壁厚、防腐层类型等准确。

沟上组焊时，将管道布放在设置好的管墩上，管与管应首尾相接，成锯齿形布置，相邻两管错开1～1.5倍管径，以方便管内清扫、坡口清理及起吊，如图3-8所示。布管间距与管长基本保持一致。布管时，每15～20根管道核对一次距离，发现偏差过大时应及时调整。沟上布管及组装焊接时，管道边缘至管沟边缘应保持一定的安全距离，其值应符

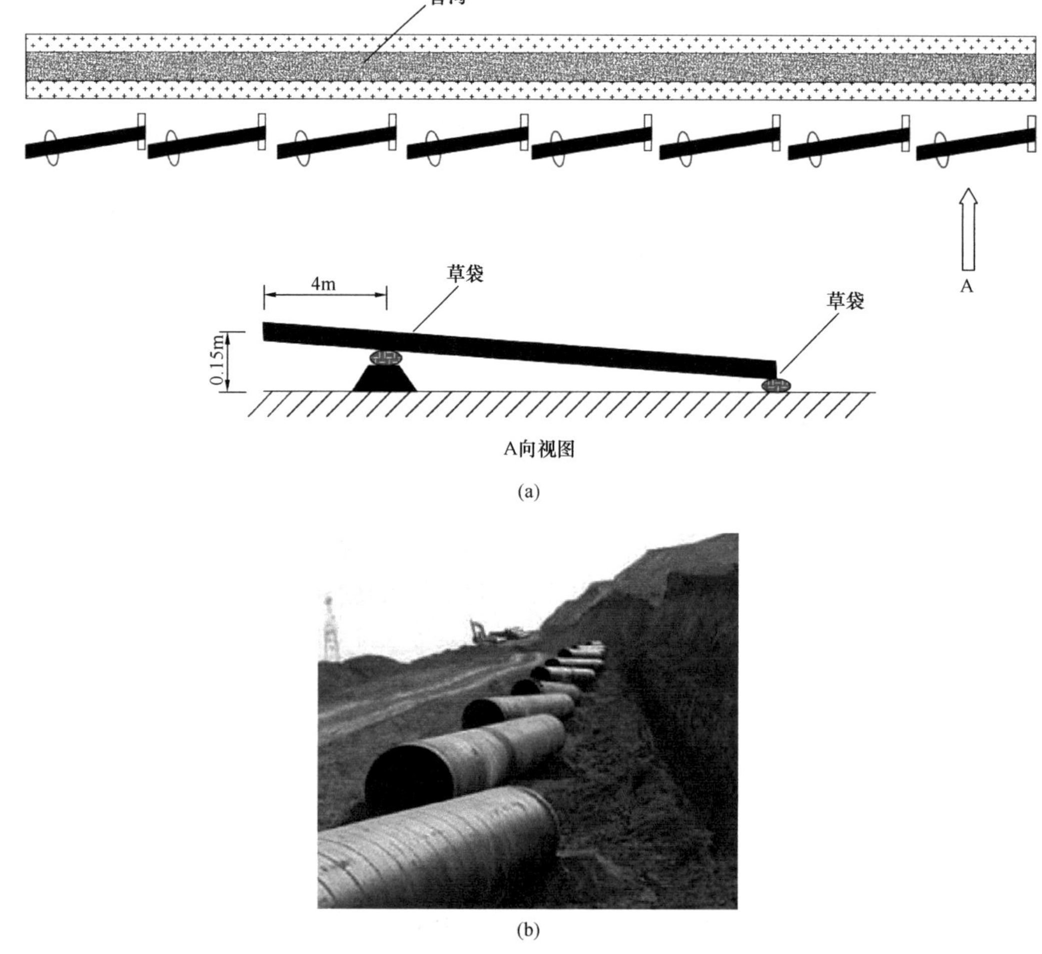

图3-8　管道布管

(a) 布管示意图；(b) 布管现场

合表 3-6 中的规定。沟下组焊时，钢管直接布到管沟里，用袋装细土作为管墩。

管道边缘至管沟边缘的安全距离　　　表 3-6

土壤类别	干燥硬石土	潮湿软土
安全距离（m）	≥1.0	≥1.5

3.5　钢管焊接与质量检验

3.5.1　焊接与质量检验程序

钢质燃气管道的焊接与质量检验程序，如图 3-9 所示。

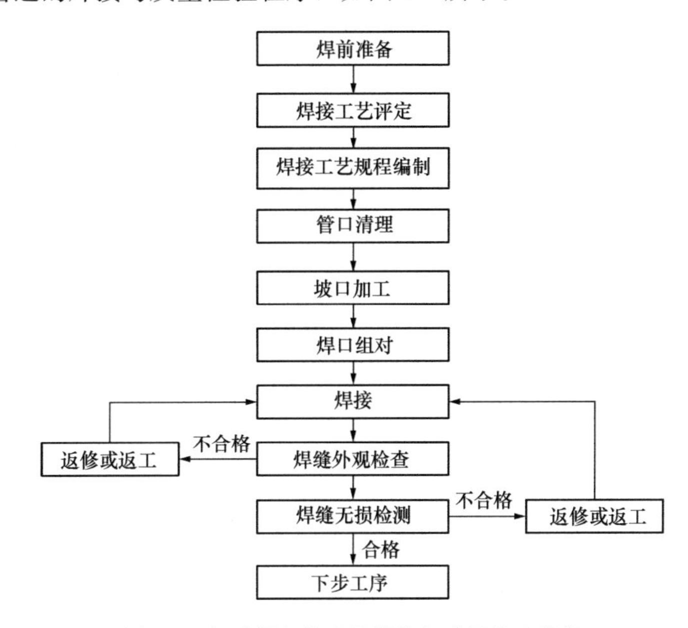

图 3-9　钢质燃气管道的焊接与质量检验程序

3.5.2　焊前准备

1. 焊接工艺评定

焊接工艺评定是指在焊接生产正式开始之前，通过对焊接方法、焊接材料、焊接参数等开展一系列工艺选择试验，优选出可获得合格焊口力学性能（如强度、塑性、韧性和硬度等）的焊接工艺。钢质燃气管道焊接工艺评定应遵循现行国家标准《钢质管道焊接及验收》GB/T 31032 的相关规定。

对于新工艺、新焊接方法、新钢材和新型焊接材料，必须首先进行相应的焊接性试验和工艺试验。对于已经评定合格并在生产中应用的成熟工艺，如因某种原因需改变一种或一种以上主要焊接工艺参数（如焊接电流、焊接层数、预热温度、焊后热处理温度等），则需重做焊接工艺评定试验。

焊接工艺评定应使用破坏性试验来检验焊接接头质量。破坏性试验项目主要针对焊接接头的机械性能开展试验，包括拉伸试验、弯曲试验和刻槽锤断试验：

（1）拉伸试验主要用于测定焊接接头或焊缝金属的强度极限、屈服极限、断面收缩率、延伸率等机械性能指标。

（2）弯曲试验包括背弯、面弯、侧弯试验，主要用于测定焊接接头的塑性，以试样弯曲角度的大小以及产生裂纹的情况作为评定指标。

（3）刻槽锤断试验主要用于观察断面气孔、夹渣、未焊透、未熔合等缺陷尺寸和相对位置。

需要说明的是，根据评定需要，在机械性能试验基础之上，还可进行金相、硬度、抗腐蚀（HIC/SCC）和断裂韧性（CTOD）试验。

钢质管道对接接头焊接工艺评定试验的试样取样位置，详见图 3-10（D_W为管道外径，mm）。试样类型及数量，详见表 3-7。拉伸试验、弯曲试验和刻槽锤断试验的试样规格，详见图 3-11。

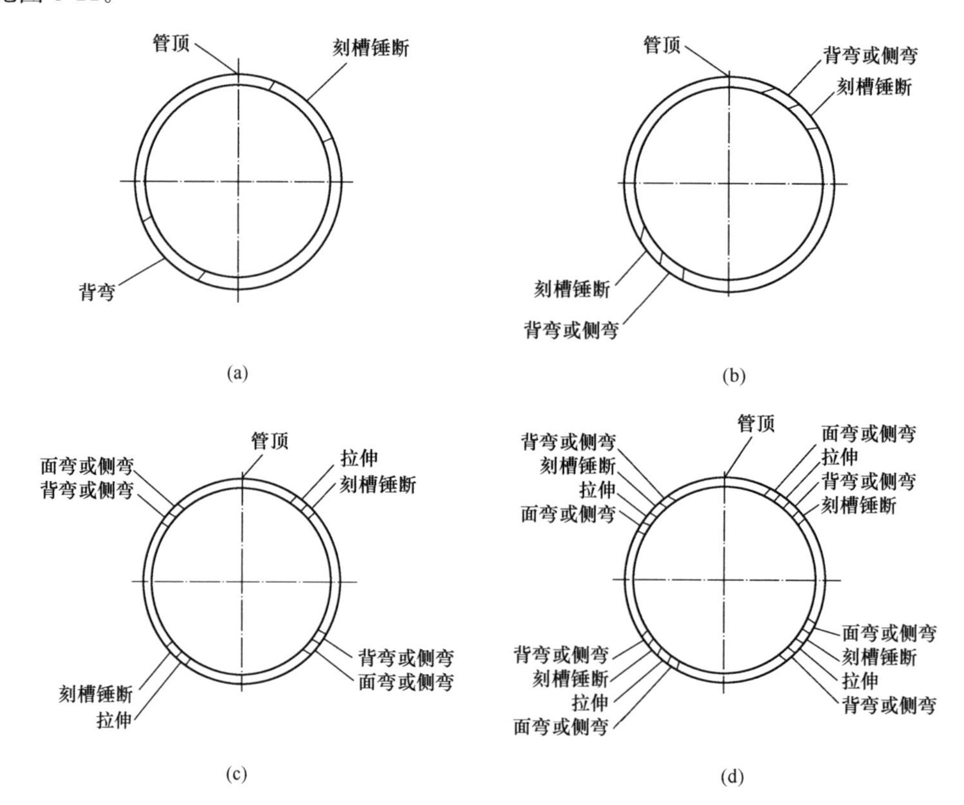

图 3-10　钢质管道对接接头焊接工艺评定试验的试样取样位置

（a）$D_W \leqslant 60.3$；（b）$60.3 < D_W \leqslant 114.3$；（c）$114.3 < D_W \leqslant 323.9$；（d）$D_W > 323.9$

焊接工艺评定后，应出具焊接工艺评定报告。

焊接工艺评定试验的试样类型及数量　　**表 3-7**

管外径（mm）	试样数量					
	拉伸	刻槽锤断	背弯	面弯	侧弯	总计
	壁厚≤12.7mm					
<60.3	0	2	2	0	0	4
60.3～114.3	0	2	2	0	0	4

续表

管外径（mm）	试样数量					
	拉伸	刻槽锤断	背弯	面弯	侧弯	总计
	壁厚≤12.7mm					
114.3～323.9	2	2	2	2	0	8
≥323.9	4	4	4	4	0	16
壁厚>12.7mm						
≤114.3	0	2	0	0	2	4
114.3～323.9	2	2	0	0	4	8
>323.9	4	4	0	0	8	16

注：1. 对于外径小于 60.3mm 的管道焊接两个试验焊缝，各取一个刻槽锤断试样及一个背弯试样。对外径小于等于 33.4mm 的管道，应做一个全尺寸的拉伸试样。

2. 对于规定最低屈服强度大于 290MPa 的材料，至少应进行一次拉伸试验。

2. 焊接工艺规程

焊接工艺规程是指根据焊接工艺评定报告提出的合格工艺，并结合实践经验，制定直接指导工程焊接的技术细则文件，包括对焊接方法、管道及管件材料、外径和壁厚、焊接接头、焊接材料、焊接位置、焊接方向、焊道数、焊道之间的时间间隔、对口器的类型和撤离、焊道的清理及打磨、预热和焊后热处理、电特性、保护气体及流量、保护焊剂、焊接速度、层（道）间温度等内容进行详细的规定，以保证焊接质量的再现性。

3.5.3 管口清理与坡口加工

1. 管口清理

（1）准备工作

准备好清理管口的器械、工具等，如汽油、棉纱、灰板、锉刀、电动砂轮机、液压千斤顶、坡口机以及发电机等。

（2）管口清理和管内清洁

管道组对前要对管内杂物进行检查和清理，保证管内清洁。用工具将管内脏物和杂物清除干净，管端内外表面 10mm 范围内应无油污、铁锈和污垢等。

在施工临时休息期间，采用无纺布或橡胶管帽对管口进行封堵，避免泥水、杂物等进入管内。对于管道断点或已下沟管段，由于需要长时间放置，必须采用盲板对管口进行临时封堵，避免泥水、杂物等进入管内。

（3）坡口质量检查和修理

管口清理完毕后，立即对管口坡口质量进行检查。

1）坡口内卷边检查

检查坡口质量，坡口不得有机械加工形成的内卷边。若有内卷边，则用锉刀或电动砂轮机清除，但应注意不得形成反钝边。为便于管道组焊时管道起吊平衡，在每根钢管长度方向上标出平分线位置。

2）管口表面质量检查

对于管口表面深度小于 3mm 的点状缺损或划伤，可采用焊接方法进行修补，焊前将修补部位预热到 100～120℃。若管口表面有深度大于等于 3mm 的点状缺损或划伤，则管口必须切除。

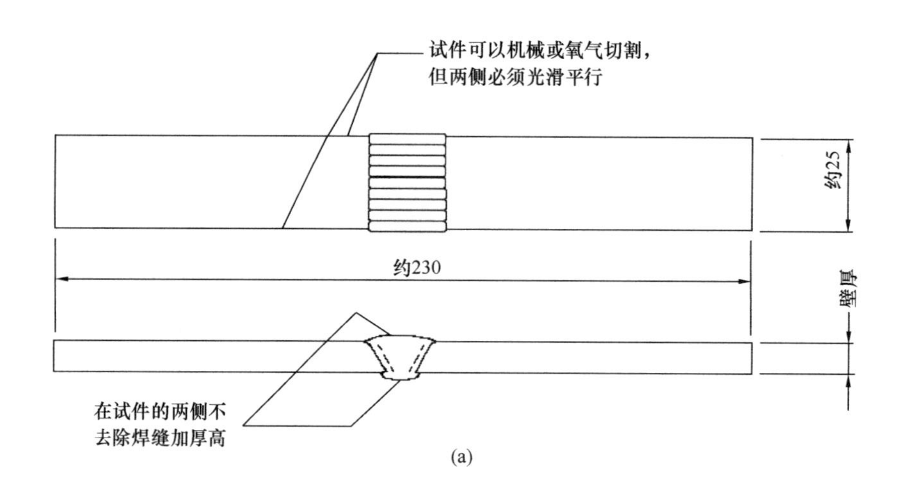

(a)

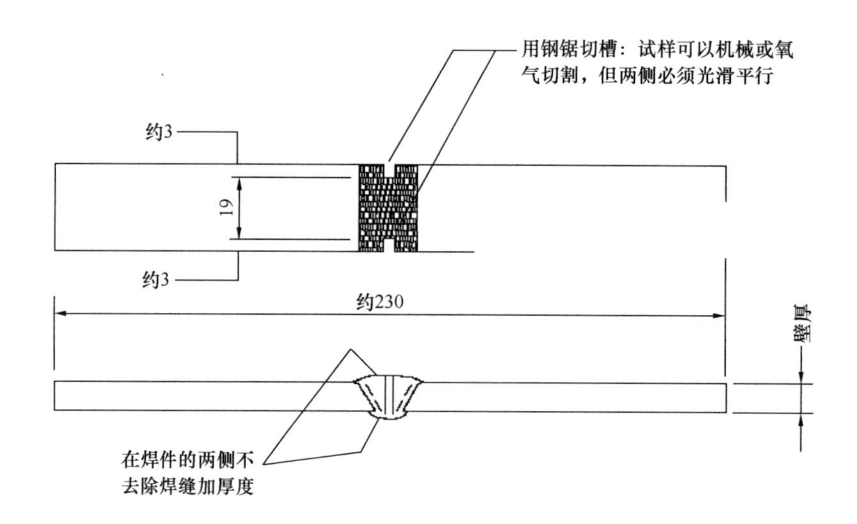

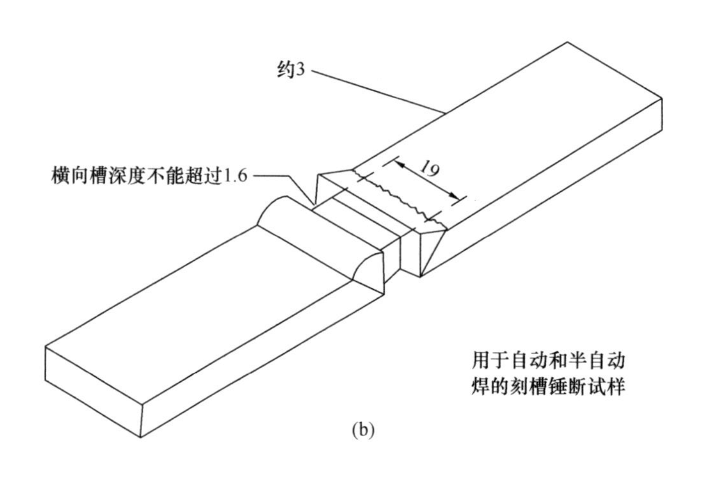

(b)

图3-11 试样规格（一）

（a）拉伸试样；（b）刻槽锤断试样

注：单位（mm）

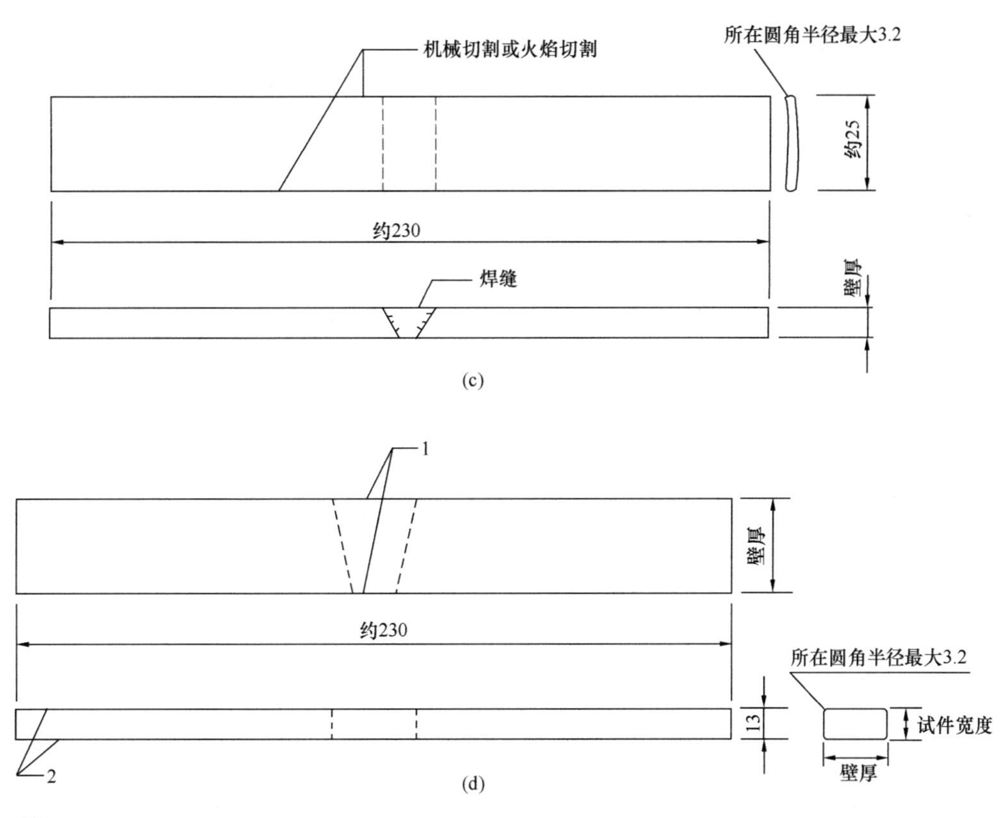

说明：
1—内外表面的焊缝余高应去除至与试样表面平齐。试样在试验前不应压平；
2—试样应机械切割到13mm宽，或氧乙炔焰切割到约19mm宽，然后再机加工或平滑打磨到13mm宽，切制表面应光滑和平行。

图 3-11　试样规格（二）

（c）背弯和面弯试样（壁厚≤12.7mm）；（d）侧弯试样（壁厚>12.7mm）

注：单位（mm）

3）用直尺或卡规检查管口椭圆度

用直尺或卡规检查管口椭圆度，如图 3-12 所示。若管端变形在 3.5%管外径以内，可采用胀管器、千斤顶等专用工具矫正，矫正方法如图 3-13 所示。

矫正无效的管口、存在裂纹或分层的管口、变形超过 3.5%管外径的管口，必须切除。

2. 坡口加工

（1）坡口形式

管端加工坡口的作用是为了保证电弧能深入焊缝根部，确保根部焊透并便于清除熔渣，获得较好的焊缝成形，而且坡口能起到调节本体金属与填充金属比例的作用。

钝边的作用是为了防止烧穿，但钝边尺寸也不能太大，要保证第一层焊缝能焊透。

间隙的作用是为了便于对口组装和确保根部能焊透。间隙不宜过大，否则焊肉、焊瘤在管内壁突出，会增加管内流体阻力，特别是在清管作业时容易造成清管器（球）破裂或堵塞。

图 3-12　用卡规检查管口椭圆度

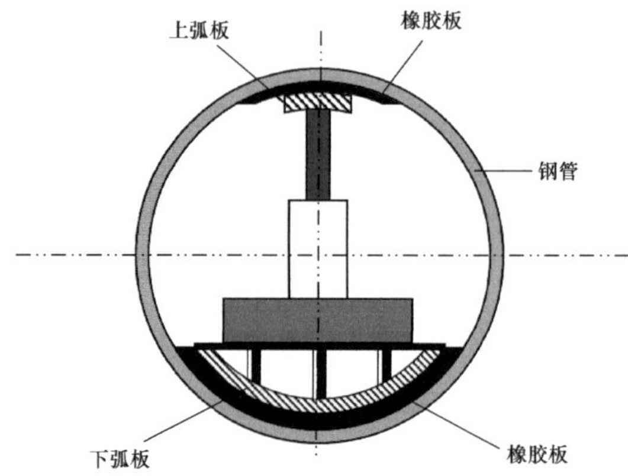

图 3-13　千斤顶矫正管口

坡口形式应根据所采用的焊接工艺确定。钢质管道对接焊缝的坡口形式主要包括 V 形坡口、X 形坡口、双 V 形坡口、U 形坡口等。其中，最常用的为 V 形坡口。常用坡口形式与尺寸，详见表 3-8。

常用坡口形式与尺寸　　**表 3-8**

序号	厚度 T（mm）	坡口名称	坡口形式	坡口尺寸			备注
				间隙 c（mm）	钝边 p（mm）	坡口角度 α（β）（°）	
1	1～3	I形坡口		0～1.5	—	—	单面焊
	3～6			0～2.5			双面焊
2	3～9	V形坡口		0～2	0～2	60～65	—
	9～26			0～3	0～3	55～60	
3	12～60	X形坡口		0～3	0～2	55～65	—
4	20～60	双V形坡口		0～3	1～3	65～75（10～15）	h=8～12
5	20～60	U形坡口	R=5～6	0～3	1～3	（8～12）	R=5～6

(2) 坡口加工

坡口加工方法可分为机械加工、火焰切割两大类，如图 3-14 所示。其中，机械加工包括电动砂轮机打磨、坡口机加工等。当管口为 V 形坡口时，一般在制管厂内加工管道坡口，以提高现场作业效率。

(a)

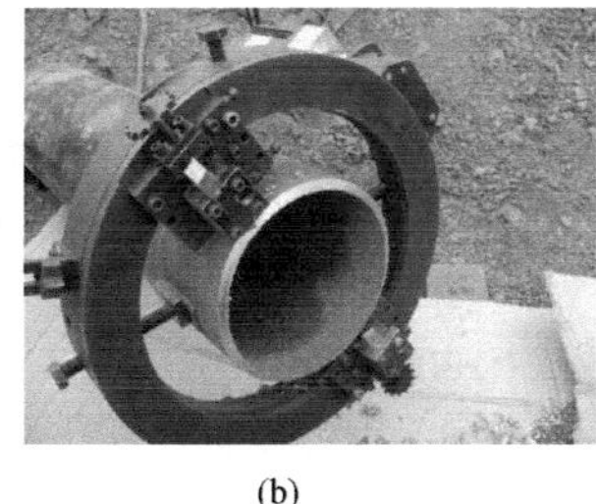
(b)

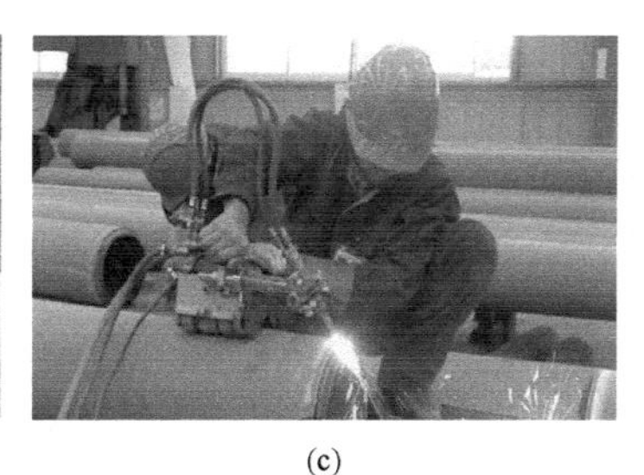
(c)

图 3-14 坡口加工
(a) 电动砂轮机打磨；(b) 坡口机；(c) 火焰切割

碳钢、碳锰钢管材可采用机械加工方法或火焰切割方法切割和制备坡口；合金钢宜采用机械加工方法切割和制备坡口。若采用火焰切割，切割后应采用机械加工或打磨方法去除热影响区。坡口加工完毕后，应进行坡口加工尺寸检查，如图 3-15 所示。

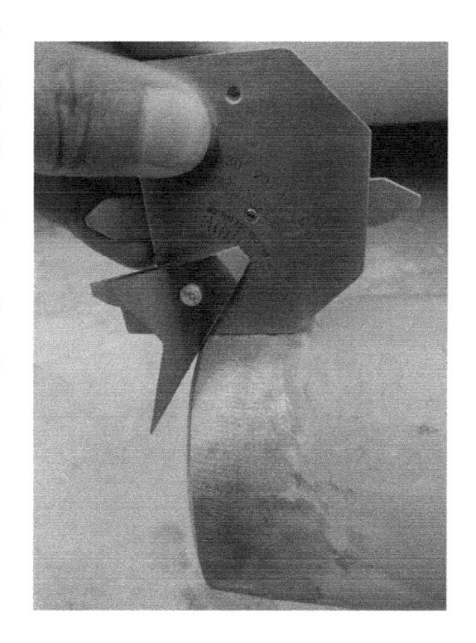
图 3-15 坡口角度测量

不等壁厚对焊管端宜采用加过渡管或坡口过渡处理措施。壁厚差小于等于 2mm 时，可直接焊接；壁厚差大于 2mm 时，应采用内削边处理，内坡角度宜为 15°～30°，并应按图 3-16 进行加工修整。

3.5.4 管口组对

1. 对口器

管道焊接前，两待焊管道必须按坡口间隙及管口错边量的要求对口，以保证焊接工作的顺利进行。对口的方法有内对口器法、外对口器法和手工对口法。不论采用何种对口方式，管道环焊缝错边量不得超过±1.6mm；若考虑焊接变形，管道对口时其错边量不得超过±1.0mm。

(1) 内对口器

内对口器适用于管长不超过 24m 的管道对口，操作动力来自气动或液压。内对口器工作原理如图 3-17 所示：首先将内对口器放入已焊成的管道管口内，然后将操纵杆穿过待接口的管道，调整起重设备将管口对正，对口间隙由厚度垫片控制；将空气压缩机风管（液压油管）和操纵杆相连。转动操纵杆将压缩空气（液压油）送进气缸（油缸），推动撑臂，在强大的胀力作用下，两管口被胀紧和对齐；经检查合格后即可进行根焊，这样即完成对口工作；定位焊后，反向转动操纵杆排气（排油），松开撑臂，向行走电机供气（供油），对口器在行走装置的作用下驶至管口，在控制装置作用下，自动停车到达下一工作位置。

(2) 外对口器

外对口器结构比较简单，但在对口前必须进行找圆，如图 3-18 所示。外对口器分为液压外对口器、手动外对口器、外卡箍式外对口器等。

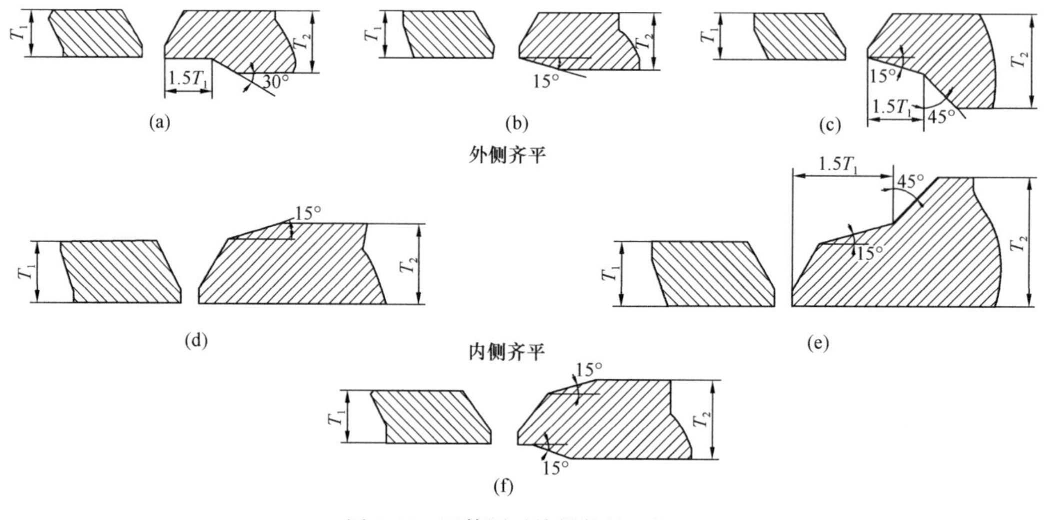

图 3-16　不等厚对接焊件坡口加工

(a) $T_2-T_1\leqslant 5$mm；(b) 5mm$<T_2-T_1\leqslant 10$mm；(c) $T_2-T_1>10$mm；
(d) $T_2-T_1\leqslant 10$mm；(e) $T_2-T_1>10$mm；(f) 内外侧均不齐平

(a)　　(b)

图 3-17　内对口器对口过程

(3) 手工对口

手工对口是指不借助对口器的协助，完全依靠手工对口，如图 3-19 所示。这种对口方式简单易行，但效率低，仅用于小口径、焊口数量少情形下的组对。

图 3-18　手动外对口器找圆

图 3-19　手工对口

2. 对口组装

对口前应再次核对钢管类型、壁厚及坡口质量，所有参数必须与现场使用要求相符合。除连头和弯头（管）处外，管道组对宜采用内对口器。为保证起吊管道的平衡，起吊管道的尼龙吊带应放置在活动管道已划好的中心线处，且活动管道的轴线应与已组焊管道的轴线对正，以方便、快捷地进行管道对口。管口组装要求见表 3-9。

管口组装要求　　表 3-9

序号	检查项目	组装要求
1	管内清扫	无污物
2	管口清理（10mm 范围内）和修口	管口完好无损，无铁锈、油污、油漆、毛刺
3	管端螺旋焊缝或直缝余高打磨	端部 10mm 范围内余高打磨掉，并平缓过渡
4	两管口螺旋焊缝或直缝间距	错开间距大于等于 100mm
5	错口和错口校正要求	1）当壁厚 $t<14$mm 时，不大于 1.6mm； 2）当 14mm$<t\leqslant$17mm 时，不大于 2mm； 3）当 17mm$<t\leqslant$21mm 时，不大于 2.2mm； 4）当 21mm$<t\leqslant$26mm 时，不大于 2.5mm； 5）当 $t\geqslant$26mm 时，不大于 3mm； 6）局部错边均不应大于 3mm，错边沿周长均匀分布
6	钢管短节长度	不应小于钢管外径值且不应小于 0.5m
7	钢管对接偏差	不应大于 3°
8	管端斜口	不能

3.5.5　管道焊接

1. 焊接的一般要求

（1）焊缝应由具备相应资质的焊工，严格按焊接工艺规程进行焊接。

（2）焊接所用设备应配有指示焊接工艺参数的电流表、电压表、气压表、气体流量表等计量仪表，应读数准确并满足焊接工艺要求，具有良好的工作状态和安全性，适用于施工现场条件。

（3）管道焊缝距离支管或管接头的开孔边缘不应小于 50mm，且不应小于孔径。当无法避免在管道焊缝上开孔或开孔补强时，应对开孔直径 1.5 倍或开孔补强板直径范围内的焊缝进行射线或超声波检测，补强板覆盖的焊缝应磨平，管孔边缘不应存在焊缝缺陷。

（4）管道环焊缝距支、吊架净距不得小于 50mm。

（5）施焊时不应在坡口以外的管壁上引弧；焊机地线与管道连接应采用专用卡具，防止地线与管壁产生电弧而烧伤管材；对于防腐管道，焊前应在焊缝两端的管口缠绕一周宽度为 0.5m 的保护层。

（6）施焊时焊接的环境温度应符合焊件焊接所需的温度，且不影响焊工的操作技能。同时，焊条电弧焊、自保护药芯焊丝电弧焊、埋弧焊焊接时的风速不应大于 8m/s；钨极惰性气体保护焊、熔化极气体保护焊和二氧化碳气体保护焊，风速不应大于 2m/s；低氢型焊条电弧焊，风速不应大于 5m/s；当超过规定时，应有防风设施。焊接电弧 1m 范围内的相对湿度不得大于90%。

（7）不得锤击根部焊道和盖面焊道。

（8）多层焊每层焊完后，应立即进行清理和目视检查，如发现缺陷，应消除后方可进行下一层焊接。

（9）每日作业结束后，应将管道端部管口临时封堵。遇水及沟下焊接管道应采取防水措施。

2. 组装和焊接的组织

管道组装与焊接工艺流水，由于机械化施工程度的不同，以及现场施工条件等因素的影响，其施工组织形式是多种多样的。焊接工艺的组织形式可分为：组装点焊与焊接流水；无点焊的分层焊接流水。

（1）组装点焊与焊接流水：这种组焊工法是管道组对时使用外对口器对口，对根焊焊道进行断续焊，每段长度大于70mm，整个点焊长度大于50%；后面的焊工分层进行根焊、热焊、填充焊、盖面焊。

（2）无点焊的分层焊接流水：这种组焊工法是管道组对时使用内对口器对口，完成对口后，不进行点焊，直接分层进行根焊、热焊、填充焊、盖面焊，详见图3-20。

图3-20　无点焊的分层焊接流水

3. 焊接方法

（1）分类

根据焊接原理的不同，焊接方法可分为焊条电弧焊、埋弧焊、熔化极气体保护焊（CO_2气体保护焊、混合气体保护焊等）、非熔化极气体保护焊（钨极氩弧焊）等。

根据焊接过程的自动化程度，可将焊接方法分为手工焊、半自动焊、全自动焊三大类。其中：引弧、运条（送进动作、横摆动作、前进动作，如图3-21所示）和收尾（熄弧）三个基本步骤均由手工完成，称为手工焊接；运条步骤中的送进动作由送丝机构自动完成，其余步骤与动作均由手工完成，称为半自动焊；引弧、运条和收尾三个基本步骤与动作完全由机械来完成，称为全自动焊。

目前，钢质燃气管道常用的焊接方法主要有手工焊条电弧焊、药芯焊丝气体保护半自动焊、手工钨极氩弧焊等。

(2) 焊条电弧焊

1) 工作原理及特点

焊条电弧焊是以焊条和焊件（母材）作为两个电极，利用焊条与焊件之间燃烧的电弧热熔化焊条端部和焊件的局部，在焊条端部迅速熔化的金属以细小熔滴过渡到焊件已经局部熔化的金属中，并与之融合形成熔池。随着电弧向前移动，熔池的液态金属逐步冷却结晶而形成焊缝，其原理如图 3-22 所示。

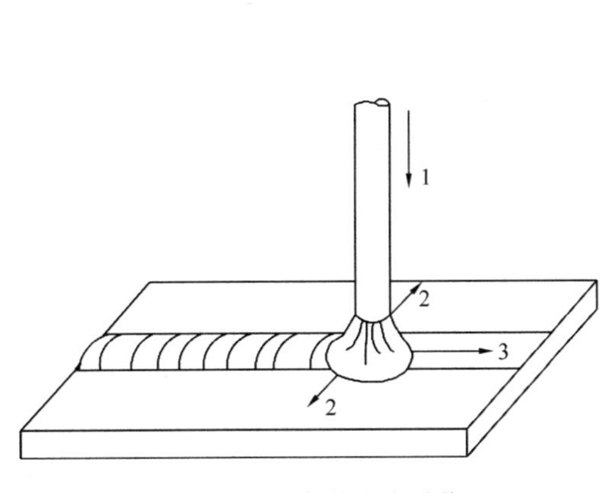

图 3-21 运条的基本动作

1—焊条送进；2—焊条摆动；3—沿焊缝移动

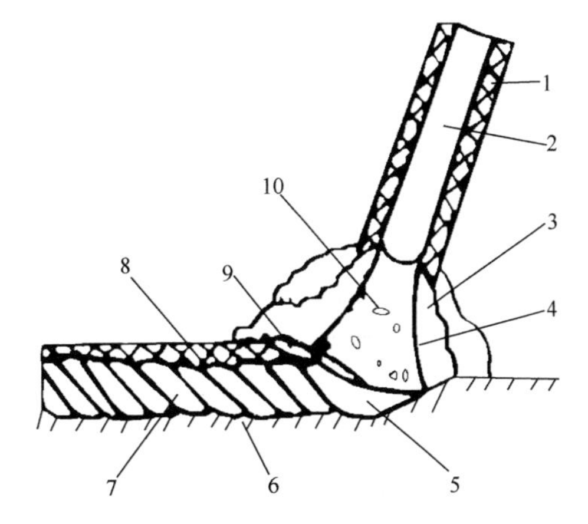

图 3-22 焊条电弧焊原理

1—药皮；2—焊芯；3—保护气体；4—电弧；5—熔池；6—母材；7—焊缝；8—焊渣；9—熔渣；10—熔滴

焊条电弧焊设备简单，操作灵活方便、适应性强、可达性好，不受场地和焊接位置的限制，平、横、立、仰各种位置以及不同的厚度、结构形式一般都能施焊，这些优点使得焊条电弧焊得到广泛应用。

但焊条电弧焊焊接电流小、每焊完一根焊条后必须更换焊条并清渣，导致熔敷速度慢，生产率低。焊缝质量在很大程度上依赖于焊工的操作技能及现场发挥，对焊工技术要求高。

2) 焊条电弧焊设备

焊条电弧焊的设备和工具有弧焊电源、焊钳、面罩、焊条和保温筒，此外还有敲渣锤、钢丝刷、焊缝检验尺等辅助工器具。

其中，最重要的设备是弧焊电源（即电焊机），其主要作用是为焊接电弧提供稳定燃烧所需的电流和电压。按产生电流种类的不同，弧焊电源可分为弧焊变压器（交流）、直流弧焊发电机、弧焊整流器（直流）；按电源性质的不同，可分为直流电源和交流电源。

3) 焊条

① 电焊条分类

钢质燃气管道焊接用焊条常按熔渣的酸碱性来分：若焊条药皮以酸性氧化物为主要成分，为酸性焊条，如钛型焊条、钛钙型焊条、钛铁型焊条和氧化铁型焊条；若药皮以碱性氧化物为主要成分，则为碱性焊条，如低氢型焊条。这两大类焊条的性能对比，如表3-10所示。

酸性焊条与碱性焊条性能对比　　表3-10

序号	酸性焊条	碱性焊条
1	药皮组分氧化性强	药皮组分还原性强
2	对水、锈产生气孔的敏感性不强。焊条在使用前经150～200℃烘焙1h，若不受潮，也可不烘焙	对水、锈产生气孔的敏感性较强，要求焊条使用前经300～400℃烘焙1～2h
3	电弧稳定，可用交流或直流施焊	药皮中含有氟化物，会恶化电弧稳定性，须用直流施焊。只有药皮中加稳弧剂后才可交直流两用
4	焊接电流较大	焊接电流小，较同规格的酸性焊条小10%左右
5	可长弧操作	须短弧操作，否则易引起气孔
6	合金元素过渡效果差	合金元素过渡效果好
7	焊缝成形较好，除氧化铁型外，熔深较浅	焊缝成形较好，容易堆高，熔深较深
8	熔渣结构呈玻璃状	熔渣结构呈结晶状
9	脱渣较方便	坡口内第一层脱渣较困难，以后各层脱渣较容易
10	焊缝低温冲击性能一般	焊缝低温冲击性能较好
11	除氧化铁型外，抗裂性能较差	抗裂性能好
12	焊缝中的含氢量高，易产生白点，影响塑性	焊缝中的含氢量低
13	焊接时烟尘较少	焊接时烟尘较多

② 电焊条型号

电焊条型号以各类焊条的国家标准为依据，反映焊条的主要特性。以结构钢为例，型号编制规则为：字母“E”表示焊条；第一、二位表示熔敷金属最小抗拉强度；第三、四位数字表示药皮类型、焊接位置及焊接电流类型。熔敷金属最小抗拉强度代号如表3-11所示，药皮类型代号如表3-12所示。

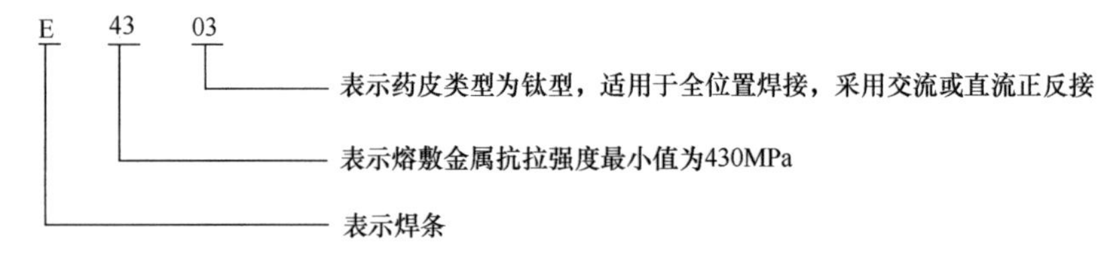

熔敷金属抗拉强度代号　　表3-11

抗拉强度代号	最小抗拉强度值（MPa）
43	430
50	490
55	550
57	570

药皮类型代号　　表 3-12

代号	药皮类型	焊接位置[a]	电流类型
03	钛型	全位置[b]	交流和直流正、反接
10	纤维素	全位置	直流反接
11	纤维素	全位置	交流和直流反接
12	金红石	全位置[b]	交流和直流正接
13	金红石	全位置[b]	交流和直流正、反接
14	金红石+铁粉	全位置[b]	交流和直流正、反接
15	碱性	全位置[b]	直流反接
16	碱性	全位置[b]	交流和直流反接
18	碱性+铁粉	全位置[b]	交流和直流反接
19	钛铁矿	全位置[b]	交流和直流正、反接
20	氧化铁	PA、PB	交流和直流正接
24	金红石+铁粉	PA、PB	交流和直流正、反接
27	氧化铁+铁粉	PA、PB	交流和直流正、反接
28	碱性+铁粉	PA、PB、PC	交流和直流反接
40	不做规定	由制造商确定	
45	碱性	全位置	直流反接
48	碱性	全位置	交流和直流反接

注：[a] 焊接位置见《焊缝—工作位置—倾角和转角的定义》GB/T 16672，其中 PA 为平焊、PB 为平角焊、PC 为横焊；
[b] 此处“全位置”并不一定包括向下立焊，由制造商确定。

③ 焊条的选用原则

a. 等强度原则：一般都要求焊缝金属与母材等强度。

b. 同成分原则：选择与母材成分相近的焊条。

c. 抗裂纹原则：要求获得塑性好、冲击韧性高、抗裂能力强或低温性能好的焊缝，应选用碱性焊条。

d. 抗气孔原则：焊前清理困难、易产生气孔的焊件，应选择抗气孔能力强的酸性焊条。

e. 低成本原则：满足使用要求的前提下，应选用成本低的焊条。

4）焊接工艺参数

无论是何种焊接，焊接参数的选择是否得当将直接影响焊缝的形状、尺寸、焊接质量和生产率，因此如何选择焊接参数是焊接生产中一个至关重要的问题。焊条电弧焊的工艺参数主要包括：焊条直径、焊接电流、电弧电压、焊接速度、焊接层数等。

① 焊条直径

焊条直径大小对焊接质量和生产率影响很大，一般可按表 3-13 选择焊条的直径。为了提高生产率，在保证焊接质量的前提下应尽可能选用大直径焊条。

需多层焊的接头，第一层焊缝应选用小直径焊条，以后各层可选用大直径焊条，以加大熔深和提高熔敷效率。

焊条直径的选择　　表 3-13

焊件厚度（mm）	≤1.5	2	3	4～5	6～12	≥12
焊条直径（mm）	1.5	2	3.2	3.2～4	4～5	4～6

② 焊接电流种类和极性的选择

用交流电源焊接时，电弧稳定性差。采用直流电源焊接时，电弧稳定、柔顺、飞溅少，但是电弧磁偏吹较交流严重。因此，稳弧性差的低氢型焊条，通常必须采用直流弧焊电源。用小电流焊接薄板时，也常为了引弧容易、电弧稳定而采用直流弧焊电源。

在直流电弧焊或电弧切割时还要考虑到焊件与电源输出端的接法，具体有正接和反接两种，如图 3-23 所示。所谓正接（也称为正极性）就是焊件接电源正极、焊条接电源负极的接线法；反接（也称为反极性）就是焊件接电源负极、焊条接电源正极的接线法。对于交流电源来说，由于极性是交变的，所以不存在正接和反接。

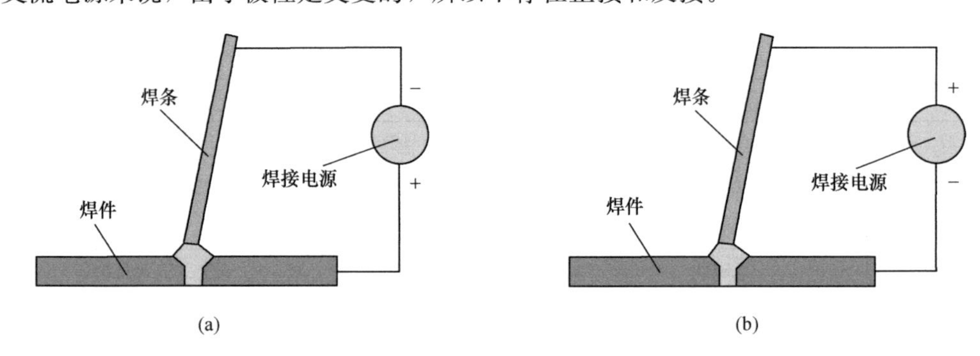

图 3-23　直流电弧焊正接与反接法

（a）正接法；（b）负接法

使用酸性焊条（如 E4303 等）焊接厚焊件时，可采用直流正接，以获得较大的熔深；而在焊接薄焊件时，则采用直流反接，可防止烧穿。使用碱性低氢型焊条（如 E5015 等）时，无论焊接厚焊件还是薄焊件，均采用直流反接，这样能减少飞溅和气孔，并使电弧燃烧稳定。

③ 焊接电流

焊接电流大小要根据焊条类型、焊条直径、焊接厚度、接头形式、焊接位置等因素综合考虑，其中，最主要的影响因素是焊条直径和焊接位置。有以下两种方法用来确定焊接电流。

a. 经验公式

一般碳钢焊接结构可根据焊条直径来确定焊接电流：

$$I = kd \tag{3-2}$$

式中　I——焊接电流，A；

d——焊条（即焊芯）直径，mm；

k——经验系数，可按表 3-14 确定。

根据上面经验公式计算出的焊接电流，只是大概的参考数值，在实际使用时还应该根据具体情况灵活选用，例如使用不锈钢焊条时，为了减少焊条发红，焊接电流应该小一些。

焊条直径与经验系数的关系 **表 3-14**

焊条直径（mm）	1.6	2～2.5	3.2	4～6
k	20～25	25～30	30～40	40～50

b. 由焊接工艺试验确定

对于普通结构，利用经验公式确定焊接电流一般已经足够。但是对于某些金属材料如合金钢焊接或重要的焊接结构如锅炉压力容器的焊接等，必须按焊接工艺评定合格后的工艺来确定焊接电流。

在相同焊条直径的条件下，平焊时焊接电流可以大些，其他位置焊接时焊接电流应该小些。在相同条件的情况下，碱性焊条使用的焊接电流一般比酸性焊条的要小 10%左右，否则容易产生气孔。

④ 电弧长度

电弧长度是焊条芯的熔化端到焊接熔池表面的距离。它的长短控制主要取决于焊工的知识、经验、视力和手工技巧。正常弧长一般小于等于焊条直径，即所谓短弧焊。弧长超过焊条直径的，称为长弧焊。在使用酸性焊条时，为了预热待焊接部分或降低熔池的温度和加大熔宽，有时将电弧稍微拉长进行焊接。在使用碱性低氢型焊条时，为了减少气孔等缺陷，应用短弧焊。

⑤ 焊接速度

焊接过程中，焊接速度应该均匀适当，既要保证焊透又要保证不烧穿，同时还要使焊缝宽度和余高符合设计要求。焊接速度直接影响焊接生产率，所以应在保证焊缝质量的基础上，采用较大的焊条直径和焊接电流，同时根据具体情况适当加快焊接速度。

⑥ 焊接层数

厚板焊接一般采用多层焊或多层多道焊。层数增多对提高焊缝的塑性和韧性有利，因为后焊焊道对先焊焊道有回火作用，使热影响区域显微组织变细，尤其对易淬火钢效果明显。但是随着层数增多，生产效率降低，且焊接变形也随之增加；层数过少，每层焊缝厚度过大，接头容易过热引起晶粒粗化，影响焊缝性能。因此，焊接层数应适中，一般每层厚度以不大于 5mm 为宜。

焊接层数主要根据焊件厚度、焊条直径、坡口形式和装配间隙来确定，可作如下近似估算：

$$n=\frac{\delta}{d} \tag{3-3}$$

式中 n——焊接层数；

δ——焊件厚度，mm；

d——焊条（即焊芯）直径，mm。

（3）药芯焊丝气体保护焊

1）工作原理及特点

药芯焊丝气体保护焊是熔化极气体保护焊中的一种，通常采用纯 CO_2 或 CO_2＋Ar 气体作为保护气体。药芯焊丝气体保护焊的基本工作原理与普通熔化极气体保护焊一样，是以可熔化的药芯焊丝作为一个电极（通常接正极，即直流反接），母材作为另一极。与普通熔化极气体保护焊的主要区别在于焊丝内部装有焊剂混合物。焊接时，在电弧热作用下处于熔化状态的焊剂材料、焊丝金属、母材金属和保护气体之间发生冶金作用，同时形成一层较薄的液态熔渣包覆熔滴并覆盖熔池，对熔化金属形成了又一层的保护。实质上是一种气渣联合保护的焊接方法，如图3-24所示。

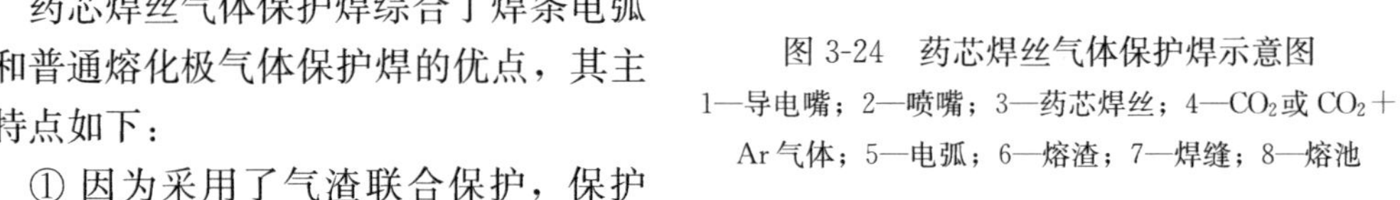

图3-24　药芯焊丝气体保护焊示意图

1—导电嘴；2—喷嘴；3—药芯焊丝；4—CO_2或CO_2+Ar气体；5—电弧；6—熔渣；7—焊缝；8—熔池

药芯焊丝气体保护焊综合了焊条电弧焊和普通熔化极气体保护焊的优点，其主要特点如下：

① 因为采用了气渣联合保护，保护效果好，电弧稳定，飞溅少，抗气孔能力强，焊缝成形美观。

② 由于焊丝熔敷速度快，熔敷效率和生产率都较高，生产率比焊条电弧焊高3～5倍。

③ 焊接适应性强，通过调整药粉成分与比例，可以焊接不同要求的焊缝金属。

④ 由于药粉改变了电弧特性，对焊接电源无特殊要求，交流、直流都适用。

2）药芯焊丝

药芯焊丝的截面形状种类较多，可分成两大类：简单截面的O形和复杂截面的折叠形。折叠形截面又分为梅花形、T形、E形和中间填丝形等，如图3-25所示。O形截面焊丝通常又叫管状焊丝，由于芯部粉剂不导电，电弧容易沿四周的钢皮旋转，电弧稳定性差。折叠形截面焊丝因钢皮在整个断面上分布比较均匀，焊丝芯部亦能导电，所以电弧燃烧稳定，焊丝熔化均匀，冶金反应完善。由于小直径折叠形截面焊丝制造较困难，因此一般$d \leqslant 2.4$mm时的焊丝制成O形，$d > 2.4$mm时的焊丝制成折叠形。

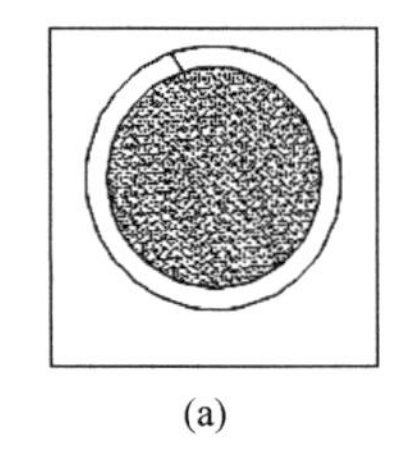

(a)

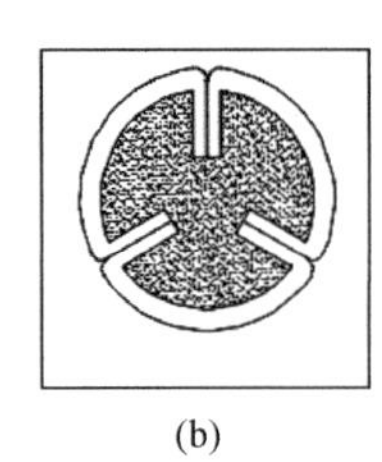

(b)

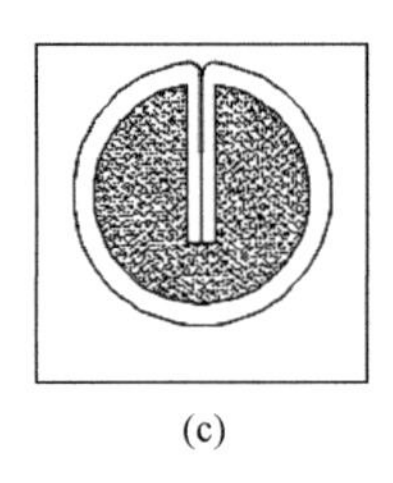

(c)

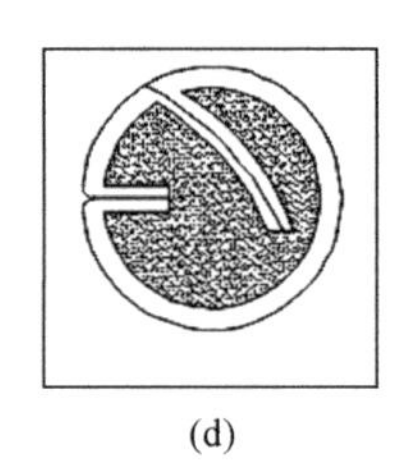

(d)

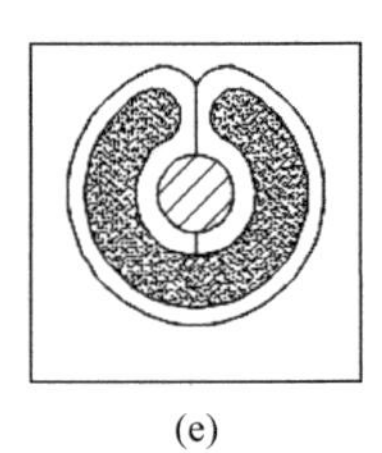

(e)

图3-25　药芯焊丝截面形状

(a) O形；(b) 梅花形；(c) T形；(d) E形；(e) 中间填丝形

药芯焊丝芯部粉剂的成分和焊条的药皮类似，含有稳弧剂、脱氧剂、造渣剂和铁合金等，起着造渣保护熔池、渗合金、稳弧等作用。按填充药粉的成分，可分为钛型（酸性渣）、钛钙型（中性或弱碱性渣）和碱性（碱性渣）药芯焊丝。粉剂的粒度应大于100目，不应含吸湿性强的物质，并有良好的流动性。

药芯焊丝的送给方式有推丝式、拉丝式、推拉丝式三种，如图3-26所示。

3）焊接工艺参数

药芯焊丝气体保护焊焊接工艺参数主要有：焊接电流、电弧电压、焊丝伸出长度、保

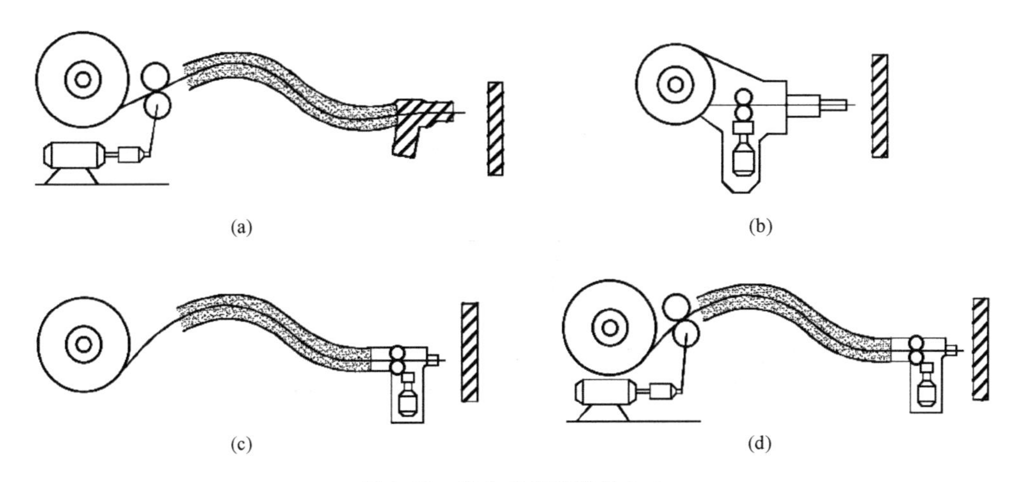

图 3-26 半自动焊机送丝方式

（a）推丝式；（b）拉丝式；（c）拉丝式；（d）推拉丝式

护气体流量等。

① 焊接电流和电弧电压

由于药芯焊丝 CO_2气体保护电弧焊使用的焊剂成分改变了电弧特性，因此，直流、交流、平特性或下降特性电源均可以使用，但通常采用直流平特性电源。当其他条件不变时，焊接电流与送丝速度成正比。当焊接电流变化时，电弧电压需做相应的变化，以保证电弧电压与焊接电流的最佳匹配关系。纯 CO_2气体保护时，通常采用长弧焊接。

不同直径药芯焊丝 CO_2气体保护焊常采用的焊接电流、电弧电压见表 3-15。

不同直径药芯焊丝常用焊接电源、电弧电压范围　　表 3-15

焊丝直径（mm）	1.2	1.4	1.6
焊接电流（A）	110～350	130～400	150～450
电弧电压（V）	18～32	20～34	22～38

② 焊丝伸出长度

焊丝伸出长度对电弧的稳定性、熔深、焊丝熔敷速度、电弧能量等均有影响。对于给定的焊接速度，焊丝伸出长度随焊接电流的增加而减小。焊丝伸出长度太长，会使电弧不稳且飞溅过大；焊丝伸出长度太短，会使电弧弧长过短，过多的飞溅物易堵塞焊嘴，使气体保护不良，焊缝中会产生气孔。通常焊丝伸出长度为 19～38mm。

③ 保护气体流量

保护气体流量由焊枪喷嘴形式和直径、喷嘴到工件的距离以及焊接环境决定。通常在静止空气中焊接时，保护气体流量在 16～21L/min 范围内。若在流动空气环境中焊接或喷嘴到焊件距离较长时，保护气体流量应加大，可能达到 26L/min。

（4）钨极氩弧焊

钨极惰性气体保护焊（Tungsten Inert Gas，TIG 焊）一般采用氩气（Ar）作为保护气体，因此常被称为钨极氩弧焊，其工作原理是利用钨极与焊件间产生的电弧热，熔化母材和填充焊丝（也可以不加填充焊丝）形成焊缝的焊接方法，如图 3-27 所示。焊接时保护气体从焊枪的喷嘴中连续喷出，在电弧周围形成保护层，保护熔池及其附近的热影响区，以形成优质的焊接接头。

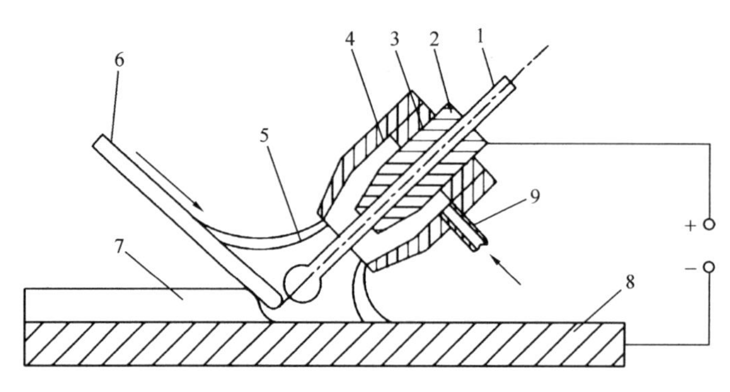

图 3-27　钨极氩弧焊焊接原理

1—钨极；2—导电嘴；3—绝缘套；4—喷嘴；5—氩气流；
6—焊丝；7—焊缝；8—焊件；9—进气管

TIG 焊时，在电弧前方添加填充焊丝。用难熔金属钨或钨合金制成的电极基本上不熔化，故容易维持电弧长度的恒定。当焊接薄件时，一般需开坡口和填充焊丝，还可采用脉冲电流以防止烧穿焊件；焊接厚大焊件时，也可将焊丝预热后再添加到熔池中去，以提高熔敷速度。

在手工钨极氩弧焊焊接过程中，氩气在电弧周围形成保护层，焊接质量好，生产效率高，电弧集中，热影响区小，焊接变形小，不受空间位置的限制，可进行全位置焊接，在燃气管道打底焊中得到广泛的应用。

（5）管道焊接方法选择原则

1）焊条电弧焊优先原则

对于管道直径不太大（ϕ610mm 以下），且管道长度不长（100km 以下）的管道焊接，焊条电弧焊是最经济的焊接方法，应作为首选考虑。与自动焊接相比，焊条电弧焊需要的设备和劳动力少，施工队伍技术较成熟，施工质量有保证。

2）药芯焊丝气体保护半自动焊优先原则

与焊条电弧焊相结合，药芯焊丝气体保护半自动焊把断续的焊接过程变为连续的生产方式，且焊接电流密度比焊条电弧焊大，焊丝熔化快，生产效率高，可达焊条电弧焊的3～5倍。因此，药芯焊丝气体保护半自动焊常用于大直径、大厚壁钢管的填充焊与盖面焊。

3）熔化极气体保护自动焊优先原则

对于直径大于 ϕ610mm、壁厚较大的高强度等级管道，为确保施工的高效率和高质量，往往优先考虑熔化极气体保护自动焊。值得注意的是，与焊条电弧焊相比，熔化极气体保护自动焊系统的投资大，对设备和人员的要求高，维护难度大。

4. 焊接工艺

（1）上向焊工艺

上向焊是传统的焊接工艺，焊接时焊条自下向上运动，如图 3-28 所示，其特点是使用电流小、运弧角度易掌握、焊道不易产生焊瘤，但焊接速度慢，焊道易出现气孔和夹渣。

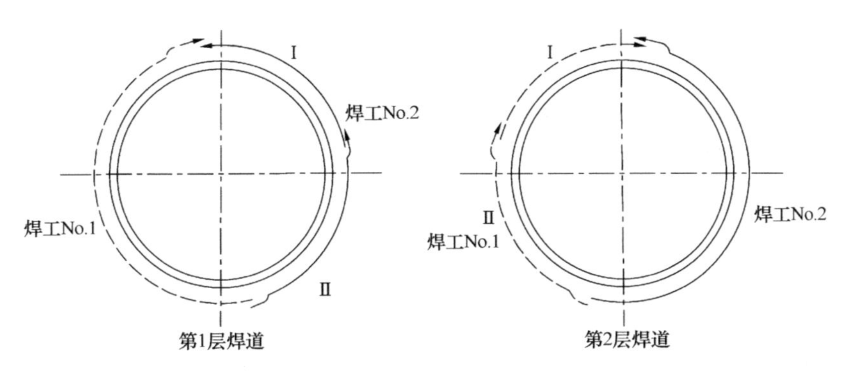

图 3-28　上向焊示意图（罗马数字表示施焊顺序）

（2）下向焊工艺

下向焊工艺的焊条自上而下运动，其特点是使用电流大，焊接成型好，不易产生气孔，穿透性好，电弧稳定，焊接速度比上向焊快。缺点是飞溅较大，对口要求高，必须使用专用焊条。下向焊工艺的技术要求如下：

1）全位置下向焊应遵循薄层多道焊原则。为提高层间退火效应，减少焊道气孔、夹渣等缺陷，手工和半自动下向焊工艺的层间厚度不宜大于 1.5mm。层间必须用砂轮或电动钢丝刷清除焊道熔渣和飞溅物，检查合格后方可焊下一层焊道，且层间温度不应低于 70℃。焊机地线应尽量靠近焊接区，用卡具使地线与管表面接触牢固，避免产生电弧。

2）严禁在坡口以外管表面引弧。相邻两层焊道接头不得重叠，应错开 20～30mm。根焊完成后应尽快进行下一焊道焊接。若使用内对口器，则根焊完成 100%方可撤离；若使用外对口器，则根焊完成 50%时就可以撤离。

3）焊接过程中，发现缺陷应立即清理修补。若缺陷超标，应趁焊口温度未降，及时修补。手工焊过程中，应避免焊条横向摆动过宽。

4）若需修补时，每处修补长度应大于 50mm。相邻两修补处的距离小于 50mm 时，则按一处缺陷进行修补，每处缺陷允许修补 2 次。各焊道的累计修补长度不得大于管周长的 30%。

（3）连头固定口焊接工艺

燃气管道建设中，经常出现两长段无法移动和旋转的固定管口进行对口连接的问题，即为连头固定口焊接，如图 3-29 所示。燃气管道动火抢修也属于这类问题。由于两侧管道均不能移动和旋转，拘束度较大，组对与焊接过程中易出现附加应力，产生裂纹。因此，连头固定口焊接必须重视对焊接工艺的控制。

图 3-29　连头固定口焊接

连头固定口焊接可选用的焊接工艺主要有：

1）纤维素型焊条根焊与低氢型焊条电弧焊工艺，即：纤维素型焊条电弧焊采用上向焊，低氢型焊条电弧焊采用下向焊。

2）纤维素型焊条根焊与自保护药芯

焊丝半自动焊填充盖面工艺，即：纤维素型焊条电弧焊采用上向焊，自保护药芯焊丝半自动焊采用下向焊。

3）低氢型焊条根焊与自保护药芯焊丝半自动焊填充盖面工艺，即：低氢型焊条电弧焊采用上向焊，自保护药芯焊丝半自动焊采用下向焊。

4）低氢型焊条根焊与低氢型焊条填充盖面工艺，即：低氢型焊条电弧焊根焊采用上向焊，低氢型焊条电弧焊采用下向焊或上向焊。

5. 焊接技术

应根据不同的钢级、直径和壁厚、输送压力的管道，甚至施工单位的队伍及设备状况，考虑采用不同的焊接技术。

现场安装焊接主要采用不需背衬垫板的全位置单面焊双面成形技术。每道焊缝从根焊、热焊、填充焊到盖面焊，如图 3-30 所示，既可采用单一的焊接方法和单一的焊接方向，也可采用组合的焊接方法和不同的焊接方向。

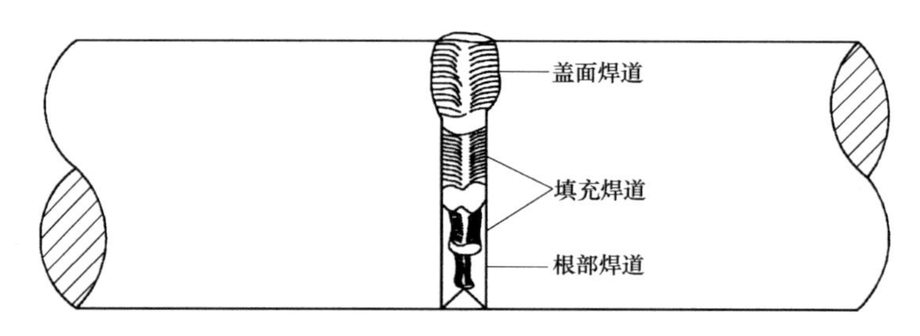

图 3-30　焊缝中焊道的分布

（1）根焊

根焊也称打底焊，是指在现场焊接中管口第一道承担连接的焊缝，要求单面焊双面成形。钢质燃气管道的根焊常采用手工或半自动钨极氩弧焊、手工电弧焊等焊接技术。手工氩弧焊根焊如图 3-31 所示。

图 3-31　手工氩弧焊根焊

（2）热焊

热焊是指在使用纤维素焊条完成根焊后，要求立即进行具有后热和去氢作用的焊道。其特点是与根焊的时间间隔短，焊接速度快，即根焊后立即进行，焊接时也必须速度快，基本不起焊道填充的作用。

（3）填充焊

填充焊的主要作用是焊口的金属填充，在不影响焊口力学性能的前提下，要求高的填充速度和效率。

（4）盖面焊

盖面焊指焊口最表面的一层焊层，要求成形美观，均匀一致，无表面外观缺陷，焊缝余高控制在 0.5～3mm，且越低越好。余高过高不但会造成应力集中，还会影响焊缝防腐补口质量。

钢质燃气管道的填充焊和盖面焊常采用下向手工电弧焊和药芯焊丝气体保护半自

动焊：

1）下向手工电弧焊操作灵活，适应性好。但对于大口径、厚壁钢管的焊接来说，采用低氢焊条手工电弧焊方法进行焊接，劳动强度大，焊接效率低，且对焊工的技术水平要求较高，容易因夹渣而造成焊接质量不合格。下向手工电弧焊如图 3-32 所示。

2）药芯焊丝气体保护半自动焊操作灵活，适应性好，劳动强度相对较小，效率较高，在现场施工中是一次合格率较高的焊接方法，如图 3-33 所示。

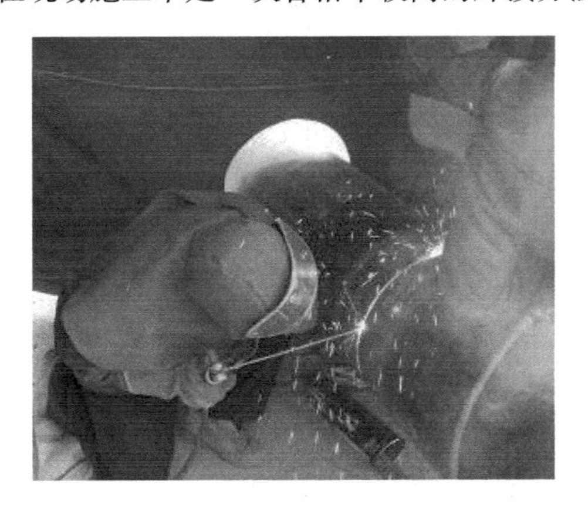

图 3-32　下向手工电弧焊

图 3-33　药芯焊丝气体保护半自动焊

3.5.6　焊缝质量检验

1. 缺陷类型

根据缺陷在焊缝中的位置，可分为外部缺陷和内部缺陷两大类。

（1）外部缺陷

管道焊接完成后，应将妨碍检查的渣皮、飞溅物清理干净，对焊缝进行外观检查，以发现外部缺陷。外观检查主要采用目视法和焊缝检验尺，检查焊缝高度和宽度是否符合要求，以及是否存在咬边、焊缝偏移、裂纹、气孔和夹渣等外部缺陷。外观检查应在无损检测、强度试验及严密性试验之前进行。常见外部缺陷有如下几种：

1）焊缝尺寸不符合要求

焊缝外表形状高低不平、焊波宽度不齐、尺寸过大或过小，均属焊缝尺寸不符合要求。焊缝尺寸过小的焊缝，会使焊接接头强度降低；而尺寸过大的焊缝，会增加焊接结构的残余应力。焊缝尺寸测量如图 3-34所示。

2）咬边

母材和焊缝金属交界处的下凹沟槽称之为咬边，如图 3-35 所示。咬边是一种危险的缺陷，不但会减小母材的工作截面，还会在咬边处造成应力集中。因此，在燃气管道和压力容器焊接时，不允许存在咬边现象。如出现咬边现象，应将咬边处清理干净，进行补焊填满。

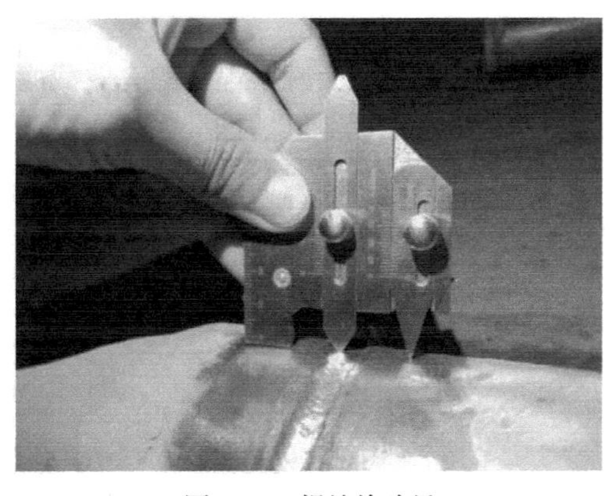

图 3-34　焊缝检验尺

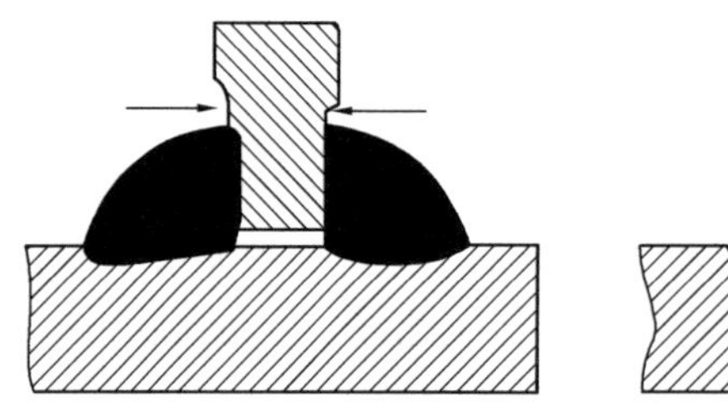
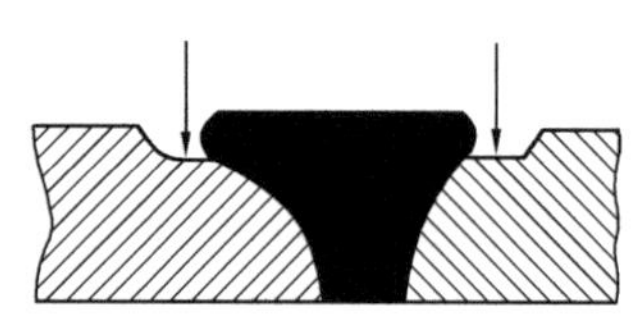

图 3-35 咬边

3）焊瘤

焊缝边缘上未与金属熔合的堆积金属叫作焊瘤，如图 3-36 所示。焊瘤下面常有未焊透存在，焊瘤减小了管道有效截面积，降低管道强度。

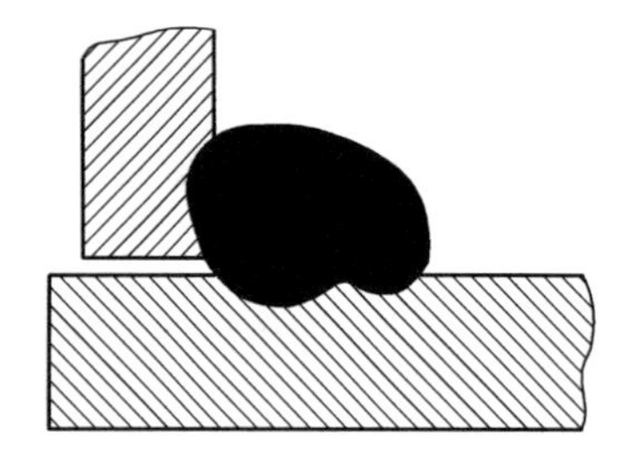
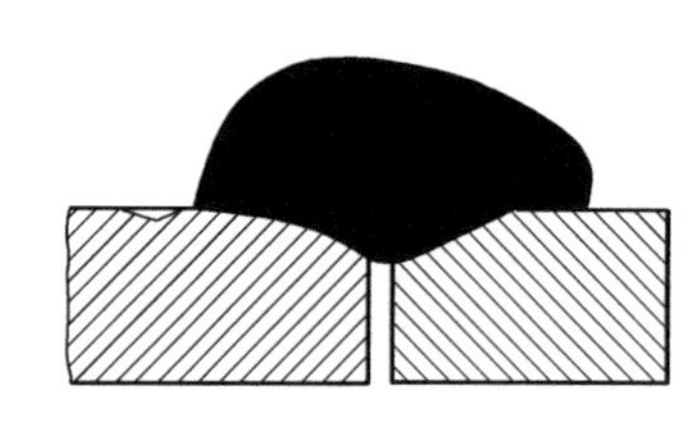

图 3-36 焊瘤

4）表面凹坑（弧坑）

在焊缝尾部或焊缝接头处有低于母材表面的凹坑称为弧坑，如图 3-37 所示。弧坑表面形成凹陷表面，其内常有气孔、夹渣或微裂纹，所以熄弧时应将弧坑填满。

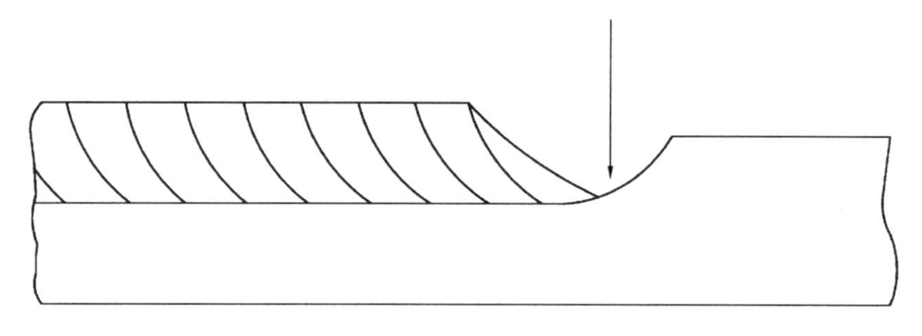

图 3-37 弧坑

5）表面裂纹及气孔

表面裂纹及气孔会减小焊缝的有效截面，造成应力集中，并影响焊缝表面形状。表面裂纹和气孔分别如图 3-38、图 3-39 所示。

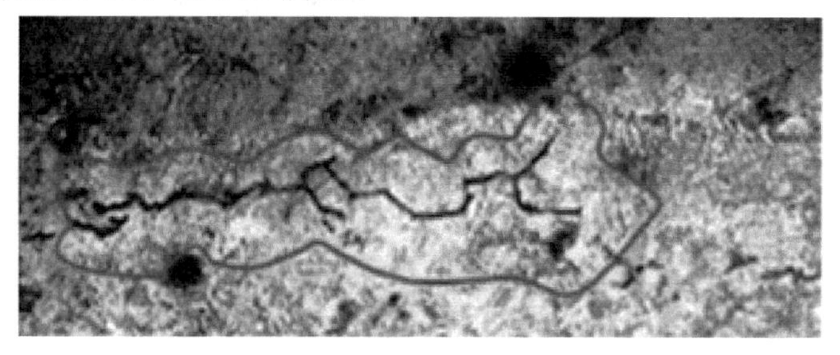

图 3-38 表面裂纹

（2）内部缺陷

内部缺陷位于焊缝内部，这类缺陷需要采用无损检测方法或破坏性试验才能发现。常见内部缺陷有如下几种：

1）内部气孔

焊缝中存在近似球形或筒形的内部空洞称为内部气孔，如图 3-40 所示。内部气孔是由于在焊接过程中形成的气体来不及排出，而残留在焊缝金属内部造成的。内部气孔可能单个存在，也可能成网状、针状，后者更有害。内部气孔的存在减小了焊缝工作截面与连接强度。

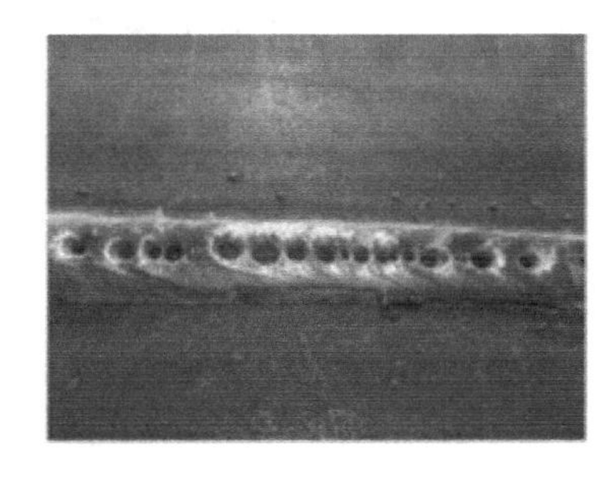

图 3-39　表面气孔

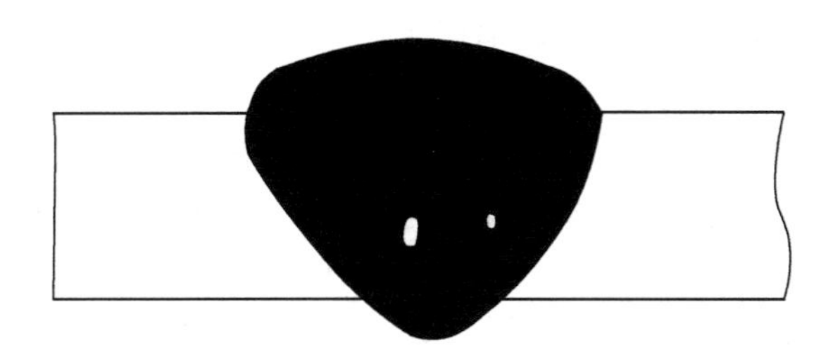

图 3-40　内部气孔

2）内部裂纹

内部裂纹是指存在于焊缝或母材上的缝隙，如图 3-41 所示。内部裂纹多出现在焊缝上，有时也发生于母材的热影响区中。内部裂纹是最危险的缺陷，削弱了工作截面，不仅造成应力集中，而且在动载荷作用下，即使有微小裂纹存在，也很容易扩展成宏观裂纹，导致结构整体的脆性破坏。因此在燃气管道焊接中，不允许存在内部裂纹。

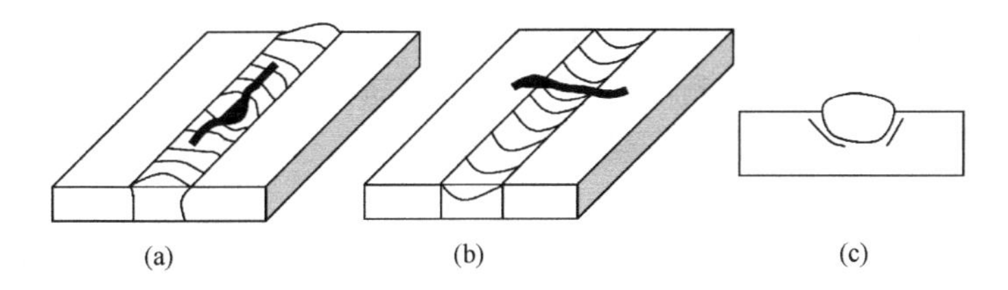

图 3-41　内部裂纹

（a）纵向裂纹；（b）横向裂纹；（c）热影响区内的裂纹

3）夹渣

即夹杂在焊缝中的非金属熔渣，如图 3-42 所示。夹渣与气孔一样会降低焊缝强度。

4）未焊透

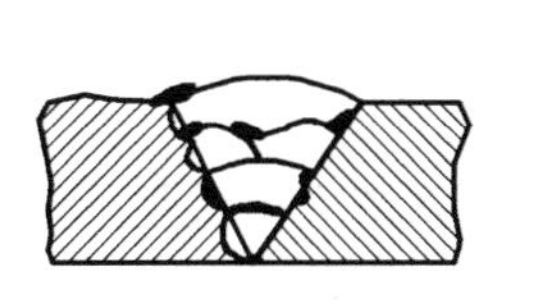

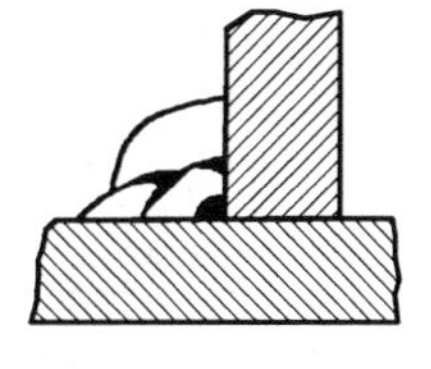

图 3-42　夹渣

未焊透指母材与焊缝金属之间或焊缝金属中的局部未熔合现象，如图 3-43 所示。产生未焊透的原因可能是由于坡口角度和间隙太小，钝边太厚，也可能是焊接速度太快，焊接电流过小或电弧偏斜，以及坡口表面不洁净等。未焊透使焊缝的强度降低，容易引起裂纹，使构件破坏。在焊缝中不允许存在未焊透，如果存在未焊透，必须铲除，重新补焊。

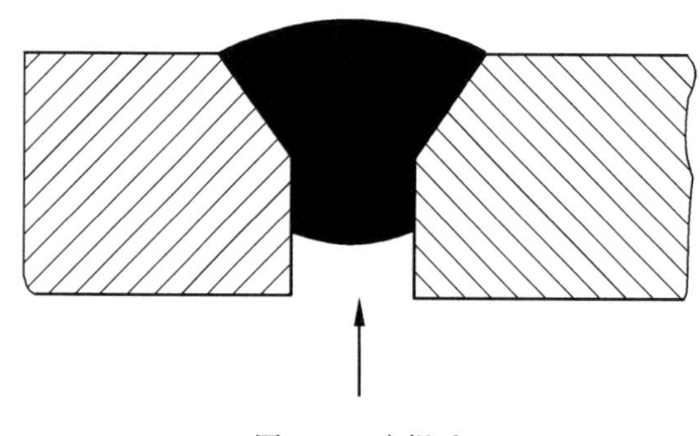
图 3-43　未焊透

5）未熔合

焊道与母材或焊道与焊道之间不能完全熔化结合的部分，称为未熔合。产生未熔合的主要原因是焊接线能量偏小，焊条偏心或操作时未注意，使电弧偏向坡口一侧，导致母材或前一焊道未充分熔化就直接被熔化金属覆盖。当母材坡口或前一焊道有锈斑或有未清理彻底的熔渣等脏物时，也会形成未熔合。焊缝中通常不允许未熔合缺陷存在。

2. 外观检查

管口焊接完成后应及时进行外观检查。检查前，先用锉刀清除干净接头表面的熔渣、飞溅及其他污物。焊缝外观应均匀一致。为保证防腐补口的质量，焊缝余高应不大于 2mm，余高大于 2mm 时需打磨，但不可伤及母材。同时，焊缝外表面不得低于母材表面。

焊后错边量不应大于 1.6mm，焊缝宽度比外表面坡口宽度每侧增加 0.5～1.8mm。咬边深度不得超过 0.5mm，咬边深度小于 0.3mm 的任何长度的焊缝均为合格。咬边深度在0.3～0.5mm 之间时，单个焊缝长度不得超过 30mm，累计长度不得大于焊缝圆周长度的 15%。

所有焊口外观检查合格后，应进行超声波检测及射线检测。需要注意的是，如果焊缝存在出现延迟裂纹的风险，应在完成焊口 24h 后，才开展无损检测。

3. 无损检测

为保证钢质燃气管道的焊接质量，对管道焊缝内部缺陷进行无损检测是一项非常重要的工作。此工序一般都由第三方无损检测公司承担，建设单位对其进行单独招标。一家专业的无损检测公司做好这项工作有两个重要标志：①准确、公正、及时地发布检测报告；②一切服务于工程，找准时机检测，不影响管道组焊队伍的工作。

常用的无损检测方法主要有超声波检测、射线检测、磁粉检测和液体渗透检测。

（1）超声波检测

超声波检测是目前应用最广泛的无损检测方法之一。超声波检测是利用超声波能射入金属材料内部，并由一截面进入另一截面时在界面上发生反射的特点来检查焊缝的。当超声波束自工件的表面通至金属内部，遇到材料缺陷和焊件底面时，会分别产生反射波束，在荧光屏上产生对应的脉冲波形。根据脉冲波形，即可判断内部缺陷的位置和大小。

超声波检测可分为普通超声波检测（Ultrasonic Testing，UT）和全自动相控阵超声波检测（Automatic Ultrasonic Testing，AUT）。下面主要介绍常用的普通超声波检测方法及其设备。

1）超声设备

① 超声系统。超声系统应提供足够数量的检测通道，保证在管道环向扫查一周，即可对整个焊缝厚度方向的区域进行全面检测；水平线性误差不大于满刻度的 1%，垂直线性误差不大于满刻度的 5%。在设备首次使用及每隔 3 个月，应检查超声系统的水平线性和垂直线性。

② 探头。采用工作频率为 4～5MHz，前沿距离不大于 12mm，晶片有效面积不大于

$96mm^2$的方晶片探头。探头的接触面应与管壁对中，吻合良好。探头在钢中的折射角应符合表3-16的要求。探头主声束垂直方向的偏离不应有明显的双峰，水平方向偏离角不应大于2°。

探头折射角或 k 值选择表 **表 3-16**

管壁厚度(mm)	探头折射角(°)	探头 k 值
5～8	71.5～68.2	3.0～2.5
8～30	68.2～56.3	2.5～1.5

③ 试块。试块主要用于测定超声系统、探头的性能以及仪器调整和校验。

2）检验准备

① 探伤面

检验区域的宽度，应是焊缝本身加焊缝两侧各10mm。

采用直射法探伤时，探头移动区域应大于 L：

$$L = \delta k + 50 \tag{3-4}$$

式中 L——探头移动区，mm；

δ——板厚，mm；

k——探头折射角正切值。

采用一次、二次反射波探伤时，探头移动区 L：

$$L = n\delta k + 50 \tag{3-5}$$

式中 n——系数，一次反射时 $n=2$，二次反射时 $n=3$。

检验频率应在4～5MHz范围内选择。探头角度应依据被检管道壁厚、预期探测的缺陷种类选择。

② 耦合剂

应选用适当的液体作为耦合剂。耦合剂应具有良好的透声性和适宜的流动性，对材料和人体无伤害，同时应便于检测后清理。典型的耦合剂为机油、甘油等。

在试块上调节仪器和在管材检测时，应采用同一种耦合剂。

3）缺陷评定及检验结果的等级分类

若缺陷信号具有裂纹等危害性缺陷特征，其波幅不受幅度限制，均评为Ⅳ级。如不能准确判定，应辅以其他检验手段作综合判定。缺陷反射波幅位于定量线以下的非危害性缺陷，均评为Ⅰ级。最大反射波位于Ⅱ区的缺陷以及波高不大于试块人工矩形槽反射波峰值点的未焊透缺陷，应根据缺陷的指示长度，按表3-17的规定予以评定。波高大于等于试块人工矩形槽反射波峰值点的未焊透缺陷，应评为Ⅳ级。反射波幅位于判废线或Ⅲ区的缺陷，无论指示长度如何，均评为Ⅳ级。

缺陷等级分类 **表 3-17**

评定等级	开口缺陷(未焊透)	非开口缺陷(条形缺陷)
Ⅰ	不允许	不允许
Ⅱ	4%l，最大可为12mm	4%l，最大可为25mm
Ⅲ	8%l，最大可为25mm	8%l，最大可为50mm
Ⅳ	超过Ⅲ级者	超过Ⅲ级者

注：l 为管道焊缝长度。

（2）射线检测

射线检测（Radiographic Testing，RT）是利用射线通过焊缝时，焊缝内的缺陷对射线的吸收和衰减不同来检查焊缝质量的。因为透过焊缝的射线强度不一样，底片的感光程度就不一样，底片冲洗后，就可判断焊缝的质量。射线检测流程，如图3-44所示。

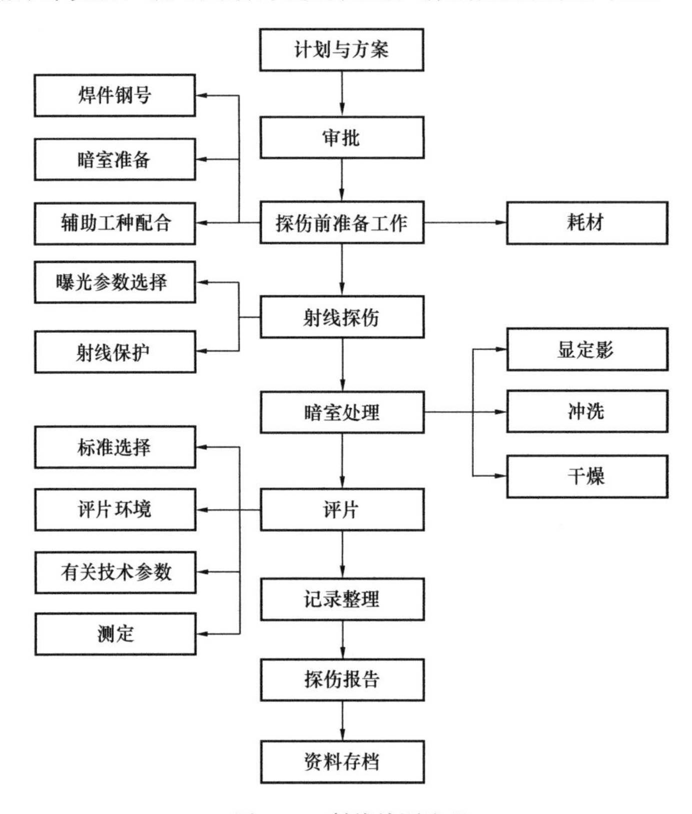

图3-44　射线检测流程

射线检测可分为X射线检测和γ射线检测。燃气工程一般仅采用X射线检测。

若焊缝质量良好，底片上的焊缝应为较均匀分布的白色。若其中出现黑色影像，即存在焊缝缺陷。常见内部缺陷类型的判定方法为：

1）裂纹：在底片上有时呈略带曲折、波浪状的黑色条纹，有时呈直线黑色条纹，轮廓较分明，两端尖细，中部稍宽，很少有分支，两端黑度较浅，最后消失。

2）未焊透：在底片上呈一条断续或连续的黑直线，其位置多偏离中心线，黑度不均匀，线条状纹一端较直且发黑。

3）气孔：在底片上呈圆形或椭圆形黑点。

下面介绍射线检测的各项要求。

1）透照方式

射线检测的透照方式分为中心透照法和双壁单影透照法。

大口径管道可采用中心透照法，将射线源焦点调整于管内圆心点，底片放置在管道外圆周上，360°一次曝光成像，每隔90°放一只像质计，如图3-45所示。

双壁单影透照法是射线源焦点调整于管道的一侧，而底片放置在管道的另一侧，射线

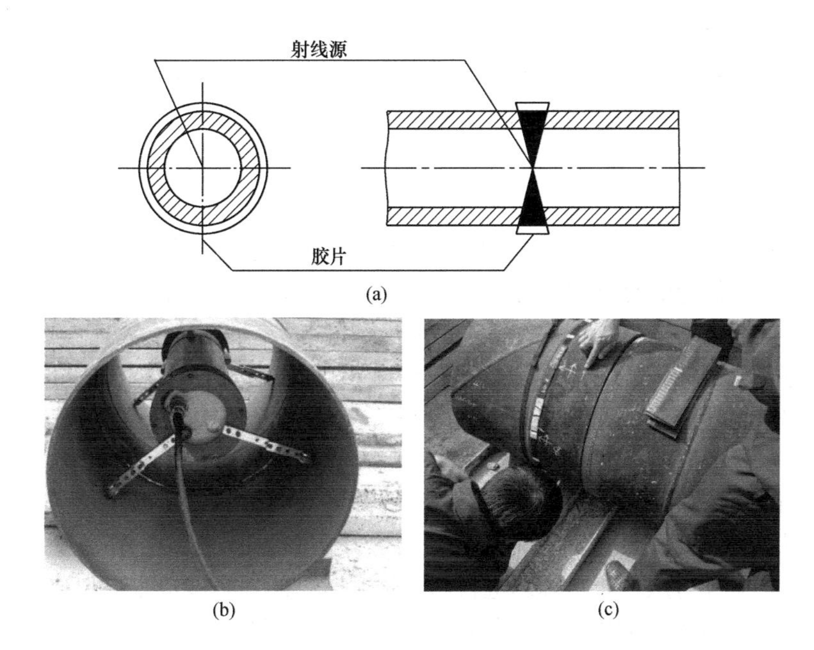

图 3-45 中心透照法

通过两层管壁投射到底片上，如图 3-46 所示。

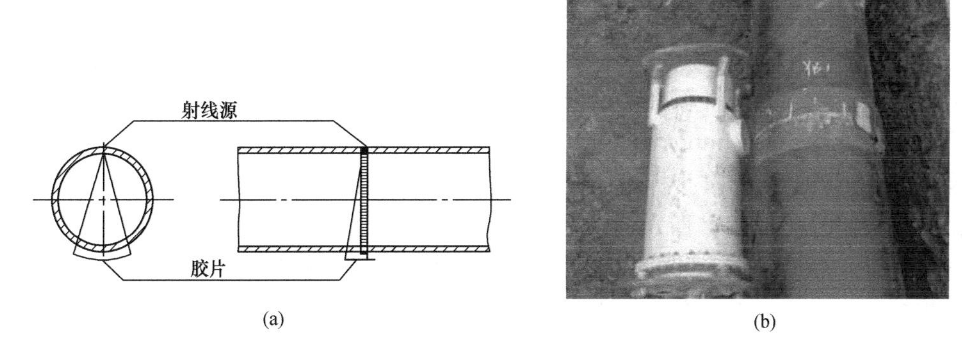

图 3-46 双壁单影透照法

2）透照条件

透照焊缝时，应根据透照厚度选择管电压。在满足穿透力的前提下，宜使用较低管电压。射线源至工件被检部位表面的距离（投射距离）L_1应满足下式：

$$L_1 \geqslant 10dL_2^{2/3} \tag{3-6}$$

式中 L_1——射线源至工件被检部位表面的距离，mm；

d——射线源焦点尺寸，mm；

L_2——工件被检部位表面至底片的距离，mm。

每次透照所检测的焊缝长度，称为一次透照长度 L_3。通常一次透照长度 L_3除满足几何清晰度的要求外，还应满足透照厚度比 $K \leqslant 1.1$ 的要求。

对于公称直径小于 250mm 的管道，环焊缝双壁单影透照时，K 值和一次透照长度 L_3

可适当放宽，但整圈焊缝的透照次数应符合下列要求：当射线源距钢管外表面的距离等于或小于 15mm 时，应分为不少于三段透照，互成 120°；当射线源距钢管外表面的距离大于 15mm 时，应分为不少于四段透照，互成 90°。

3）识别系统

识别系统由定位标记和识别标记构成。焊缝透照定位标记包括搭接标记（↑）和中心标记（＋）。当铅质搭接标记用英文字母或数字表示时，可不用中心标记。识别标记包括工程编号、桩号、焊缝编号（焊口号）、部位编号（片号）、施工单位代号、板厚、透照日期等。返修部位还应有返修标记 R_1、R_2、……（其脚码表示返修次数）。

定位标记和识别标记均需在底片适当位置显示，并离焊缝边缘至少 5mm。搭接标记均放于底片侧。工件表面的定位标记，通常沿介质流动方向从平焊位置用记号笔顺时针划定。

4）透照工艺

管道透照前，应根据设备穿透能力、增感方式、管道直径、壁厚等选择最佳曝光条件，并进行工艺试件透照。管道焊缝进行倾斜透照时，倾斜角度或水平位移应符合下列规定：对于外径大于 50mm 的管道，倾斜角度宜为 7°；水平位移的距离 S_0 应按下式计算：

$$S_0 = (b + g)L_1 / D_w \tag{3-7}$$

式中　S_0——水平位移，mm；

b——焊缝宽度，mm；

g——椭圆投影间距，mm；

L_1——射线源至工件被检部位表面距离，mm；

D_w——管道外径，mm。

像质计、定位标记、搭接标记的摆放应符合下列规定：①底片应清晰显示像质计、中心标记和焊缝编号的影像。百分之百透照时，还应显示搭接标记的影像。②像质计应放在底片的 1/4 处；当放置在底片的一侧时，应做对比试验以达到相应的像质指数。③对管径大的环焊缝，应在底片上清楚显示 100％检查标记。

散射线的屏蔽应符合下列规定：①为减少散射线的影响，应采用适当的屏蔽方法限制受检部位的照射面积，以减少前方散射线。当工件与地面较近时，可加厚增感屏的后屏厚度或在暗袋后加薄铅板等，以减少后方散射线。②为检查背散射，必要时应在暗盒背面贴附一个铅字标记“B”。若在较黑背景上出现“B”的较淡影像，说明背散射线防护不够，应予重照。如在较淡背景上出现“B”的较黑影像，则不作为底片判废的依据。

5）底片处理

底片的处理应按底片说明书或有效方法进行。处理溶液应保持在良好的状态中，应注意温度、时间和抖动对冲洗效果的影响。自动冲洗时，应准确调节显影温度和冲洗周期，以获得良好的冲洗效果。

6）底片的质量

底片黑度 B（包括底片本底的灰雾度 $B_0 \leqslant 0.3$）：底片有效评定区域内的黑度应符合表 3-18 的规定。

底片有效评定区域内的黑度　　表 3-18

射线种类	X 射线	γ 射线
底片黑度	1.5～3.5	1.8～3.5

注：底片有效评定区域内的黑度，指搭接标记之间焊缝和热影响区的黑度。

底片上的像质计和识别系统齐全，位置准确，且不得掩盖受检焊缝的影像。底片上至少应识别出规范规定的像质指数，且长度应不小于 10mm。底片有效评定区域内不得有底片处理不当或其他妨碍底片准确评定的伪像，如水迹、划伤、指纹、脏物、皱褶等。

7）底片的观察

评片环境：评片应在专用的评片室进行，室内光线应暗淡，且室内照明不应在底片上产生反射。

观片灯：观片灯应有观察底片最大黑度为 3.5 的最大亮度，且观察的漫射光亮度可调。对不需要观察或透光量过强的部分，应采用适当的遮光板以屏蔽强光。经照明后的底片亮度应不小于 $30cd/m^2$。为能观察最大黑度为 3.5 的底片，观片灯的最大亮度应不小于 $100000cd/m^2$。

（3）磁粉检测

磁粉检测时首先将焊缝处充磁。对于断面尺寸相同、内部材料均匀的管道，磁力线的分布是均匀的。如果焊缝有裂纹等缺陷，磁力线发生弯曲，而且穿过焊缝表面形成“漏磁”，从而将散撒在焊缝表面的磁粉吸引聚集到缺陷处。根据磁粉的聚集位置、形状、厚薄程度，即可判断缺陷的大小和位置，如图 3-47 所示。

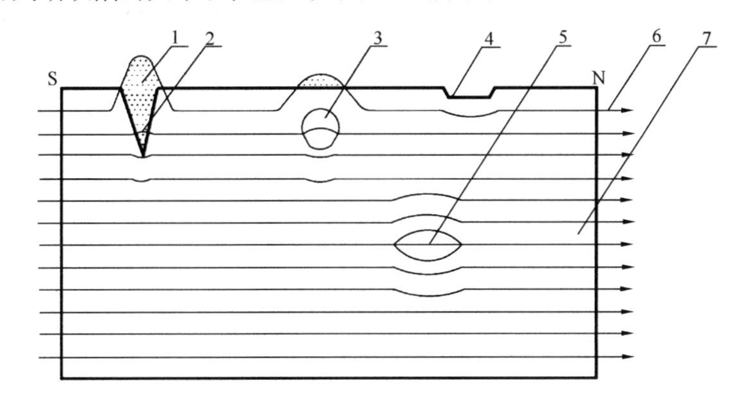

图 3-47　磁粉检测原理

1—漏磁场；2—裂纹；3—近表面气孔；4—划伤；5—内部气孔；6—磁力线；7—工件

磁粉检测有干法和湿法两种。干法是在磁化的焊缝上撒上磁粉；湿法是在磁化的焊缝上涂上磁粉混浊液。

磁粉检验是一种比较成熟的无损检测技术，在燃气工程上广泛使用，其优点是检测结果直观，操作简便，检测成本低，检测效率较高。缺点是只适用于检测铁磁材料的表面与近表面缺陷，难于发现内部气孔、夹渣及隐藏在焊缝深处的缺陷。

（4）液体渗透检测

液体渗透检测原理是通过喷洒、刷涂或浸泡等方法，把渗透能力强的渗透液施加到已清洗干净的试件表面。待渗透液因毛细管作用原理渗入试件表面上的开口缺陷内以后，将试件表面上多余的渗透液用擦拭或冲洗的方法清除干净。再在试件上均匀施加显像剂，显像剂能将已渗入缺陷内的渗透液重新引回到试件表面。由于显像剂本身提供了与渗透液形成强烈对比的背景衬托，因而渗透液可显示出缺陷的位置、形状和大小。液体渗透检测原理如图3-48所示。

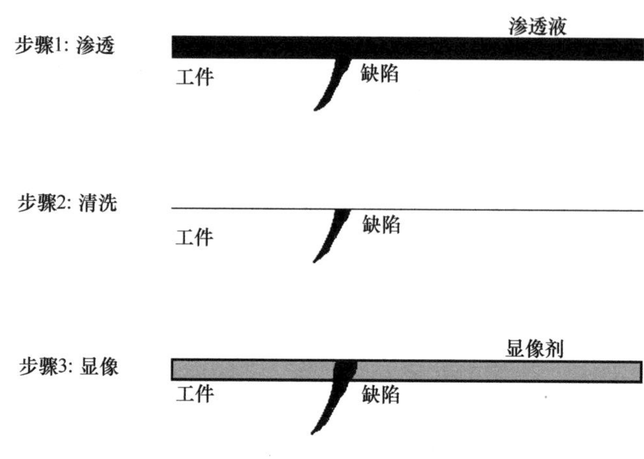

图3-48　液体渗透检测原理

根据采用的渗透液及显示方式不同，渗透检验主要分为着色渗透检测和荧光渗透检测两种。着色渗透检验的基本程序为：试件表面清洗与干燥→渗透→清洗→干燥→显像→观察评定→清洗。

液体渗透检测的优点是灵敏度较高，成本低，使用设备与材料简单，操作简便，显示结果直观，其结果也容易解释和判断。缺点是受工件表面形状影响大，且只适用于表面开口型缺陷。

4. 焊缝质量检验比例及合格标准

焊缝检验比例及合格标准，应符合表3-19所示的规定和下列要求：

(1) 管道焊缝外观检查的合格标准应符合现行国家标准《现场设备、工业管道焊接工程施工质量验收规范》GB 50683的规定；

(2) 管道焊缝无损检测的合格标准应符合国家现行标准《承压设备无损检测　第2部分：射线检测》NB/T 47013.2、《承压设备无损检测　第3部分：超声检测》NB/T 47013.3和现行国家标准《焊缝无损检测　超声检测技术、检测等级和评定》GB/T 11345的规定；

(3) 有延迟裂纹倾向的管道焊口，应在24h后才能进行无损检测。

焊缝质量检验比例及合格标准　　表3-19

项目	焊缝外观		射线检测		超声波检测	
	比例	合格标准	比例	合格标准	比例	合格标准
设计压力大于4.0MPa，且在三类地区及以上管道焊口	100%	≥Ⅱ	100%	≥Ⅱ	100%	Ⅰ
设计压力小于等于4.0MPa，且大于0.4MPa管道焊口	100%	≥Ⅱ	100%	≥Ⅱ	100%	Ⅰ
设计压力小于等于0.4MPa管道焊口	100%	≥Ⅱ	≥30%	≥Ⅲ	—	

续表

项目	焊缝外观		射线检测		超声波检测	
	比例	合格标准	比例	合格标准	比例	合格标准
穿越或跨越铁路、公路、河流、桥梁、城市地铁等的管道焊口	100%	≥Ⅱ	100%	≥Ⅱ	100%	Ⅰ
车行道下、套管和过街沟内全部管道	100%	≥Ⅱ	100%	≥Ⅱ	—	
固定焊口	100%	≥Ⅱ	100%	≥Ⅱ	100%	Ⅰ
设计压力小于等于4.0MPa液态液化石油气管道焊口	100%	≥Ⅱ	100%	≥Ⅱ	100%	Ⅰ
综合管廊内的管道	100%	≥Ⅱ	100%	≥Ⅱ	100%	Ⅰ
有延迟裂纹倾向的管道焊口	100%	≥Ⅱ	100%	≥Ⅱ	100%	Ⅰ

5. 焊缝返修

对外观检查有严重缺陷和无损检测不合格的焊缝，施工单位向监理提交返修申请单。由监理检查确认后，向施工单位下发返修通知单。

（1）返修焊缝认定

① 焊缝缺陷超过允许范围时，应进行修补。

② 管道环焊缝应符合射线检测和超声波检测验收标准。若不符合标准的规定，则需要进行返修。

对符合下列情况之一的焊缝，焊口应割掉重焊：

① 需返修的焊缝总长度超过焊口周长的30%；

② 需去除根焊道的返修焊缝总长度超过焊口周长的20%，裂纹长度超过焊缝长度的8%；

③ 同一部位的补修及返修累计次数超过2次；

④ 当发现不允许的裂纹时，应报告监理或建设单位。一般情况下应割除裂纹的焊口重焊，对裂纹的返修需经过建设单位或监理同意。

（2）返修前焊口预热

返修焊接前，应对补焊处进行预热，预热温度100～120℃。预热可用任何方式进行，但应均匀加热，并且在实际施焊期间温度最低值不降至100℃以下。

（3）返修焊接

返修焊接应按返修工艺指导书进行。返修工艺指导书应包括以下内容：缺陷的性质、位置、尺寸及探伤方法；清除缺陷的方法；返修焊接前的无损检测方法；预热及层间处理要求；焊条型号、规格及名称；焊接工艺参数；层间无损检测要求；焊后热处理要求等。

焊口返修前，缺陷应彻底清除，并修磨出便于焊接的坡口形状，坡口及周围25mm处应露出金属光泽，如图3-49所示。每处返修的焊缝长度应大于50mm，

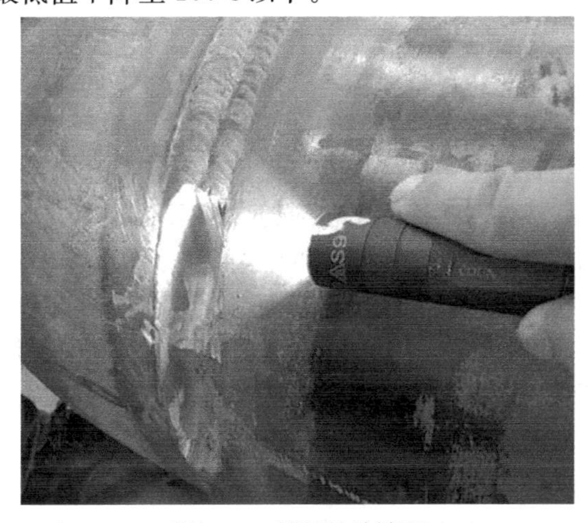

图3-49 焊缝缺陷清理

同一部位的补修及返修累计次数不得超过2次。对割掉重焊的焊口应执行连头焊接工艺。

(4) 返修后复验

返修后的焊口须采用同样的检验方法进行100%无损检测(包括超声波检测和射线检测)。返修焊接及检测须有记录和管接头标记。

3.5.7 防腐补口与补伤

焊口焊接完成并经外观检查和无损检测合格后,应及时进行防腐处理,常称为补口。根据补口防腐层材料和设计要求的除锈等级,可选择喷丸处理工艺或工具除锈的钢管表面处理方法,具体应按现行国家标准《涂覆涂料前钢材表面处理 表面清洁度的目视评定 第1部分:未涂覆过的钢材表面和全面清除原有涂层后的钢材表面的锈蚀等级和处理等级》GB/T 8923.1和现行行业标准《涂装前钢材表面处理规范》SY/T 0407执行。

钢质燃气管道在下沟前和下沟后,应分别对管道防腐层进行电绝缘性检测,以便及时发现在管道运输、吊装、对口与下沟等作业过程中对管道防腐层可能造成的损伤。一旦发现防腐层存在损伤,应及时进行补伤。

不同类型防腐层对应的补口、补伤方法各不相同。常见的补口、补伤方法及其质量要求,请参考本书4.3节。

3.6 聚乙烯管道焊接与质量检验

聚乙烯管道工程施工应遵循现行行业标准《聚乙烯燃气管道工程技术标准》CJJ 63的规定。聚乙烯燃气管材、管件的连接应采用热熔对接连接或电熔连接(电熔承插连接、电熔鞍形连接),不得采用螺纹连接或粘接。对不同级别、不同熔体流动速率的聚乙烯原料制造的管材或管件,以及不同标准尺寸比(SDR值)、公称外径小于90mm或壁厚小于6mm的聚乙烯燃气管道连接时,应采用电熔连接。直径在90mm以上的聚乙烯燃气管材、管件连接,可采用热熔对接连接或电熔连接。聚乙烯燃气管道和其他材质的管道、阀门、管路附件等连接时,应采用钢塑转换接头连接。

3.6.1 热熔对接连接

1. 连接方法

热熔连接包括热熔承插连接和热熔对接连接。但聚乙烯燃气管道为保证连接质量,只能采用热熔对接连接,不能采用热熔承插连接。聚乙烯燃气管道热熔对接连接的基本过程为:将与管轴线垂直的两对应管道端面与加热板接触,加热至熔化,然后快速撤去加热板,将两个熔化端压紧、保压、冷却,直至冷却至环境温度。热熔对接连接详见图3-50。

热熔对接连接工艺应符合国家现行标准《塑料管材和管件 燃气和给水输配系统用聚乙烯(PE)管材及管件的热熔对接程序》GB/T 32434。管材或管件连接面上的污物应用洁净棉布擦净,铣削连接面,使其与管轴线垂直,并与对应的待接断面吻合,连续切削平均厚度不宜超过0.2mm,切削后的熔接面要注意保护,以免污染。在对接后、连接前,两管段应各伸出夹具一定距离,并应校直两对应的连接件,使其在同一轴线上,管口错边不宜大于管壁厚度的10%。

待连接的端面应用专用加热板加热,其加热时间与加热温度应符合管材、管件生产厂的规定。热熔对接连接的主要工艺参数,详见图3-51。

图 3-50 热熔对接连接

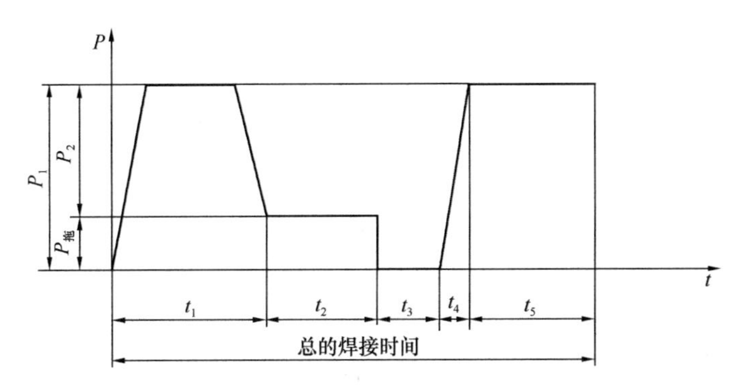

图 3-51 热熔对接连接工艺

注：P_1为总的焊接压力，MPa；P_2为接缝压力，MPa；$P_{拖}$为拖动压力，MPa；t_1为卷边达到规定高度的时长，s；t_2为焊接所需要的吸热时长，s；t_3为切换所规定的时长，s；t_4为调整压力到P_1所需时长，s；t_5为冷却时长，s。

热熔对接连接步骤可分为：

（1）预热：即卷边过程，该过程中管材截面将根据控制设定产生一个卷边，卷边高度因管材的规格不同而不同，卷边的高度将决定最终焊环的环形。预热阶段压力：$P_1 = P_2 + P_{拖}$。

（2）吸热：在这个阶段中，热量在所要连接的管材内扩散，这个阶段需要施加一个较小的压力，$P = P_{拖} +$ 吸热压力（几乎为零）$\approx P_{拖}$。

（3）切换：抽出加热板，迅速使将要连接的管材熔化端面相互接触。这个时长越短越好，以避免热量损失或熔融端面被污染、氧化等。

（4）升压熔接：将要连接的管材熔化端面相互接触，按所选择的标准逐渐建立和保持对接压力。应均匀升压，不能太快或太慢，应在规定的时间内完成，以免形成虚焊、假焊。

（5）冷却：冷却阶段所施加的压力与预热阶段压力相同：$P_1 = P_2 + P_{拖}$。注意不能有张力和机械应力，否则会影响熔接质量。

聚乙烯燃气管道热熔对接连接关键工序，如图 3-52 所示。

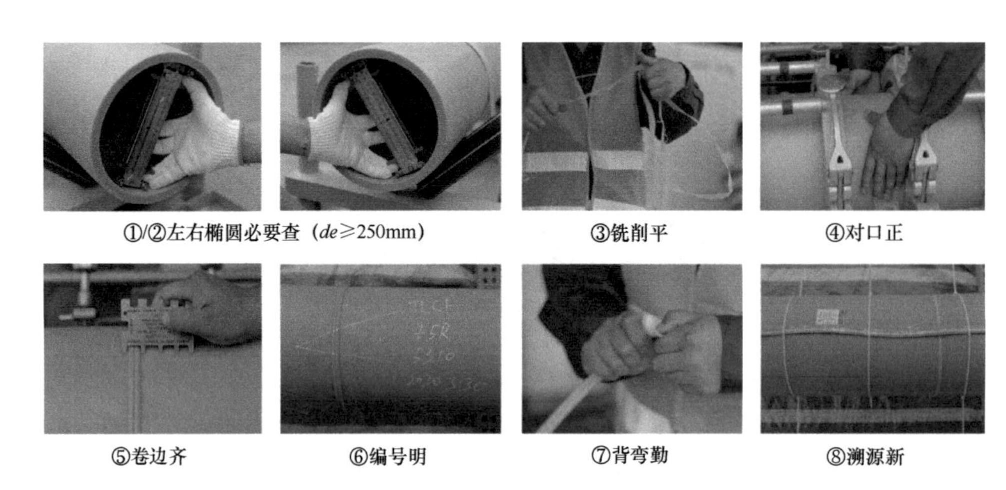

图 3-52　热熔对接连接关键工序

热熔对接焊机分为手动、半自动、全自动三大类。为了控制热熔对接过程中的操作程序，加强质量管控，聚乙烯燃气管道热熔对接应采用全自动热熔对接焊机，如图 3-53 所示，以最大限度减小人为操作失误的影响。此外，焊机应定期进行校准和检定，周期不应超过 1 年。

图 3-53　全自动热熔对接焊机

2. 常见缺陷

热熔对接接头常见的缺陷主要包括：焊缝几何形状不合格、熔合面夹杂、未熔合、未焊透等。

（1）焊缝几何形状不合格

1）焊环高度过低，焊环尖端未接触管壁：是由于对接力不足或加热温度过低造成的，如图 3-54（a）所示。

2）两焊环高度过大：是由对接压力过大引起的，这种接口失效可能性大，如图 3-54（b）所示。

3）两焊环高度差距过大：是由于焊口两端管材牌号不同造成的，如图 3-54（c）所示。

4）两焊环轴线不在同一条直线上：主要原因是装卡管材时未能很好地保证同轴，另外管材外径的偏差也会造成上述情况，如图 3-54（d）所示。

5）焊环宽度不均匀：是由于对接端面铣削不平，或对接卡装夹具轴向间隙过大，如图 3-54（e）所示。

（2）熔合面夹杂

连接前焊口两端管材或加热板未进行有效清洁，导致熔合面上存在油污、泥土、氧化皮等污染物，导致焊口连接强度低，如图 3-55 所示。

（3）未熔合

未熔合指热熔连接面没有完全熔合，形成虚焊，其原因可能是夹具行程不足、对接过程中夹具移动速度过快。

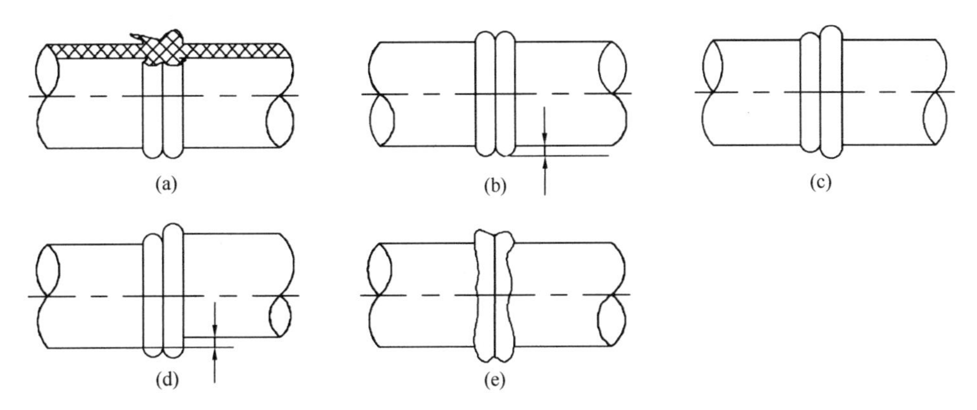

图 3-54 焊缝几何形状不合格类型

当夹具行程过小（小于 20mm）时，可能出现焊缝外观合格，但实际上两对接件熔接得并不够彻底。这是热熔对接连接中常出现而又不易察觉的问题。此外，在两连接件经加热板加热后进行对碰过程中，若夹具移动速度过快，两连接件熔融介质大部分被挤压到内外壁上，导致熔合面连接不充分而形成虚焊。

（4）未焊透

未焊透是指由于焊口预热和吸热时间不足，导致热熔连接面没有完全熔合，形成假焊，如图 3-56 所示。

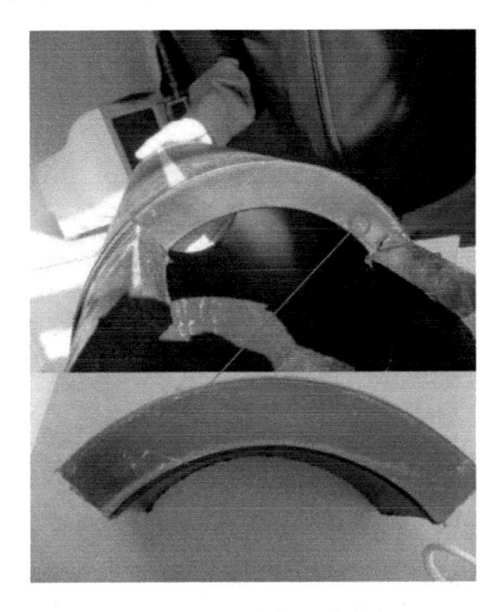

图 3-55 熔合面夹杂

图 3-56 未焊透

3. 质量检验

目前，主要根据热熔对接时形成的焊环来判断接口质量。根据《聚乙烯燃气管道工程技术标准》CJJ 63，热熔对接连接接头质量检验方法为：

（1）连接完成后，应对接头进行 100％的卷边对称性和接头对正性检验，并应对开挖敷设不少于 15％的接头进行卷边切除检验，水平定向钻非开挖施工应进行 100％接头卷边切除检验。

(2) 卷边对称性检验。接头应具有沿管材整个圆周平滑、均匀、对称的卷边，卷边最低处的深度 A 不应低于管材表面，如图 3-57 所示。

(3) 接头对正性检验。焊缝两侧紧邻卷边的外圆周的任何一处错边量 V，不应超过管材壁厚的 10%，如图 3-58 所示。

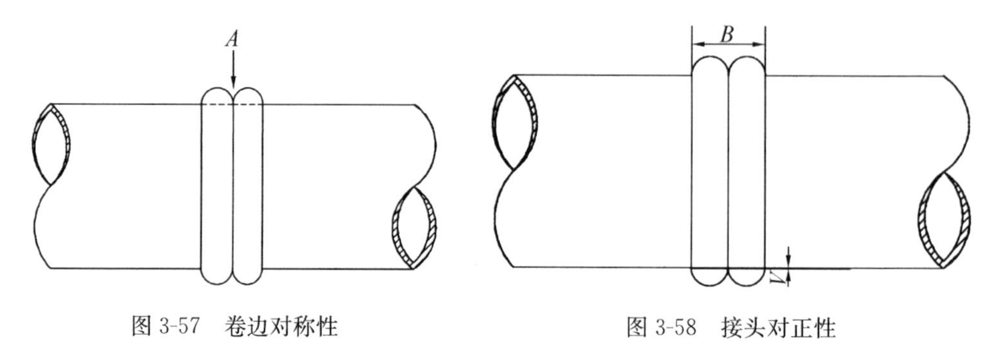

图 3-57　卷边对称性　　图 3-58　接头对正性

(4) 卷边切除检验。使用专用工具，在不损伤管材和接头的情况下，切除外部的焊接卷边，如图 3-59 所示。卷边切除检验应符合下列要求：

1) 卷边应是实心圆滑的，根部较宽，如图 3-60 所示。

2) 卷边切割面中不应有夹杂物、小孔、扭曲和损坏。

3) 每隔 50mm 进行一次 180°的背弯检验，卷边切割面中线附近不应有开裂、裂缝，不得露出熔合线，如图 3-61 所示。

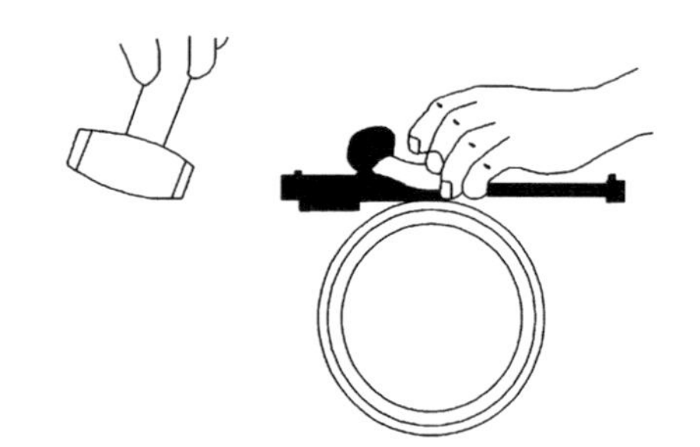

图 3-59　翻边切除示意图

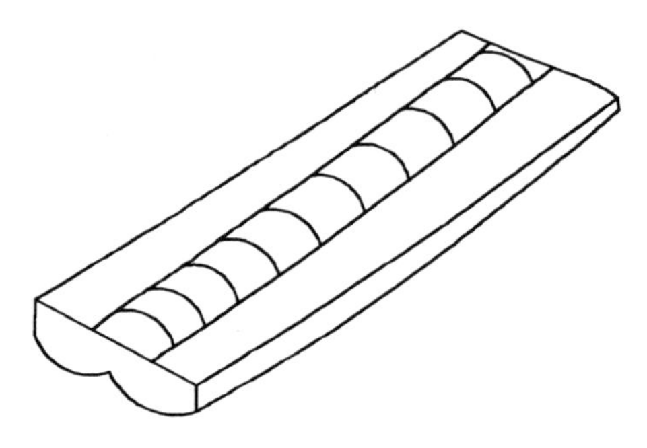

图 3-60　合格实心卷边示意图

图 3-61　翻边背弯试验

(5) 当抽样检验的全部接口合格时，则此次抽样所代表的该批焊缝应认为全部合格。若出现与上述条款要求不符合的情况，则判定本焊口不合格，并应按下列规定加倍抽样检验：

1）每出现一道不合格焊缝，则应加倍抽检该焊工所焊的同一批焊缝。

2）如第二次抽检仍出现不合格焊缝，则对该焊工所焊的同批全部焊缝进行检验。

3.6.2　电熔连接

1. 连接方法

电熔连接的基本原理为：预埋在电熔管件内表面的电阻丝通电后发热，使电熔管件内表面和承插管材的外表面达到融化温度，升温膨胀产生焊接压力，冷却后融为一体，达到焊接目的。

电熔连接分为电熔承插连接（用于管道对接）、电熔鞍形连接（用来接支线、管道修补）。电熔连接的优点：适用于所有规格尺寸的管材、管件连接；不易受环境、人为因素影响；设备投资低，维修费用低；连接操作简单易掌握；保持管道内壁光滑，不影响管道流通能力；焊口质量可靠性高。缺点：需专用电熔管件，费用高，加大工程成本；各种品牌管件专用条码不同，如果焊机不能兼容不同品牌的管件，将降低焊机的使用效率。

（1）电熔承插连接

电熔承插连接的主要程序为：检查→切管→接头部位划线并清洁→管件套入管道→校正→通电熔接→冷却。电熔承插连接关键工序，如图 3-62 所示。

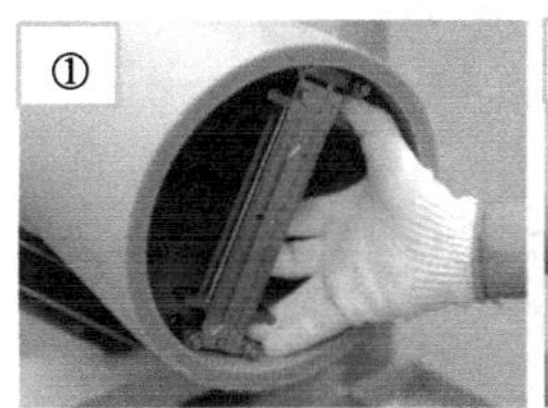

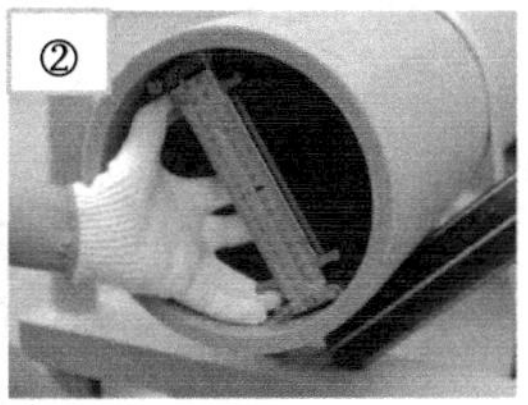

左右椭圆必要查($DE \geq 250$mm)

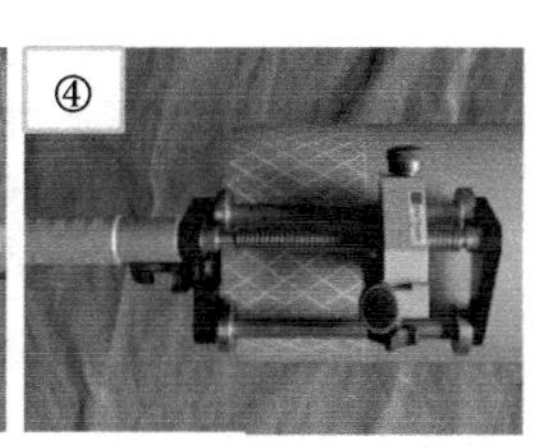

左右格用刀刮

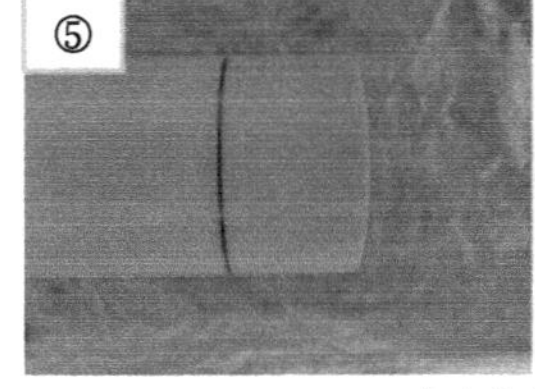

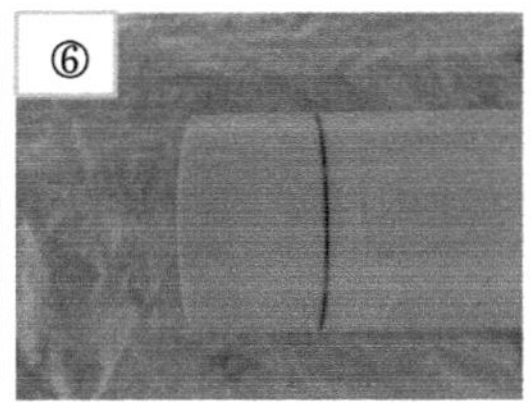

左右定位线先画

夹具固定

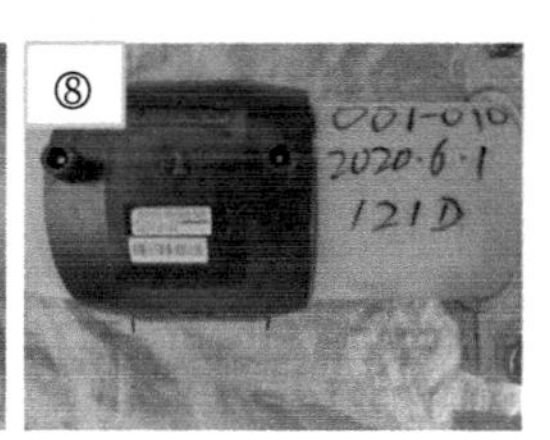

熔融指针升起

图 3-62　电熔承插连接关键工序

1）切管：管材的连接端要求切割垂直，以保证有足够的熔融区。常用的切割工具有旋转切刀、锯弓、塑料管剪刀等。切割时不允许产生高温，以免引起管端变形。

2）接头部位划线并清洁：标出插入深度线，如图 3-63（a）所示；用刮刀等刮除管材表面的氧化层，氧化皮刮削厚度宜为 0.1～0.2mm，如图 3-63（b）所示。用于净棉布擦除管材和管件连接面上的污物。

3）管件套入管道：管材或管件插入端插入电熔承插管件承口内至插入长度标记位置，并检查配合尺寸，将焊机与管件连好，如图 3-64 所示。当管材的不圆度影响安装时，应采用整圆工具对插入端进行整圆。

4）校正：通电前，应校直两对应的待连接件，使其在同一轴线上，并用专用夹具固

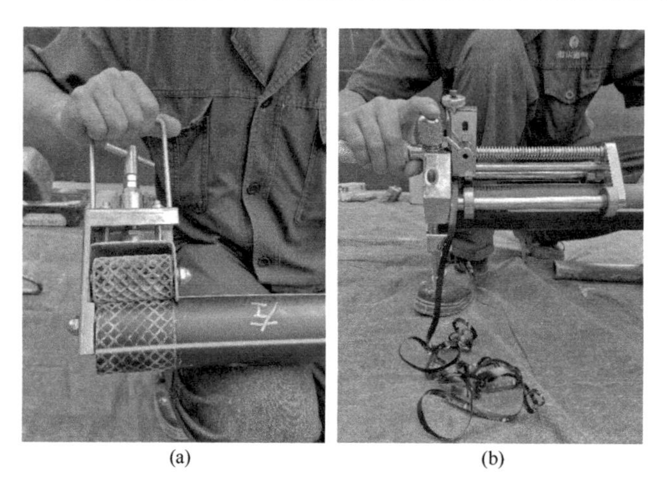

(a) (b)

图 3-63 接头部位划线并清洁

(a) 划线；(b) 刮削

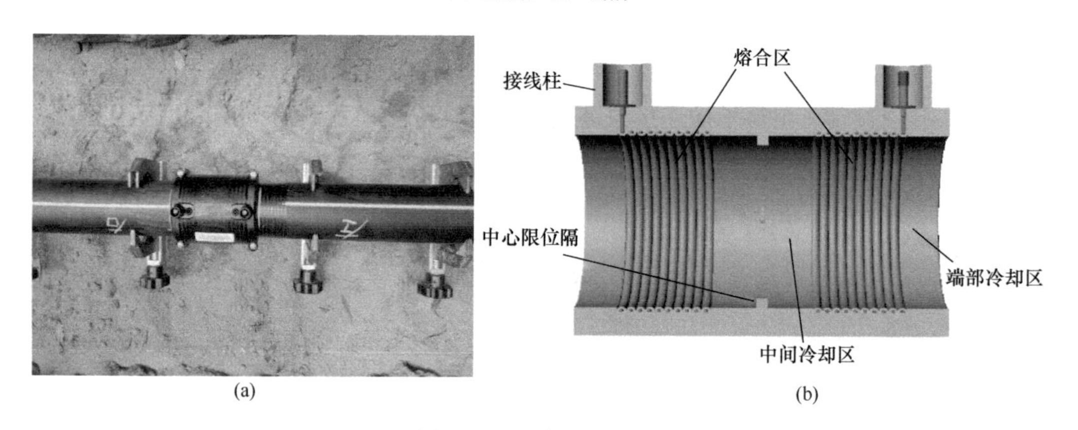

(a) (b)

图 3-64 电熔承插连接

(a) 电熔套筒承插连接；(b) 电熔套筒内部结构

定管材、管件，如图 3-65 所示。

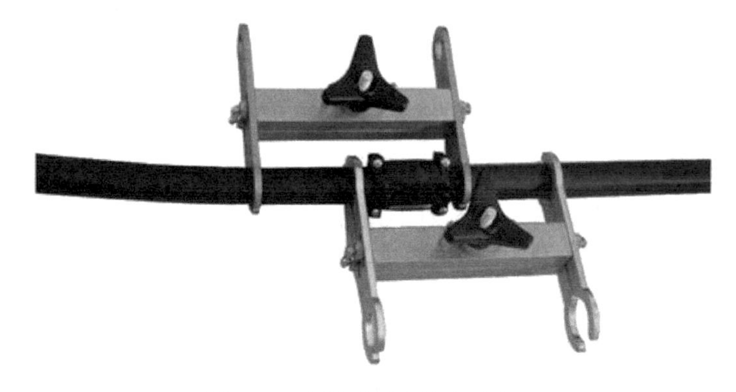

图 3-65 电熔承插连接专用夹具

5）通电熔接：通电加热的电压或电流、加热时间等焊接参数，应符合电熔焊机和电熔管件的使用要求。

6）冷却：接头冷却应采用自然冷却。冷却期间，不得拆开夹具，不得移动被连接件或在连接处施加外力。

（2）电熔鞍形连接

电熔鞍形连接主要用于在燃气干管上连接支管，如图 3-66 所示，其连接流程为：清洁连接部位→固定管件→通电熔接→冷却。

1）用刮刀等刮除连接部位管材表面的氧化层，用干净棉布擦除管材和管件连接面上的污物。

2）采用支座或机械装置（如专用托架支撑）固定干管连接部位的管段，使其保持直线度和圆度。

通电熔接和冷却过程等其他步骤的操作，与电熔承插连接相同。

图 3-66 电熔鞍形连接

2. 常见缺陷

电熔接头常见的缺陷主要包括：熔合面夹杂，如夹物、油污、氧化皮未刮削等；接头中存在孔洞；电阻丝错位；冷焊；过焊；管材承插不到位。

（1）熔合面污染

连接前焊口两端管材表面未进行有效清洁，或管件过早去掉保护套，导致管材与管件熔合面上存在油污、泥土、氧化皮等污染物，降低焊口连接强度，如图 3-67 所示。

（2）接头中存在孔洞

焊接时，电阻丝密集区有水。水加热汽化后，在熔合面形成气孔，降低焊口连接强度，如图 3-68 所示。

图 3-67 熔合面污染

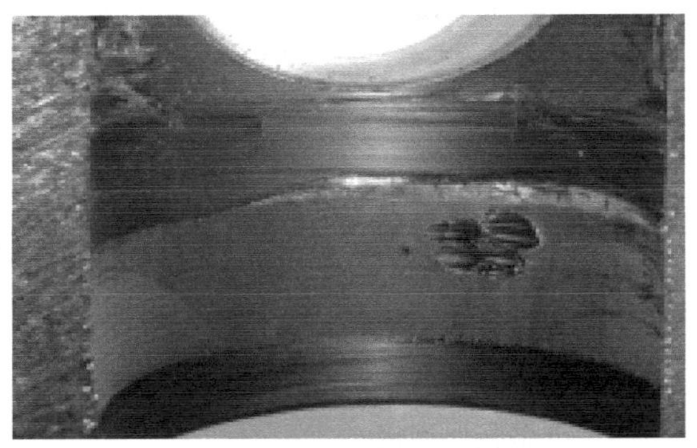

图 3-68 接头中存在气孔

（3）冷焊

电熔连接过程中热量输入过小，导致管件内表面和管道外表面上的熔融介质过少，降低接口连接强度。

（4）过焊

电熔连接过程中热量输入过大，导致管件内表面和管道外表面上的熔融介质过多，在

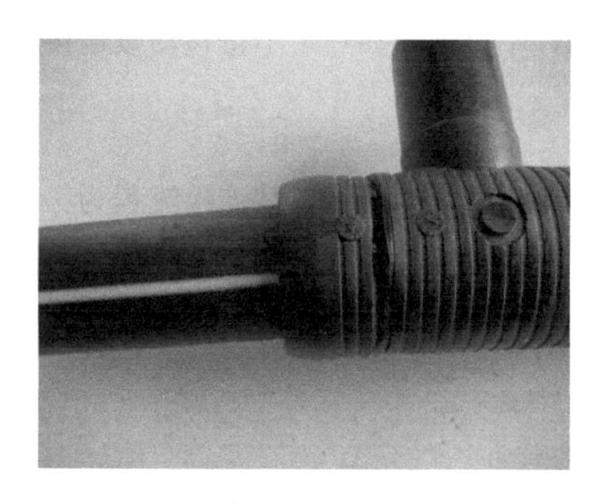

图 3-69　电熔管件在焊接过程中开裂

接头中容易产生空洞。

（5）管材承插不到位

主要表现为未画线，管材插入电熔管件的深度不够，使得连接面不足。同时，若焊接过程中不使用专用夹具，管件附加应力过大，可能导致管件在焊接过程中开裂，如图 3-69所示。

3. 质量检验

根据现行行业标准《聚乙烯燃气管道工程技术标准》CJJ 63，电熔连接接头质量检验应符合下列规定：

（1）电熔承插连接

凡出现与下述要求条款不符合的情况，均为不合格连接：

1）电熔管件与管材或插口管件的轴线应对正；

2）管材或插口管件在电熔管件端口处的周边表面，应有明显刮皮痕迹和明显的插入长度标记；

3）电熔管件端口的接缝处不应有熔融料溢出；

4）电熔管件内的电阻丝不应被挤出；

5）从电熔管件上的观察孔中，应能看到指示柱移动或有少量熔融料溢出，但溢料不得呈流淌状，如图 3-70 所示。

图 3-70　电熔管件熔融指示

（2）电熔鞍形连接

凡出现与下述要求条款不符合的情况，均为不合格连接：

1）电熔鞍形管件周边的管道表面上，应有明显刮皮痕迹；

2）鞍形分支或鞍形三通的出口，应垂直于管道的中心线；

3）管道管壁不应塌陷；

4）熔融料不应从鞍形管件周边溢出；

5）从鞍形管件上的观察孔中，应能看到指示柱移动或有少量熔融料溢出，但溢料不得呈流淌状。

近年来，随着聚乙烯管道焊接质量检测技术的快速进步，超声波相控阵检测技术已开始尝试应用于电熔接头的无损检测。

3.7 管道下沟与管沟回填

管道下沟、管沟回填是保证燃气管道埋深、确保管道外防腐层质量的最后一道工序。即使放慢施工进度，也要达到设计埋深，同时保证管道外防腐层在管道下沟与管沟回填过程中不被损伤。

3.7.1 管道下沟

管道下沟是在管沟开挖合格后，合理配备起重设备将燃气管道平稳地放入管沟中。管道下沟的一般工序流程为：准备工作→管沟清理→成沟检查→管段下沟→下沟后检查→填写施工记录。

1. 准备工作

（1）复测管沟沟底标高、沟底宽度是否符合设计要求。

（2）清理沟内塌方、石块、冻土块、冰块、积雪，土方段沟内积水深度不大于0.1m，需回填细土段沟底不能有积水。对于塌方较大的管沟段，清理后应进行复测，以保证管沟达到设计深度。

（3）石方段和碎石土段管沟，沟底应先铺垫粒径≤15mm的细土（其中10～15mm范围内的颗粒体积不大于10%），细土铺垫厚度为300mm，回填所用细土应就近筛取。

2. 下沟作业要求

管道下沟作业是在补口补伤作业完成后，用起重设备将经过检查合格的管道，从沟边下到沟底的过程。在下沟时，若违反管道下沟操作规程，管道应力往往会达到甚至超过屈服极限，使管道产生明显的残余变形或焊口断裂，也可能造成起重设备倾覆等安全事故。为了保证管道敷设质量，对管道下沟作业有如下要求：

（1）管道起吊时，起吊点距环焊缝距离不小于2.0m，起吊高度以1.0m为宜。起吊用具最好采用尼龙吊带或滑动滚轮式吊具。

（2）下沟前，使用环形电火花检漏仪检漏（如图3-71所示），检漏电压采用设计及规

图3-71 管道下沟前防腐层电绝缘性检测

范规定的电压。发现漏点应做明显标记，留待补伤人员补伤。特别应注意管墩与管道接触部位，用起重设备吊起后，应擦干泥土进行检漏，防止漏检。吊管下沟过程中要防止管道与沟壁刮碰，石方段下沟时，在管道与沟壁的接触点，应有专人垫橡胶板或其他软质材料，以保护管道绝缘层。管道下沟时，应有一个专业人员在管沟对面，用旗语统一指挥起重设备进行管道下沟作业。下沟过程中，沟下不得有人员作业。

（3）下沟管段两端用临时封头满焊封堵，防止下沟后管内进水。起重设备将管道轻放至沟底，起重设备不能使用空挡下落。曲线段管道下沟时，在弧线顶点处设一起重设备，以使管道平稳地下至沟底，避免刮碰沟壁，造成塌方。下沟后对管道进行横向调整，使其处于管沟中心线上，其横向偏差要求不大于100mm。

（4）管道下沟完成后，由技术、测量人员进行竣工测量。测量参数有：长度、管顶标高、水平转角、竖向转角、穿越、跨越等情况，填写测量成果表、管道隐蔽工程检查记录表等。如测量结果不合格，应吊起管道并修整管沟后，重新进行管道下沟。

3. 管道下沟方式

管道下沟方式，可根据管材类型及管径、沟槽类型、施工场地周围环境、施工机具等情况而定。通常采用轮胎式或履带式起重机下管。

（1）起重机联合吊管下沟

沟边组焊的管段，待焊接检验及补口、补伤合格后，组织多台起重机联合吊管下沟，如图3-72所示。施工时，根据管径大小、地质条件和单台起重机的起重能力来计算起重机台数。起吊点间距应按施工要求确定，钢管的吊管间距也可参考表3-20。

不同管径钢管吊管间距　　**表3-20**

管外径(mm)	377	351	325	299	273	245	219	168	159	114	108
允许间距(m)	16	15	15	14	13	12	11	9	8	6	6

每台起重机以一定动作完成起吊、移管、管道放入沟底等动作，如图3-73所示。吊管下沟步骤：1）起重机侧臂升至最高位置，吊管带将管道吊起一定高度，一般1m为宜；2）下降侧臂、上拉起重绳，将管道放到管沟中心位置；3）下降起重绳使管道下到沟底。

图3-72　起重机联合吊管下沟

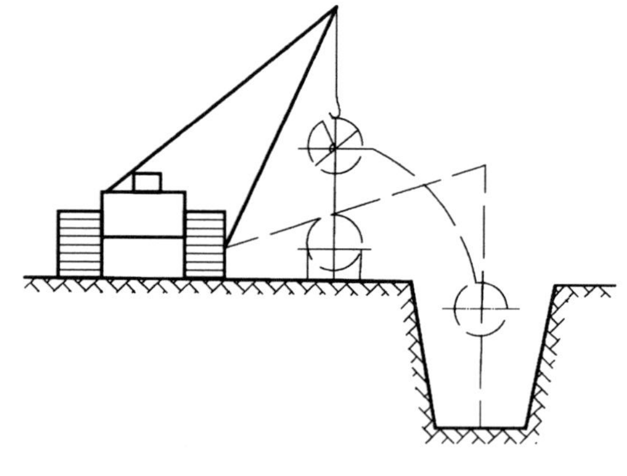

图3-73　吊管下沟动作步骤

（2）预制管段下沟

在水网地区，大吨位起重设备行走困难，可首先将 2～3 根钢管预制成为管段，然后将管段下沟，进行沟下连头作业。

（3）沉管法下沟

对于地下水位较高的地段、管沟不易成型的地段（如流沙地段）、起重设备难以行走的地段，可采用沉管法下沟。管道直接在管沟中心线上进行焊接，沉管时 2 台湿地单斗挖掘机分别站在管道两侧，同时在管底挖土，管道平稳地降到设计要求的深度位置，如图 3-74所示。管沟开挖时应注意对防腐层的保护，管道两侧派专人负责看护。其施工工艺为：

1）沉管下沟进行管沟开挖时，首先从管段的一端用 2 台单斗挖掘机在管道两侧对称进行管沟开挖，管沟沟壁按规范要求进行放坡，以防止塌方（管段较长时，也可用 4 台单斗挖掘机从管段两端同时开挖下沟，以加快开挖进度）。开挖时为了保护防腐层，挖掘机的斗铲在距管道两侧 200mm 处缓慢入土开挖，也可在管道上加自制的防腐层保护器。

图 3-74　沉管法下沟

2）当管沟开挖到一定长度后，管段在重力的作用下开始下沉；继续开挖，管段靠自身的挠度贴附于管沟底部，这样就完成了整段管道的下沟。每段管道长度宜不超过 1000m。

3）测量工使用水准仪进行全过程的测量，保证沟底标高等技术参数符合设计要求，否则应采用人工进行清理。管道防腐层接触沟底之前，应对其进行电火花检漏，合格后方可下沟。在管段全部下沟并经测量符合管道施工规范和图纸要求后，即可进行一次回填稳管，以防沟内地下水位过高而引起管道向上漂浮。流沙地段管道下沟还要采用高压水枪降沟、泥浆泵排流沙或钢板桩支护加人工辅助开挖的方法。

沉管下沟工艺可以解决上述影响施工的问题，并加快施工速度，保证下沟作业的安全和质量。与传统的沟下组装相比，沉管下沟法具有以下优势：沉管下沟作业的工序及工作量小、操作时间相对较短、安全性高；下沟时所需人员少，无需大型吊装设备及机具；宽履带的湿地单斗挖掘机能适应地基承载力较差的环境，只需 2 台就可保证连续作业，且施工辅助用料少，降低了施工成本。

3.7.2　管沟回填

管道安装完毕并经隐蔽工程验收后，沟槽应及时回填夯实，恢复和平整地面，晾槽过久易引起槽壁坍塌、影响管道工程质量、妨碍交通和市容。管沟回填质量主要取决于正确选择土料、控制填方压实度和合理选择夯实方法。

图 3-75 回填土料选择

1. 土料选择

回填材料不得采用有机物、冻土、垃圾、木材及软性物质，如图 3-75 所示。管道周围两侧及管顶以上0.5m 范围内的回填土应采用细砂或细土，不得含有碎石、砖块等，且不得用灰土回填。距管顶 0.5m 以上的回填土中的石块不得大于 10%，直径不得大于 100mm，且应均匀分布。否则回填土不易夯实，而且大颗粒土块在夯实时容易损伤管道防腐层。

2. 回填土压实度要求

土的压实或夯实程度用压实度 C(%) 来表示，即

$$C=\frac{\rho_d}{\rho_d^{max}}\times 100\% \tag{3-8}$$

式中 ρ_d——填土夯（压）实的干密度，kg/m³；

ρ_d^{max}——标准击实仪所测定的最大干密度，kg/m³。

在夯压相同的条件下，土壤的最佳压实度和土壤的含水量有关，含水量过大或过小，都达不到最佳压实度。常见土壤的最佳含水量与最大干密度见表 3-21。

常见土壤的最佳含水量与最大干密度 **表 3-21**

序号	土壤种类	变化范围	
		最佳含水量(%)(重量比)	最大干密度(g/cm³)
1	砂土	8～12	1.80～1.88
2	粉土	16～22	1.61～1.80
3	砂质粉土	9～15	1.85～2.08
4	粉质黏土	12～15	1.85～1.95
5	重粉质黏土	16～22	1.67～1.78
6	粉质黏土	18～21	1.65～1.74
7	黏土	19～23	1.58～1.70

回填土应分层夯实，分层检查压实度，合格后方可进行上层填土施工。沟槽各部位如图 3-76 所示，其压实度 C 应符合下列要求：

(1) 对Ⅰ区部位，采用中、粗砂或细土分层回填，每层厚度为 100～200mm，压实度不应小于 90%；

(2) 对Ⅱ区部位，采用符合要求的原土或中、粗砂回填，压实度不应小于 85%；

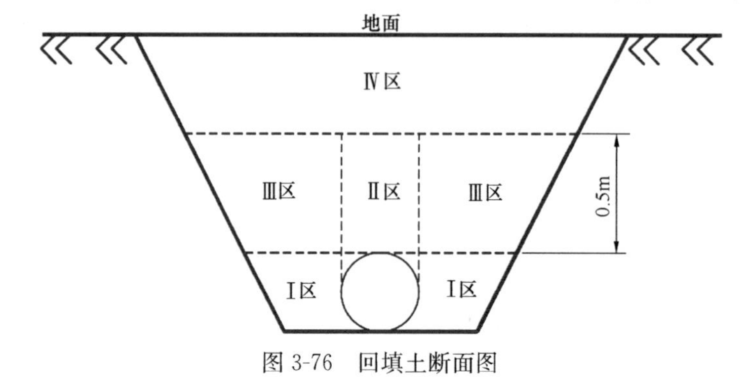

图 3-76 回填土断面图

(3) 对Ⅲ区部位，采用符合要求的原土或中、粗砂回填，压实度不应小于90%；

(4) 对Ⅳ区部位，采用原土分层回填，压实度应符合相应地面对压实度的要求。

燃气管道与其他地下管道或设施交叉安装完成后，其交叉位置2m范围内的沟槽回填应密实，以免对其他管道造成影响，可采用水撼砂或其他材料回填。水撼砂为采自河槽或料场的中细砂，回填前应剔除砂子中的石子。

聚乙烯管道穿越道路不具备增设套管的情况下，管道上方0.5m及管道两侧0.3m范围内宜采用水撼砂回填。

3. 夯实方法

回填时应将管道两侧回填土同时夯实，夯实方法可采用人工夯实和机械夯（压）实。

人工夯实适用于缺乏电源动力或机械不能操作的部位，夯实工具可采用木夯、石夯或铁夯。对于填土的Ⅰ和Ⅱ Ⅲ三个区域一般均采用人工分层夯实，每层填土厚0.2～0.25m。打夯时沿一定方向进行，夯实过程中要防止管道中心线位移，或损坏钢管防腐层。

只有Ⅳ区域才可使用小型机械压实。当使用小型夯实机械时，每层铺土厚度为0.20～0.40m。打夯之前应对填土初步平整，打夯机依次夯打，均匀分布，不留间隙。

一般情况下，只有在管道顶部1.0m以上的填土才可使用小型压路机或振动压路机，每层填土厚度不宜超过0.40m，每次碾压应有0.15～0.20m的重叠。

3.7.3 聚乙烯燃气管道敷设

聚乙烯燃气管道敷设时，管道的允许弯曲半径不应小于25倍公称外径。当弯曲管段上有承插接口（和钢塑转换管件）时，管道的允许弯曲半径不应小于125倍公称外径。聚乙烯燃气管道在地下水位较高的地区或雨期施工时，应采取降低水位或排水措施，并应清除沟内积水，不得带水回填。

图3-77 示踪线和警示带

在聚乙烯燃气管道的管沟回填过程中，为方便后续的管道定位探测与安全运营，还需敷设示踪线和警示带，如图3-77所示。示踪线应敷设在聚乙烯燃气管道的正上方，并应有良好的导电性和有效的电气连接，示踪线上应设置信号源井。警示带宜敷设在管顶上方0.30～0.50m处，但不得敷设在路基和路面内。对于公称外径<400mm的管道，可在管道正上方敷设一条警示带；对于公称外径≥400mm的管道，应在管道正上方平行敷设两条水平间距为0.10～0.20m的警示带。

3.8 管道附件安装

3.8.1 一般要求

(1) 安装前应将管道附件及设备的内部清理干净，不得存有杂物。

(2) 阀门、凝水缸及补偿器等在正式安装前，应按其产品标准单独进行强度试验和严密性试验。经试验合格的设备、附件应做好标记，并填写试验记录。

（3）试验使用的压力表必须经校验合格，且在有效期内，量程宜为试验压力的1.5～2.0倍，阀门试验用压力表的精度等级不得低于1.5级。

（4）每处安装宜一次完成，安装时不得污染已吹扫完毕的管道。

（5）管道附件、设备应抬入或吊入安装处，不得采用抛、扔、滚的方式。

（6）管道附件、设备安装完毕后，应及时对连接部位进行防腐。

（7）凝水缸盖和阀门井盖与路面的高度差应控制在0～5mm范围内。

（8）管道附件安装完毕后，应与管道一起进行严密性试验。

3.8.2　阀门安装

1. 安装前检查和清洗

阀门安装之前应仔细核对所用阀门的型号规格是否与设计相符，是否满足使用工况要求。此外，还应检查阀杆是否灵活、有无卡涩和歪斜现象。

图3-78　阀门水压试验台

2. 强度试验和严密性试验

阀门安装前应逐个进行强度试验和严密性试验，如图3-78所示。强度试验一般为公称压力的1.5倍；严密性试验为公称压力的1.1倍。试验时间不少于5min，试验介质一般为清洁水。强度试验以阀门壳体、填料无渗漏为合格；严密性试验以密封面不漏为合格。

强度试验和严密性试验不合格的阀门，须解体检查，并重新试验。解体检查的阀门，质量应符合下列要求：

（1）材质正确；

（2）阀座与阀体结合牢固；

（3）阀芯与阀座的结合良好，无缺陷；

（4）阀杆与阀芯的连接灵活、可靠；

（5）阀杆无弯曲、锈蚀，阀杆与填料压盖配合合适，螺纹无缺陷；

（6）阀盖与阀体的结合良好；

（7）垫片、填料、螺栓等齐全，无缺陷。

3. 阀门的安装

（1）球阀

球阀可安装在管道或设备的任何位置上。带传动机构的球阀，应直立安装，即传动机械处于铅垂的位置。

（2）闸阀

宜直立安装，即阀杆处于铅直的位置，手轮、手柄在顶部，如图3-79所示。

（3）截止阀

可安装在管道或设备的任何位置上。安装时应确保介质流向与阀体上指示的箭头方向一致。

(4) 安全阀

安全阀应垂直安装，在安装前必须经法定检验部门检验并铅封，并尽可能布置在便于检维修的位置。

4. 阀门安装注意事项

(1) 方向性

一般阀门的阀体上都有标志，箭头所指方向即介质向前流的方向，应特别注意不得装反。燃气工程上有些阀门要求介质单向流通，如安全阀、调压阀、止回阀等。截止阀为了便于开启和检修，也要求介质由下而上通过阀座。

图 3-79 闸阀安装

(2) 安装位置

尽可能方便操作维修，同时还要外形美观，阀门手轮不得向下，避免仰面操作；落地阀门手轮朝上，不得歪斜；有些阀门的安装位置有特殊要求，如调压阀要求直立地安装在水平管道上，不得倾斜。总之，要根据阀门工作原理确定其安装位置，否则阀门就不能有效地工作，或不起作用。

(3) 吊装搬运

阀门在搬运时不允许随手抛掷，以免损坏。阀门堆放时，不同规格、不同型号的阀门应分别堆放，禁止碳钢阀门和不锈钢阀门或有色金属阀门堆放在一起。阀门吊装时，钢丝绳索应拴在阀体法兰处，切勿拴在手轮或阀杆上，以免扭曲或折断阀杆和手轮。

(4) 其他注意事项

在施工中对各种阀门还应注意以下几点：

1) 安装前应核对规格型号，检查阀芯的开启度和灵活度，并根据需要对阀体进行清洗、上油。

2) 法兰和螺纹连接的阀门应在关闭状态下安装，焊接阀门应在打开状态下安装。焊接阀门与管道连接焊缝宜采用氩弧焊打底。当焊接安装时，焊机地线应搭在同侧焊口的钢管上，不得搭在阀体上。

3) 阀门安装时，与阀门连接的法兰应保持平行，其偏差不应大于法兰外径的 1.5‰，且不得大于 2mm。严禁强力组装，安装过程中应保持受力均匀，阀门下部应根据设计要求设置承重支撑。

4) 法兰连接时，应使用同一规格的螺栓，并符合设计要求。紧固螺栓时应对称均匀用力，松紧适度，紧固后，螺栓螺纹应露出螺母 1～3 个螺距。

5) 在阀井中安装阀门和补偿器时，阀门应与补偿器先组对好，然后再与管道上的法兰组对。将螺栓与组对法兰紧固好后，方可进行管道与法兰的焊接。

6) 直埋阀门应按设计要求，做好阀体、法兰、紧固件及焊口的防腐。

3.8.3 补偿器安装

燃气管道由于受到环境温度变化或地基不均匀沉降的影响，会发生伸长或缩短。如果管道的伸缩受到约束，就会在管壁上产生额外的作用力。当该作用力大到一定程度时，可能使管道断裂失效。为了补偿管道的伸缩，需要安装补偿器。

燃气管道上常用的补偿器主要有波形补偿器和波纹管补偿器。在架空燃气管道和高层住宅外立管上，也常使用方形补偿器。

1. 一般规定

（1）安装前应按设计规定的补偿量进行预拉伸（预压缩），受力应均匀。

（2）补偿器应与管道保持同轴，不得偏斜。安装时不得通过补偿器的变形（轴向、径向、扭转等）来调整管位的安装误差。

（3）补偿器安装时应设临时约束装置。待管道安装固定后再拆除临时约束装置，并解除限位装置。

2. 波形补偿器安装

（1）波形补偿器安装前应检查各部位尺寸是否符合要求，其表面不得有裂纹、凹凸、轧痕、皱褶等缺陷。并按设计压力进行试验，合格后才能安装。

（2）波形补偿器的预拉伸或预压缩，应在平地上逐渐进行，要使各个波节受力均匀，并严禁超过波节的补偿能力，以免使波节失去弹性，形成永久变形，或使焊缝破裂。

（3）安装波形补偿器时，在水平管上应使套管的焊缝端朝向流动方向，在垂直管段焊缝端应朝上。

（4）波形补偿器安装时，应根据补偿零点温度来定位。所谓补偿零点温度，即管道设计时考虑采用的最高和最低温度的中点。当安装时的环境温度等于补偿零点温度时，补偿器可不进行预拉伸或预压缩。如安装时环境温度高于补偿零点温度，应按设计规定的补偿量进行预压缩；反之，应预拉伸。预拉伸或预压缩量详见表3-22。其中，ΔL 为波形补偿器的设计补偿量。

安装波形补偿器的预拉伸或预压缩量　　表3-22

安装时环境温度与补偿零点温度差(℃)	预拉伸量(mm)	预压缩量(mm)	安装时的环境温度与补偿零点温度差(℃)	预拉伸量(mm)	预压缩量(mm)
−40	$0.5\Delta L$	—	+10	—	$0.125\Delta L$
−30	$0.375\Delta L$	—	+20	—	$0.25\Delta L$
−20	$0.25\Delta L$	—	+30	—	$0.375\Delta L$
−10	$0.125\Delta L$	—	+40	—	$0.5\Delta L$
0	0	0			

（5）待管道全部安装固定后，留出补偿器位置，并按规定的预拉伸或预压缩量计算好预留尺寸。安装时，将补偿器置于管道中心位置，不得歪斜，将管道预拉伸或压缩到符合要求后，立即安装就位，并与管道连接固定。待管道安装固定后，拆除临时约束或限位装置。

（6）在吊装补偿器时，不能将绳索绑扎在波节上，也不可将支承件焊在波节上，以防波节变形和伸缩受阻。

3. 波纹管补偿器安装

波纹管补偿器安装前应根据设计要求，进行1.25～1.5倍设计压力的水压试验。波纹管补偿器采用焊接连接时，为防止焊渣和飞溅物损坏波纹管，应用软质材料将波纹管包裹好。

波纹管补偿器的安装方法与波形补偿器相似。

4. 方形补偿器安装

方形补偿器在安装时应在平台上进行组对，四个弯曲角应在同一平面上。在安装补偿器前，与其连接的管道应安装完毕，并固定牢靠。吊装时应使其受力均匀，用三点以上受力起吊，起吊应平稳，防止变形，如图 3-80 所示。水平安装时，两垂直臂应保持水平，补偿器顶端和管道的坡向一致。

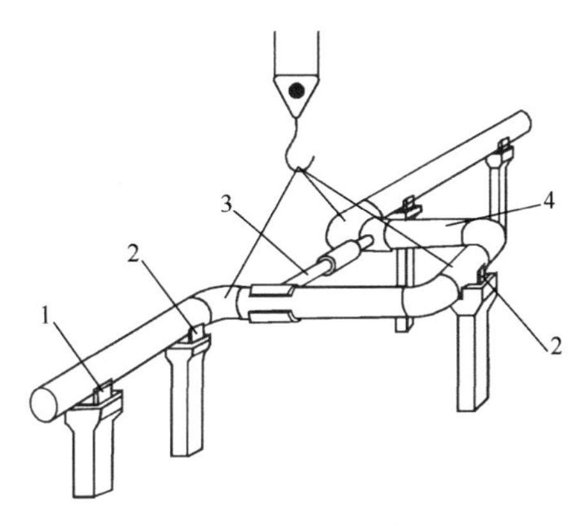

图 3-80　方形补偿器安装

1—固定管托；2—活动管托；3—加减丝；4—补偿器

补偿器吊装就位后，利用图 3-80 中的加减丝对方形补偿器进行预拉伸或预压缩处理。若投运后该处管段膨胀，则需对该补偿器进行预拉伸；若管段收缩，则对补偿器进行预压缩。预拉伸或预压缩值为其设计补偿量的一半（即 $\Delta L/2$），偏差不得大于±10mm，以充分利用其补偿能力。待安装完成后，解除加减丝的限位约束。

3.9　管道清扫、试压与干燥

燃气管道安装完毕后，应分段依次进行管道清扫、强度试验和严密性试验。清扫的目的是清除管道内的杂物，保证燃气管道安全运行。管道清扫完成后，在管道内部施加一定的压力，依次进行强度试验和严密性试验，及时发现管道存在的缺陷，检验管道质量，以便及早采取措施，排除隐患。同时施加的内压力对管道具有一定的预拉伸作用，有助于消除管道在组对、焊接、下沟、连头等施工过程中产生的应力集中问题。

采用清洁水进行强度试验和严密性试验的管道，还应参考现行行业标准《天然气管道、液化天然气站（厂）干燥施工技术规范》SY/T 4114 进行干燥作业，防止管道投运后产生冰堵或管内积水产生内腐蚀。

3.9.1　一般要求

（1）燃气管道穿（跨）越大中型河流、铁路、二级以上公路、高速公路时，应单独进行试压。

（2）管道清扫、强度试验及中高压管道严密性试验前应编制施工方案，制定安全措施，确保施工人员及附近民众与设施的安全。

（3）试验时应设巡视人员，无关人员不得进入。在试验的连续升压过程中和强度试验的稳压结束前，所有人员不得靠近试验区。人员与试验管道之间的安全距离可按表 3-23 确定。

安全间距　　表 3-23

管道设计压力(MPa)	安全间距(m)
<0.4	6
0.4～1.6	10
2.5～4.0	20

（4）管道上的所有堵头必须加固牢靠，试验时堵头端严禁站人。

（5）清扫和待试验管道应与无关系统采取隔离措施，与已运行的燃气系统之间必须加装盲板，且有明显标志。

（6）试验前应按设计图检查管道的所有阀门，试验段阀门必须全部开启。

（7）在进行聚乙烯管道或钢骨架聚乙烯复合管道吹扫及试验时，进气口应采取油水分离及冷却等措施，确保管道进气口气体干燥，且其温度不得高于40℃；排气口应采取防静电措施。

（8）试验时所发现的缺陷，必须待试验压力降至大气压后再进行处理。处理合格后，应重新试验。

3.9.2 管道清扫

燃气管道清扫的目的是清除管腔内的杂物，使管道保持洁净，确保投运后的正常运行。

1. 一般要求

（1）管道清扫方法的选择：

1）球墨铸铁管道、聚乙烯管道、钢骨架聚乙烯复合管道和公称直径小于100mm或长度小于100m的钢质管道，可采用空气吹扫。

2）公称直径大于等于100mm的钢质管道，宜采用清管器进行清扫。

（2）管道吹扫应符合下列要求：

1）吹扫范围内的管道安装工程除补口、涂漆外，已按设计图纸全部完成。

2）管道安装检验合格后，应由施工单位负责组织吹扫工作，并应在吹扫前编制吹扫方案。

3）应按主管、支管、庭院管的顺序进行吹扫，吹扫出的脏物不得进入已合格的管道。

4）吹扫管段内的调压器、孔板、过滤网、燃气表等设备不应参与吹扫，待吹扫合格后再安装复位。

5）吹扫口应设在开阔地段并加固，吹扫时应设安全区域，吹扫出口前严禁站人，如图3-81所示。

6）吹扫压力不得大于管道的设计压力，且不应大于0.3MPa，以保证吹扫安全和管道不被损伤。

7）吹扫介质宜采用压缩空气，严禁采用氧气和可燃性气体。

8）吹扫合格设备复位后，不得再进行影响管内清洁的其他作业。

（3）空气吹扫应符合下列要求：

1）吹扫气体流速不宜小于20m/s，以保证管道能吹扫干净。

2）吹扫口与地面的角度应在30°～40°之间，吹扫口管段与被吹扫管段必须采取平缓过渡对焊，吹扫口直径应符合表3-24的规定。

吹扫口直径 **表3-24**

末端管道公称直径	$DN\leqslant150$	$150<DN<300$	$DN\geqslant300$
吹扫口直径(mm)	与管道同径	150	250

图 3-81 吹扫口设置

(4) 清管器清扫应符合下列要求：

1) 管道内径必须是同一规格，不同管径的管道应断开，分别进行清扫。

2) 对影响清管器通过的管件、设施，在清管前应采取必要措施。

2. 空气吹扫

每次空气吹扫管道的长度不宜超过 500m，过长的管道采用空气吹扫的方法很难吹扫干净。当管道长度超过 500m 时，在施工中应根据具体情况合理安排，分段吹扫。常采用以下空气吹扫方式：

(1) 压缩空气吹扫

根据管道内风速不小于 20m/s 的要求，计算出待吹扫管道的流体阻力（管内平均压力），按其中最大管径确定所需要的流量，然后选择合适额定功率和排量的轴流风机或空气压缩机。

将轴流风机或空气压缩机与待吹扫管道之间用软管连接，燃气管道排气口敞口。吹扫方向应与气流方向一致，因为倒吹时会将泥土吹进波纹伸缩节的波纹内。开启轴流风机或空气压缩机出口阀门，喷入压缩空气高速吹扫。

当目测排气无烟尘时，应在排气口设置白布或涂白漆木板检验，5min 内靶板上无铁锈、尘土等其他杂物为合格，如图 3-82 所示。

(2) 管道自身储气吹扫

当管道长度不足 200m 时，可采用空气压缩机给管道注气，利用管道自身储气放散的

图3-82　吹扫质量测试

方式进行吹扫。为保证管道两端均有良好的吹扫效果，两端应分别放散。

当管道长度在200m以上，且无其他管段或储气容器可资利用时，应在管道适当部位安装分段吹扫阀，采取分段储气、轮换吹扫。

(3) 压缩空气爆破吹扫

将待吹扫管道的两端阀门拆卸，在管段进气端装法兰堵板，并与空气压缩机用管道连通，空气压缩机出气管上安装阀门与压力表。爆破口应设在管道最低部位的开阔地段，并加固管段排气端，爆破口前端20m范围内禁止行人走动及堆放易损物品。在爆破口装爆破膜，再用法兰压紧。一般选择单层厚度$\delta=1.5$mm的青稞纸作为爆破膜。爆破膜厚度宜通过试验来确定，也可按表3-25选用。可通过安装不同青稞纸层数来达到所需厚度。

爆破膜厚度的选择　　**表3-25**

管道规格	*DN* 100～*DN* 150	*DN* 150～*DN* 250	*DN* 250～*DN* 500	*DN* 500～*DN* 800
爆破膜厚度(mm)	3	4.5	6	7.5

启动空气压缩机，当管内空气压力达到设定爆破压力时，青稞纸突然爆破，管内空气迅速卸压，体积膨胀，在管内形成流速较高的气流，从爆破口喷出的同时将泥土、铁锈、垃圾等带出。

当目测排气无烟尘时，应在爆破口设置白布或涂白漆木板检验，5min内靶板上无铁锈、尘土等其他杂物为合格。

3. 清管器清扫

图 3-83 皮碗清管器

当燃气管道长度较长、中间没有支管且管径相同时，宜采用清管器清管方式进行清扫，以减少清扫分段，大幅提升清扫作业效率。

清管作业一般均选择皮碗清管器，如图 3-83 所示。为便于发送清管器和建立背压，清管前在被清扫管道两端分别焊上发球筒和收球筒，用压缩空气推动清管器穿过待清扫管道进行清扫。为将管道内杂物清扫干净，清管次数一般不少于 2 次。

(1) 清管设施

1) 发球筒制作：发球筒由快装盲板、发球筒体、压缩空气进气管等组成，如图 3-84 所示。由钢管和大小头制作成的发球筒体，尺寸必须与主管道相匹配。

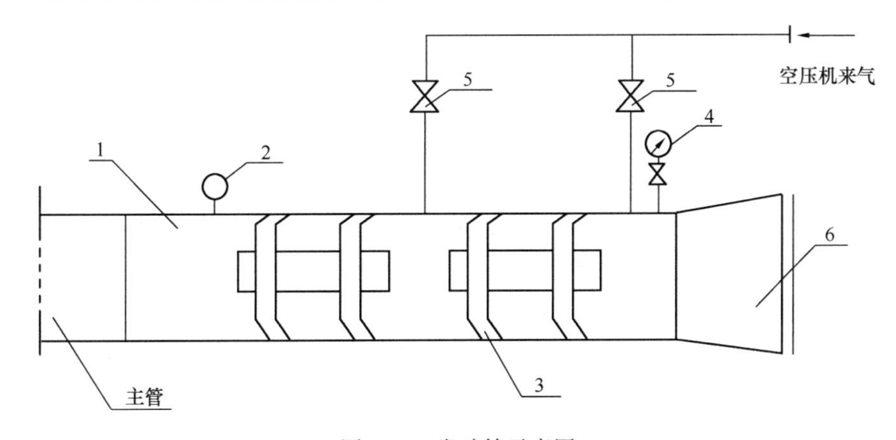

图 3-84 发球筒示意图

1—发球筒体；2—清管指示器；3—清管器；4—压力表；5—阀门；6—快装盲板

2) 收球筒制作：在管道收球筒一端，为清管器建立背压，在管道下方依据管径安装排污管道。收球筒端部焊上椭圆形封头，作为收球装置，如图 3-85 所示。

3) 发球筒和收球筒的安装：在发球筒和收球筒的安装地点挖合适尺寸的操作坑各一

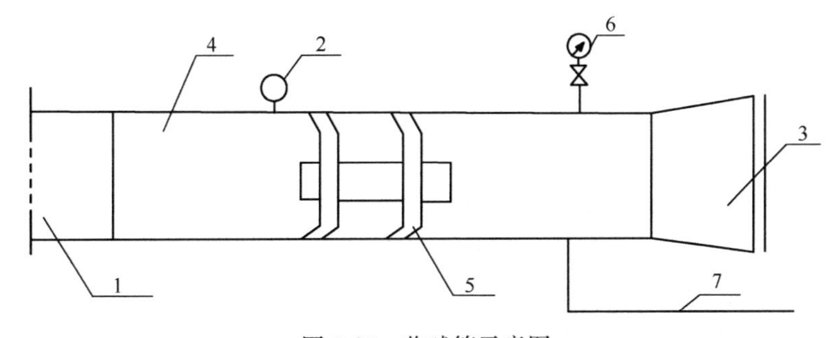

图 3-85 收球筒示意图

1—主管；2—通球指示器；3—快装盲板；4—收球筒体；5—清管器；6—压力表；7—排污管

个；先将发球筒组装到发球端干管上，然后将清管器装入其内；将收球筒组装到管道另一端，并在距收球筒排污管端2m处设置挡板，以防杂物飞溅。

（2）充气清管

1）空气压缩机设置位置。发球点宜选在相邻管段之间，可分别向两个方向管段清扫，以减少设备搬迁次数，如图3-86所示。

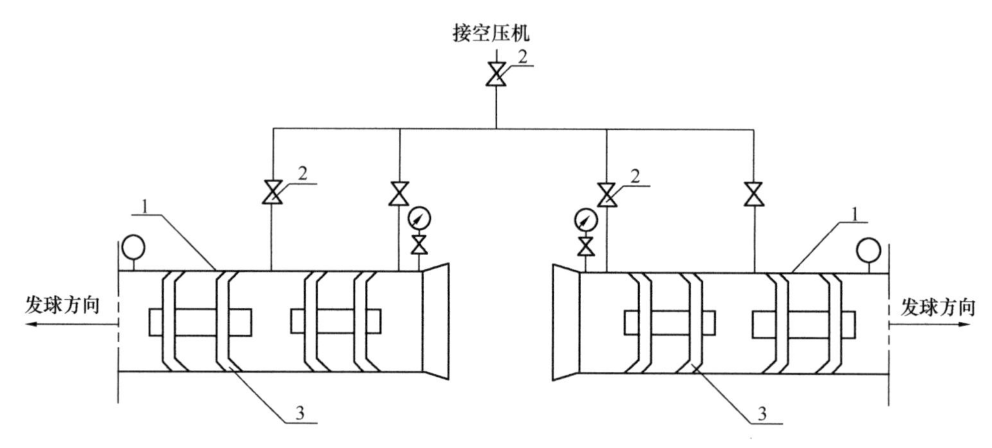

图3-86　充气清管示意图

1—发球筒；2—阀门；3—清管器

2）安装空气压缩机，并将空气压缩机出气口与管道进气口相连。然后启动空气压缩机，用压缩空气推动清管器在管道中行进，进行清扫。

3）开启第一个清管器后端的进气阀门，开始进气，第一个清管器前行。第一个球到达收球筒后，开启第二个清管器后端的进气阀门，开始进气，第二个清管器前行。

4）清管时，清管器运行速度应控制在4～5km/h为宜。清管时做好压力记录，在收球处观察气体和水色变化。当清管器受阻时，可逐步提高压力。

5）清管器使用后，在下次清管前应检查清管器皮碗的外形尺寸变化，对磨损较大的皮碗进行更换。

3.9.3　管道试压

根据试压目的不同，管道试压分为强度试验和严密性试验。其中：强度试验就是用较高的介质压力来检验燃气管道本体的制造质量与焊缝的焊接质量；严密性试验就是检验燃气管道及其接口在实际工作条件下的致密性。严密性试验应在强度试验合格后进行。

根据试压介质的不同，管道试压又可分为水压试验和气压试验。

1. 一般要求

（1）试压前应具备下列条件：

1）试压用的压力计及温度记录仪应在校验有效期内。

2）试压方案已经批准，有可靠的通信系统和安全保障措施且已进行了技术交底。

3）管道焊接质量检测、清扫合格。

4）埋地管道回填土宜回填至管上方0.5m以上，并留出焊接口。

（2）管道应分段进行压力试验，试压管道分段最大长度宜按表3-26执行。

管道试压分段最大长度　　表 3-26

设计压力 PN(MPa)	试验管段最大长度(m)
$PN \leqslant 0.4$	1000
$0.4 < PN \leqslant 1.6$	5000
$1.6 < PN \leqslant 4.0$	10000

(3) 管道试压用压力计及温度记录仪表均不应少于两块，并应分别安装在试压管道的两端。试压用压力计的量程应为试验压力的 1.5～2 倍，其精度不得低于 1.5 级。试压记录仪表如图 3-87 所示。

图 3-87　试压记录仪表

(4) 分段试压合格的管段相互连接的焊缝，经射线照相检验合格后，可不再进行强度试验。

2. 强度试验

(1) 管段强度试验应在吹扫合格后进行。强度试验压力和介质应符合表 3-27 的规定。

强度试验压力和介质　　表 3-27

管道类型	设计压力 PN(MPa)	试验介质	强度试验压力(MPa)
钢管	$PN > 0.8$	清洁水	$1.5PN$
	$PN \leqslant 0.8$	压缩空气	$1.5PN$ 且 $\geqslant 0.4$
球墨铸铁	PN		$1.5PN$ 且 $\geqslant 10.4$
钢骨架聚乙烯复合管	PN		$1.5PN$ 且 $\geqslant 10.4$
聚乙烯管	PN(SDR11)		$1.5PN$ 且 $\geqslant 10.4$
	PN(SDR17)		$1.5PN$ 且 $\geqslant 10.2$

(2) 水压试验时，要确保试压管段任何位置特别是校核试压段最低点的管道环向应力不得大于管材标准屈服强度的 90%，校核公式详见式（3-9）。需要特别注意的是，地形起伏较大地段的管道开展环向应力校核时，式（3-9）中的管内介质压力 P 应考虑管内试压水产生的静水压力的影响。

$$\sigma = \frac{PD_W}{2\delta} \leqslant 0.9\sigma_s \tag{3-9}$$

式中　σ——管道环向应力，MPa；

P——管内介质压力，MPa；

D_W——管道外径，mm；

δ——管道壁厚，mm；

σ_s——管材标准屈服强度，MPa。

(3) 架空管道采用水压试验前，应核算管道及其支撑结构的强度，必要时应临时加固。试压宜在环境温度 5℃以上进行，否则应采取防冻措施。

(4) 水压试验应符合现行国家标准《输送石油天然气及高挥发性液体钢质管道压力试验》GB/T 16805 的有关规定。

(5) 进行强度试验时，压力应逐步缓升。首先升至试验压力的50%，进行初检；如无泄漏、异常，继续升压至试验压力；宜稳压1h后，观察压力计不应少于30min，无压力降为合格。

(6) 水压试验合格后，应及时将管道中的水放净，并进行吹扫。

3. 严密性试验

(1) 严密性试验应在强度试验合格、管道全线回填后进行。

(2) 试验用的压力计应在校验有效期内，其量程应为试验压力的1.5～2倍，其精度等级、最小分格值及表盘直径应满足表3-28的要求。

试压用压力表要求 **表3-28**

量程(MPa)	精度等级	最小表盘直径(mm)	最小分格值(MPa)
0～0.1	0.4	150	0.0005
0～1.0	0.4	150	0.005
0～1.6	0.4	150	0.01
0～2.5	0.25	200	0.01
0～4.0	0.25	200	0.01
0～6.0	0.16	250	0.01
0～10	0.16	250	0.02

(3) 严密性试验介质宜采用空气，试验压力详见表3-29。

严密性试验压力 **表3-29**

设计压力 PN	严密性试验压力
<5kPa	20kPa
≥5kPa	1.15PN且≥0.1MPa

(4) 试压时的升压速度不宜过快。对设计压力大于0.8MPa的管道试压，压力缓慢上升至0.3倍和0.6倍试验压力时，应分别停止升压，稳压30min，并检查系统有无异常情况，如无异常情况则继续升压。管内压力升至严密性试验压力后，待温度、压力稳定后开始记录。

(5) 严密性试验稳压的持续时间应为24h，每小时记录不应少于1次，当修正压力降小于133Pa为合格。修正压力降应按式（3-10）确定：

$$\Delta P' = (H_1 + B_1) - (H_2 + B_2)\frac{273 + T_1}{273 + T_2} \tag{3-10}$$

式中 $\Delta P'$——修正压力降，Pa；

H_1、H_2——试验开始和结束时的压力计读数，Pa；

B_1、B_2——试验开始和结束时的大气压力计读数，Pa；

T_1、T_2——试验开始和结束时的管内介质温度，℃。

(6) 所有未参加严密性试验的设备、仪表、管件，应在严密性试验合格后进行复位，然后按设计压力对系统升压，采用发泡剂检查设备、仪表、管件及其与管道的连接处，不漏为合格。

3.9.4 管道干燥

1. 管道干燥方法的选择

燃气管道进行水压试验后，很难通过清管方式将管道内的积水全部清理干净。管道内部积水，对管道危害极大，易出现冰堵或损坏阀门附件等事故，给投产运营带来极大安全隐患。因此，管道水压试验、扫水结束后，应根据现行行业标准《天然气管道、液化天然气站（厂）干燥施工技术规范》SY/T 4114 的有关规定，进行管道干燥。干燥方法主要有干空气干燥、氮气干燥、真空干燥等，各种干燥方法的特点如表 3-30 所示。

管道干燥方法比较 **表 3-30**

比较项目	流动气体蒸发法		真空干燥法
	干空气干燥法	氮气干燥法	
干燥时长	短	短	较长
干燥效果	好	好	好
干燥成本	低	贵	较低
适用范围	受管径、长度的影响相对较小，应用最广	适用于小口径、短距离的管道干燥	适用于大口径管道干燥

（1）干空气干燥

干空气干燥就是利用空气压缩机提供压缩空气，经无热可再生式干燥器使其露点降到−40℃以下，变成含水量极低的干空气，然后直接送入待干燥管道进行低压吹扫。若待干燥管道长度较长、中间无分支且管径相同，则在低压吹扫的同时，间歇发送泡沫清管器，充分利用泡沫清管器的清扫能力和干空气的吸湿能力，实现快速干燥的目的。

干空气干燥工序流程为：施工准备→水试压后排水→扫水及效果检验→干空气干燥→干燥合格检验→干空气（或氮气）填充。

（2）氮气干燥

氮气干燥的技术原理与干空气干燥法相同。由于氮气露点更低，故干燥效果更好。氮气干燥后可免去管内空气的置换作业，实现管道的直接投产。但大口径长距离管道若采用氮气干燥，氮气消耗量很大，应对氮气干燥方案的经济性进行分析。

（3）真空干燥

水的沸点随压力的降低而降低，在压力很低的情况下，水可以在很低的温度下就沸腾而剧烈蒸发、汽化。真空干燥正是利用这一原理，不断地用真空泵从管道中往外抽气，降低管道中的压力直至达到管壁环境温度下的饱和蒸汽压，而使除水后残留在管道内壁上的水沸腾而迅速蒸发，达到干燥的目的。

相比较而言，由于干空气干燥所具有的突出优点，目前燃气管道干燥常选用干空气干燥法。

2. 干空气干燥作业过程

（1）前期准备

管段经清扫、强度试验和严密性试验合格后，方可进行干燥作业。前期准备工作主要有：

1）建立干燥空气供风站，如图 3-88 所示。

2）调试空气压缩机，提供给干燥器 0.6～0.8MPa 的压缩空气，使空气压缩机与干燥器正常工作，出口气体露点达到−40℃以下。

（2）通球扫水与扫水效果检验

1）通球扫水

水压试验后，管内低洼处会有大量积水无法排出。一般要先利用干燥后的压缩空气作

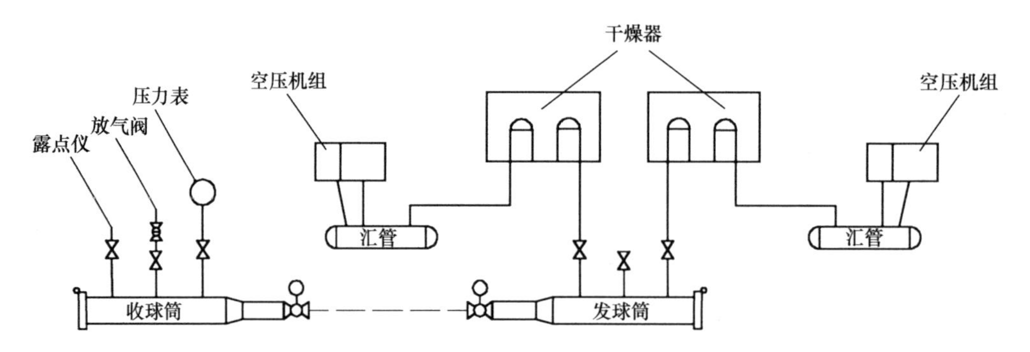

图3-88　干燥空气供风站示意图

为动力，从发球筒发射皮碗清管器扫水，快速排除管内大部分积水。这样可大幅缩短管道深度干燥作业的时长，降低干燥作业成本。扫水过程中保持管道内气体压力为0.2～0.4MPa，清管器运行速度约3.6～7.0km/h，且平稳匀速前进。当接收到的清管器未推出明水、杂质时，管道通球扫水作业完成。

2）扫水效果检验

初步扫水是干燥的基础，其除水效果的好坏，直接影响到后期深度干燥的难易以及干燥时间的长短，进而影响管道的投产时间。因此试压段扫水工作十分重要，必须达到质量标准。

扫水效果检验方法为：扫水结束前，在发球端连续发射两个泡沫清管器；以连续两个泡沫清管器增重不大于（$1.5\times10^{-3}DN$)(kg)、无游离水为合格（DN为管道公称直径，mm)，扫水工作结束。

（3）深度干燥

通球扫水结束后，随即转入管道深度干燥作业阶段。

用干空气吹扫1h，打开发球筒装入一个泡沫清管器，确保清管器就位后，关闭发球筒，向管道内注入露点为－40℃的干燥空气，推动泡沫清管器向前运行，压力在0.05MPa以下；第一个泡沫清管器发出后大约30min，重复以上操作步骤，装入并发送第二个泡沫清管器。

巡视人员监听清管器通过时的声音或通球指示器判断，当后一个泡沫清管器快要到达收球筒时，关闭空气压缩机，靠清管器后面的余压推动清管器继续前行，直至泡沫清管器到达管道末端，关闭收球筒和发球筒进气口阀门。

在判断清管器到达管道末端后，巡线人员打开沿线的排污阀、放空阀等所有阀门，利用管道内的干空气对阀门进行干燥。当管道内的干空气压力降到零后，打开收球筒盲板，取出清管器。继续在发球筒装球、发球。若清管器增重明显，必须通一次直板、皮碗混合型清管器，清除管道内的存水，方法与泡沫清管器相同。

重复发射泡沫清管器，直到管道末端出口空气露点开始下降，减少泡沫清管器的发送量。泡沫清管器要在放入前和取出后对其进行称重，监控干燥效果。

管段末端空气露点达到－20℃以下后，关闭收球筒阀门，使管道内压力达到0.05MPa，关闭空气压缩机，关闭发球筒进气口阀门，封闭管道，使存留在阀门及管件内的潮气蒸发到管道内的空气中。稳定4h后，打开收球筒排空阀及阀室放空阀、排污阀进行卸压，对阀门进行干燥。开启空气压缩机，打开干燥器的电源，用干空气置换管道内的湿空气，监测末端出口露点的变化及阀室阀门内空气的露点变化。如果露点低于－20℃，干燥操作结束，准备检验。

（4）干燥质量检验

当管道末端出口处的空气露点达到－20℃时，关闭干燥管道两端阀门，将管道置于微正压（50～70kPa）的环境下密闭 4h 后，在管道末端检测水露点。若密闭试验后水露点升高不超过 3℃，且不高于设计要求（如设计无要求，水露点应达到－20℃）的水露点，则干燥合格。

（5）干空气或氮气填充

干燥合格后停机，拆卸收发球筒，安装已预制好的封头，最后向管道内注入 0.05～0.07MPa 的干空气或氮气进行密封保护。

3.10 燃气管道入综合管廊施工

3.10.1 概述

随着我国经济水平的提高，城镇化的大力推进，城市基础设施的供应压力日益增大，地下管道不断改建增容，造成许多城市出现“拉链路”。开展城市基础设施更新、升级，以适度超前、高效先进、弹性控制的原则，构建地下综合管廊系统，有利于节约土地资源，保证基础设施的可持续发展，保障市政供给系统的安全。

燃气管道进入综合管廊，可有效防止第三方破坏，降低地铁等带来的杂散电流腐蚀影响，同时方便管道日常检查与维护保养。但综合管廊属密闭空间，管廊内燃气管道一旦发生泄漏，可能引发严重的火灾爆炸事故。因此，燃气管道如何安全、经济地入廊以及入廊后的安全运行管理，是目前燃气企业亟待解决的问题。

综合管廊根据其所容纳的管道不同，其性质及结构亦有所不同，大致可分为干线综合管廊、支线综合管廊和缆线管廊三种。

（1）干线综合管廊

一般设置于机动车道或绿化带下方，主要收纳电力、通信、给水、燃气、热力等干线管道，一般不直接服务沿线地区，有时根据需要也将排水管道（大多是污水压力管）纳入在内，如图 3-89 所示。干线管廊的断面通常为圆形或多格箱形，管廊内一般要求设置工作通道及照明、通风等设备。

（2）支线综合管廊

支线综合管廊主要用于将各种管道从干线综合管廊分配、输送至各直接用户，一般设置在道路绿化带、人行道或非机动车道下。支线综合管廊的截面以矩形较为常见，一般为单舱或双舱箱形结构，管廊内一般要求设置工作通道及照明、通风等设备，如图 3-90 所示。

（3）缆线管廊

缆线管廊主要用于将市区架空的电力、通信、有线电视、道路照明等线缆统一收纳至地下。一般设置在道路的人行道下面，埋深在 1.5m 左右，截面以矩形较为常见。一般不要求设置工作通道及照明、通风等设备，仅设置供维修时用的工作手孔即可。

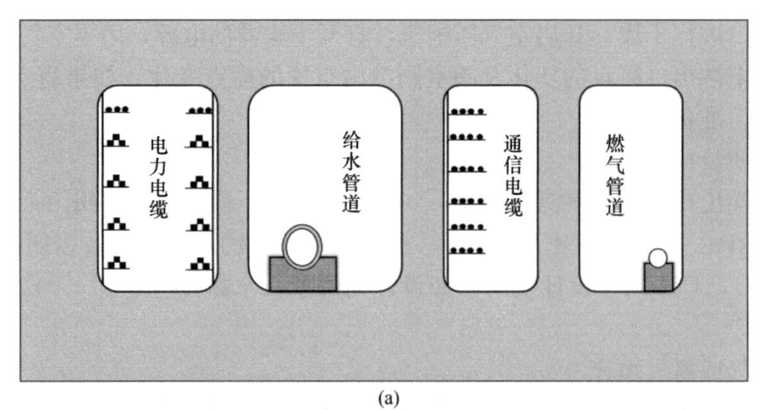

(a)

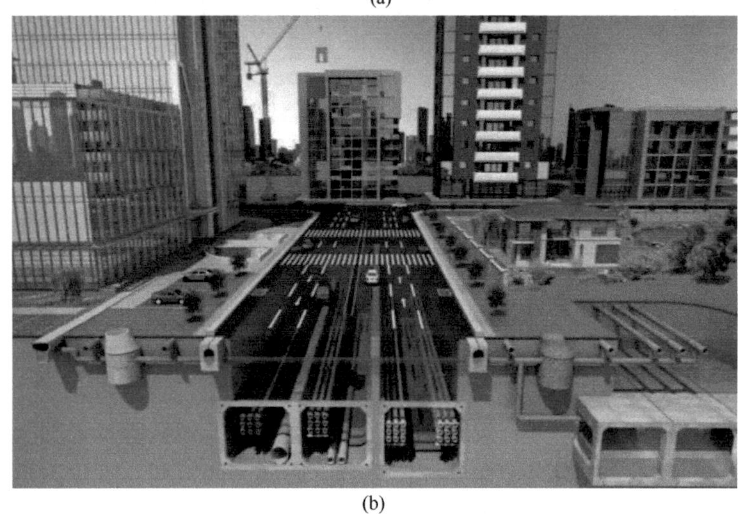

(b)

图 3-89　干线综合管廊

(a) 剖面图；(b) 效果图

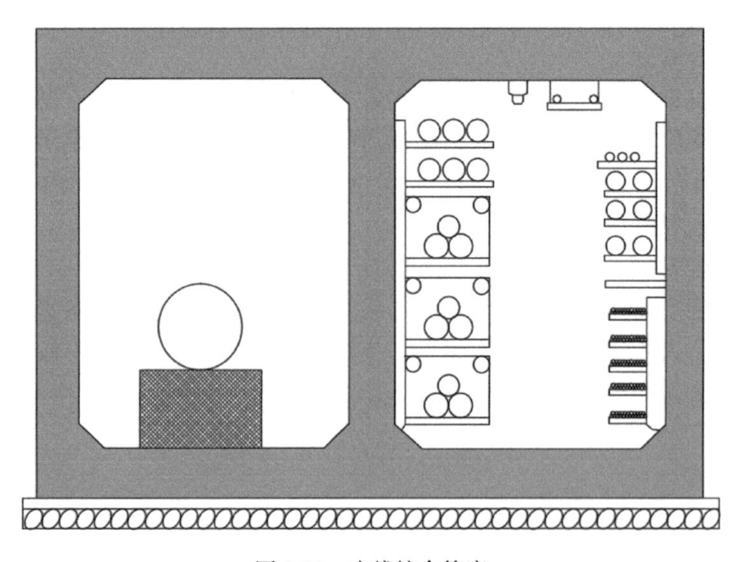

图 3-90　支线综合管廊

地下综合管廊的本体工程施工方法，主要包括明挖现浇法、预制拼装法、浅埋暗挖法、盾构法和顶管法，如图 3-91～图 3-93 所示。具体采用何种施工方法，应综合根据工程水文地质条件、施工工艺、经济性等因素来确定。

图 3-91　明挖现浇施工

图 3-92　预制拼装施工

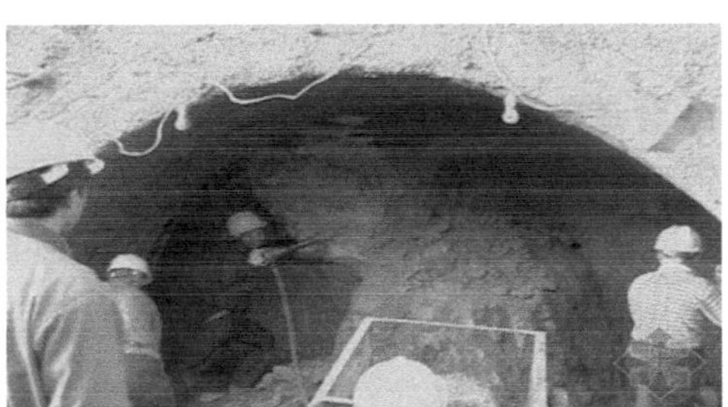

图 3-93　浅埋暗挖施工

3.10.2　燃气入管廊的技术要求

根据现行国家标准《城市综合管廊工程技术规范》GB 50838 规定，燃气管道应在独立舱室内敷设，如图 3-94 所示。独立舱室的断面需满足安装检修、维护作业所需空间；天然气舱室逃生口（1m×1m）间距不宜大于 200m；天然气舱室应每隔 200m，采用耐火极限不低于 3.0h 的不燃性墙体进行防火分隔；防火分隔门应采用甲级防火门，管道穿越部位采用阻火包等措施密封；舱室地面应采用撞击时不产生火花的材料，且含燃气管道舱室的综合管廊不应与其他建（构）筑物合建。

燃气管道入廊施工在综合管廊主体工程完成后进行。管道在一个超长的半密闭受限空

(a)　(b)　(c)　(d)

图3-94　综合管廊舱室

（a）综合管廊断面；（b）燃气舱防火分区；（c）综合舱；（d）燃气舱

间内安装，总体安装顺序是先照明、排水、通风，然后再开始管道安装。管道安装的顺序是按照直径先大后小，按材质先硬后软，按部位先底部后上部。下面就燃气管道入廊的技术要点进行说明。

1. 管道敷设

燃气管道一般采用支墩敷设的方式固定在管廊内，并用镀锌扁钢抱箍将其与支墩固定，在支墩接触部位采用橡胶垫板保护，如图3-95所示。

(a)

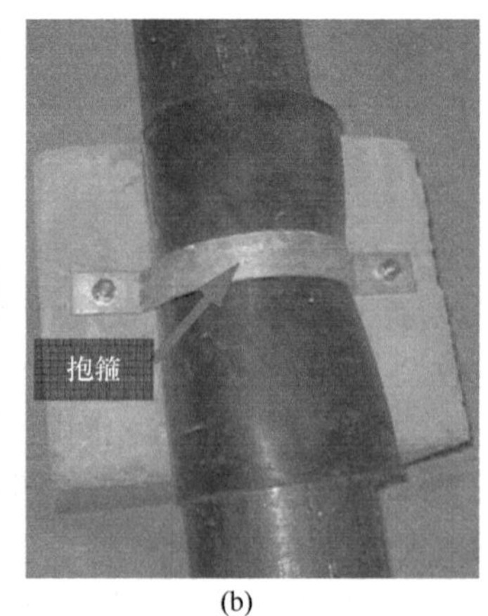

(b)

图3-95　燃气管道安装

2. 管道焊接

舱室内燃气管道应选用无缝钢管，并采用焊接连接。所有对接焊缝应分别进行100%全周长超声波检测与X射线检测。超声波检测符合国家现行标准《承压设备无损检测 第3部分：超声检测》JB/T 4730.3中的Ⅰ级质量要求；X射线检测符合国家现行标准《承压设备无损检测 第2部分：射线检测》JB/T 4730.2中的Ⅱ级质量要求。无法进行射线照相的部位，应采用磁粉检测进行检验。焊缝检测具体要求，详见表3-31。

焊缝检测要求 **表3-31**

设计压力 P(MPa)	环焊缝无损检测比例	
$0.8<P\leqslant1.6$	100%射线检测	100%超声波检验
$0.4<P\leqslant0.8$	100%射线检测	100%超声波检测
$0.01<P\leqslant0.4$	100%射线检测或100%超声波检测	—
$P\leqslant0.01$	100%射线检测或100%超声波检测	—

3. 管道防腐

由于管廊里常年有照明灯光照射，因此应注意选用耐灯光辐照的防腐层。在目前的工程实践中，管廊内燃气管道一般采用三层结构聚乙烯防腐层。

4. 管道补偿

在考虑管廊内天然气管道补偿时，需要按外界温差考虑补偿量。由于管廊内空间与外界大气相通，温差并不大，补偿宜自然弯曲补偿为主，优先采用大半径弯头形式补偿，以解决管廊内空间有限的问题。原则上管道弯曲补偿段不应穿越防火门，避免破坏其防火分隔作用。

5. 阀门设置

燃气管道分段阀宜设置在综合管廊外部。若分段阀设置在综合管廊内部，应设置具有远程关闭功能的紧急切断阀。

每隔200m设置一组紧急切断阀。当一个防火分区内发生天然气泄漏时，可迅速远程切断其相邻两侧防火分隔内的紧急切断阀，尽可能减少天然气泄漏量及其影响范围。

6. 天然气独立舱室泄漏探测

由于天然气的主要成分为甲烷，较空气轻，在扩散过程中甲烷首先向舱顶扩散，同时舱室的横截面宽度尺寸不大，使得甲烷在同一竖向高度的摩尔组分浓度几乎相同。因此，天然气的泄漏报警探测器布置在舱室的顶壁即可，如图3-96所示。根据国家现行标准《城镇燃气报警控制系统技术规程》CJJ/T 146，应每隔15m设置一个探测器，且探测器距任一释放源的距离不应大于4m。据此测算，每个防火分隔内至少需布置14个探测器。此外，燃气泄漏探测器使用年限一般为3～5年，而燃气管道的设计年限一般为30年，故在管道使用年限内燃气泄漏探测

图3-96 天然气泄漏探测器安装

器需多次更新，更换成本较大。

7. 天然气独立舱室通风

天然气舱室采用机械排风方式，正常工况下的排风量为6次/h，事故工况下为12次/h。通风系统设置如图3-97和图3-98所示。

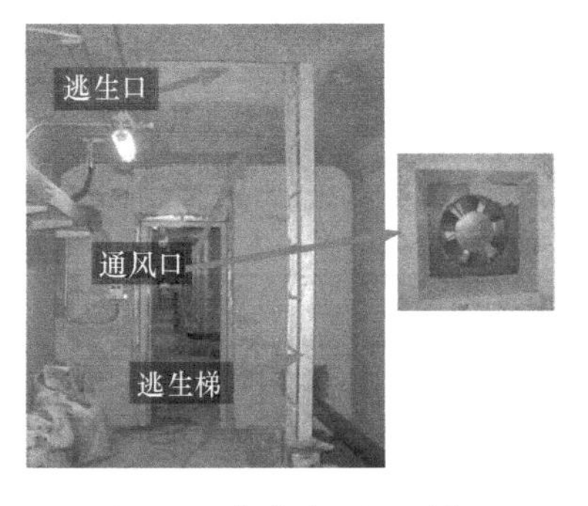

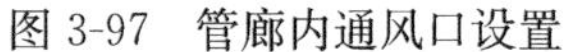
图3-97 管廊内通风口设置

图3-98 通风口和逃生口外景图

8. 不同管道交叉及支管接出

燃气舱室的各类孔口不得与其他舱室连通，并应设置明显的安全警示标识。然而实际中各类管道的支管接出在所难免，如何避免其他管道不穿燃气舱室或者燃气管道不穿其他舱室，应在舱体设计施工中着重考虑。在支管接出处，管廊局部需进行加高加宽处理，控制接出支管埋深在1～2m；管廊拓宽1.3m，便于管道从侧面上升引出舱室。燃气支管典型引出方式，详见图3-99。

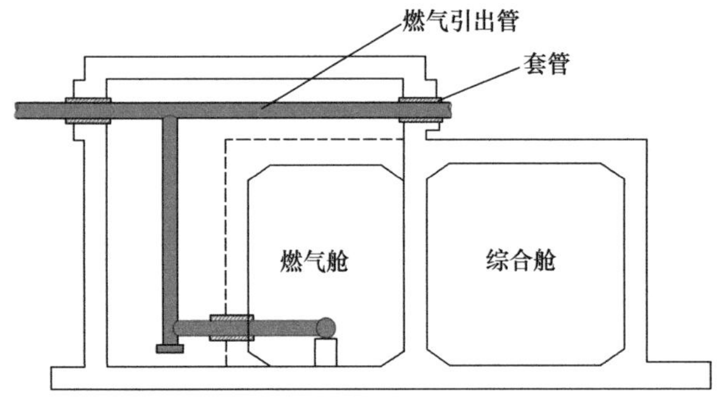

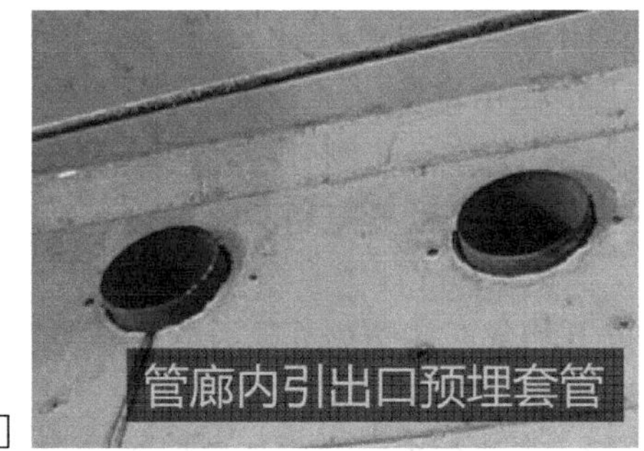

图3-99 燃气支管引出

城市综合管廊设计标准高、施工体量大，周期长。可考虑把BIM（Building Information Model）技术全面应用于综合管廊的设计施工全过程，通过方案模拟、深化设计、管道综合、资源配置、进度优化等应用，避免设计错误及施工返工，取得更好的安全和经济效应。

3.11 竣工验收

（1）工程竣工验收的基本条件：

1）完成工程设计和合同约定的各项内容。

2）施工单位在工程完工后对工程质量自检合格，并提出《工程竣工报告》。

3）工程资料齐全。

4）有施工单位签署的工程质量保修书。

5）监理单位对施工单位的工程质量自检结果予以确认并提出《工程质量评估报告》。

6）工程施工中，工程质量检验合格，检验记录完整。

（2）竣工资料的收集、整理工作应与工程建设过程同步，工程完工后应及时做好整理和移交工作。整体工程竣工资料宜包括下列内容：

1）工程依据文件

① 工程项目建议书、申请报告及审批文件、批准的设计任务书、初步设计、技术设计文件、施工图和其他建设文件；

② 工程项目建设合同文件、招标投标文件、设计变更通知单、工程量清单等；

③ 建设工程规划许可证、施工许可证、质量监督注册文件、报建审核书、报建图、竣工测量验收合格证、工程质量评估报告。

2）交工技术文件

① 施工资质证书；

② 图纸会审记录、技术交底记录、工程变更单（图）、施工组织设计等；

③ 开工报告、工程竣工报告、工程保修书等；

④ 重大质量事故分析、处理报告；

⑤ 材料、设备、仪表等的出厂的合格证明，材质书或检验报告；

⑥ 施工记录：隐蔽工程记录、焊接记录、管道吹扫记录、强度和严密性试验记录、阀门试验记录、电气仪表工程的安装调试记录等；

⑦ 竣工图纸：竣工图应反映隐蔽工程、实际安装定位、设计中未包含的项目、燃气管道与其他市政设施特殊处理的位置等。

3）检验合格记录

① 测量记录；

② 隐蔽工程验收记录；

③ 沟槽及回填合格记录；

④ 防腐绝缘合格记录；

⑤ 焊接外观检查记录和无损探伤检查记录；

⑥ 管道吹扫合格记录；

⑦ 强度和严密性试验合格记录；

⑧ 设备安装合格记录；

⑨ 储配与调压各项工程的程序验收及整体验收合格记录；

⑩ 电气、仪表安装测试合格记录；

⑪ 在施工中受检的其他合格记录。

（3）工程竣工验收应由建设单位主持，可按下列程序进行：

1）工程完工后，施工单位完成验收准备工作后，向监理部门提出验收申请。

2）监理部门对施工单位提交的《工程竣工报告》、竣工资料及其他材料进行初审，合格后提出《工程质量评估报告》，并向建设单位提出验收申请。

3）建设单位组织勘察、设计、监理、施工单位对工程进行验收。

4）验收合格后，各部门签署验收纪要。建设单位及时将竣工资料、文件归档，然后办理工程移交手续。

5）验收不合格应提出书面意见和整改内容，签发整改通知，限期完成。整改完成后重新验收。整改书面意见、整改内容和整改通知编入竣工资料文件中。

（4）工程验收应符合下列要求：

1）审阅验收材料内容，应完整、准确、有效。

2）按照设计、竣工图纸对工程进行现场检查。竣工图应真实、准确，路面标志符合要求。

3）工程量符合合同的规定。

4）设施和设备的安装符合设计的要求，无明显的外观质量缺陷，操作可靠，保养完善。

5）对工程质量有争议、投诉和检验多次才合格的项目，应重点验收，必要时可开挖检验、复查。

思考题与习题

1. 燃气管道安装工程的典型施工流程是怎么样的？
2. 燃气管道安装工程施工准备主要包含哪些内容？
3. 燃气管沟形式有哪几种？分别适用于哪些场景？
4. 燃气管道地基处理有哪些方法？分别适用于哪些场景？
5. 若燃气管沟回填施工质量不高，会带来哪些不良后果？管沟回填施工有哪些具体要求？
6. 钢质燃气管道焊缝的间隙、坡口、钝边的作用分别是什么？
7. 焊接工艺评定的目的是什么？什么情况下需要开展焊接工艺评定？如何进行焊接工艺评定？
8. 焊条电弧焊的工作原理是什么？主要焊接参数有哪些？
9. 钨极氩弧焊的工作原理是什么？主要焊接参数有哪些？
10. 手工焊接、半自动焊、全自动焊的区别是什么？
11. 钢质燃气管道焊缝常见内部缺陷和外部缺陷分别有哪些？
12. X射线检测、超声波检测、磁粉检测、液体渗透检测的工作原理及其适用范围，分别是什么？
13. 聚乙烯燃气管道热熔对接接口的常见缺陷类型及其质量检查方法是什么？
14. 聚乙烯燃气管道电熔连接接口的常见缺陷类型及其质量检查方法是什么？
15. 长距离天然气气源管道安装完毕后如何进行吹扫？
16. 试述天然气输配管道安装完毕后如何进行吹扫？
17. 燃气管道吹扫应注意哪些问题？
18. 长距离天然气气源管道和燃气输配管道的强度试验分别遵循什么标准？强度试验方法有无区别？如有，请予以说明。
19. 长距离天然气气源管道和燃气输配管道的严密性试验分别遵循什么标准？严密性试验方法有无区别？如有，请予以说明。
20. 天然气管道水压试验后为什么要进行干燥？常用干燥方法有哪些？各自的优缺点及其适用范围是什么？
21. 燃气管道入综合管廊的技术要求要点有哪些？
22. 某新建中压A天然气输配管道的拓扑结构和长度如图3-100所示，设计压力为0.4MPa。拟准备对该管道进行吹扫、强度试验、严密性试验。请结合图 3-100，拟定合理的吹扫方案、强度试验方案、严密性试验方案。其中：吹扫方案中至少应包括拟采用的吹扫方法、吹扫顺序、吹扫最小流速要求、吹扫合格判断方法等；强度试验方案和严密性试验方案至少应包括试压压力、稳压时间、合格判断标准。

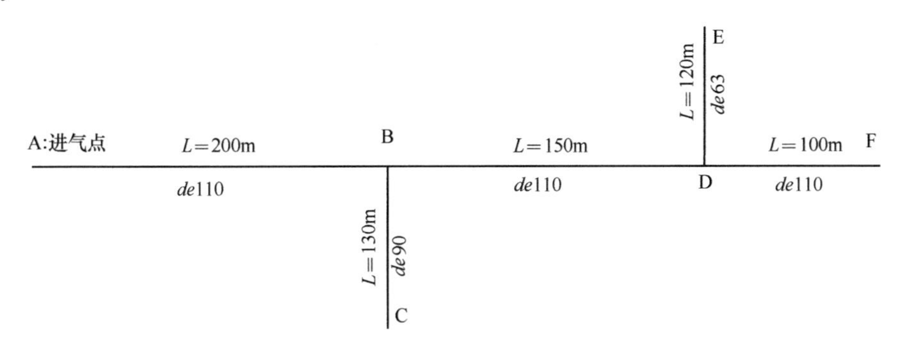

图 3-100 某新建中压 A 天然气输配管道布局和长度

23. 某小区中压 A 庭院管道为无缝钢管，设计压力为 0.4MPa；调压箱后低压管道为低压流体输送用钢管，设计压力为 5kPa。管道布置如图 3-101 所示。试完成：(1) 分别拟定庭院中压管道、低压管道的强度试验方案、严密性试验方案。试压方案中至少应包括试压范围、试压压力、试压合格判断标准。(2) 拟定低压管道的置换方案，至少应包括置换方法、安全注意事项。

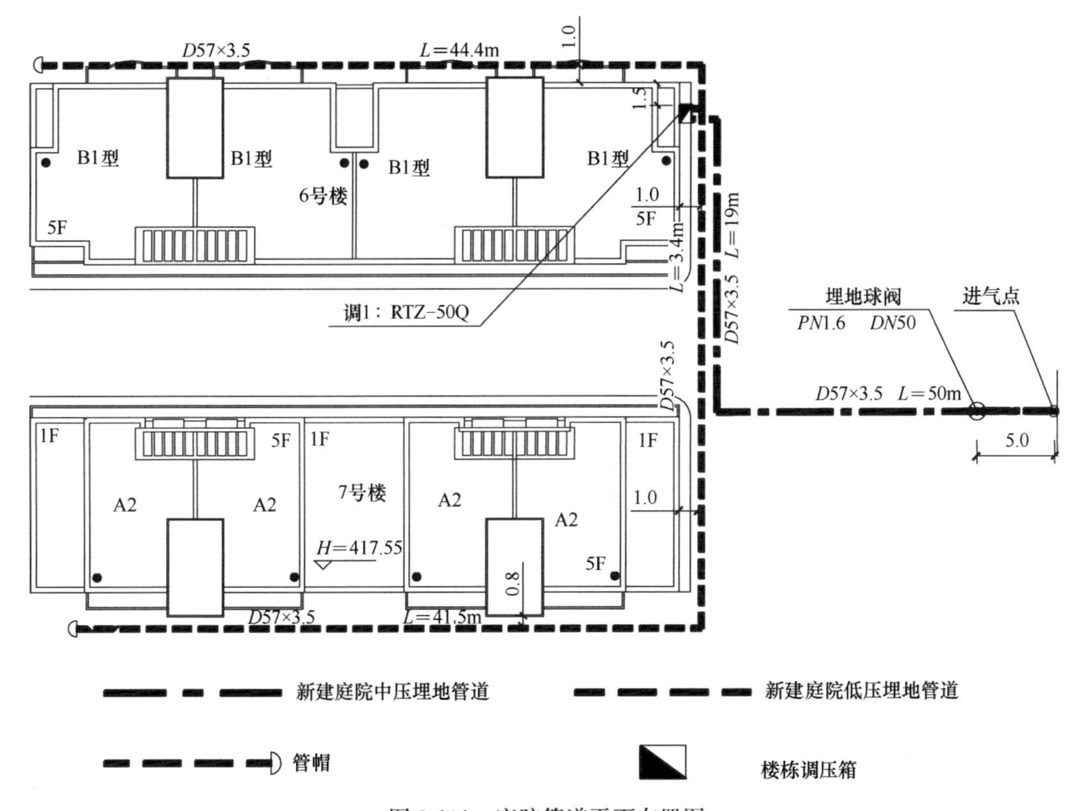

图 3-101 庭院管道平面布置图

24. 某燃气公司新建一条 ϕ219×6.5 的天然气气源管道，设计压力 2.5MPa，从分输站至城市门站的距离为 12.6km，全线均位于地形起伏较小的平原地区。管道中段穿越了一条宽约 100m 的河流，如

图3-102所示。试回答以下问题：(1) 管道河流穿越段在敷设前，是否需要单独进行强度试验和严密性试验？为什么？(2) 如果要开展全线清扫，宜采用什么清扫方法？进口和出口分别选在哪里为宜？(3) 强度试验和严密性试验介质宜选用什么？强度试验和严密性实验的稳压时间分别多长？(4) 投产置换宜选用什么置换工艺？如何判断置换完成？

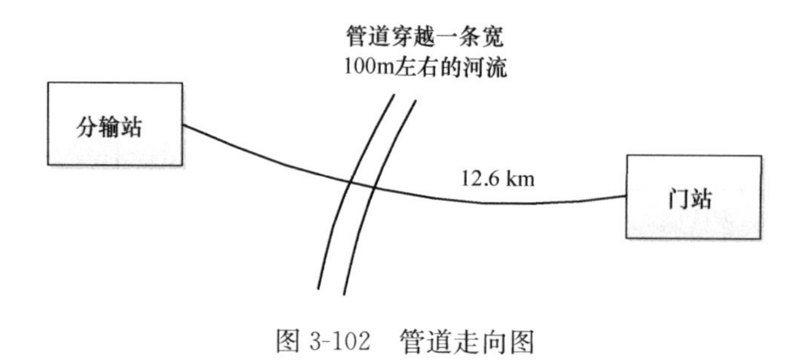

图3-102　管道走向图

本章参考文献

[1] 何利民，高祁．油气储运工程施工[M]．北京：石油工业出版社，2012.
[2] 黄梅丹．城镇燃气输配工程施工手册[M]．北京：中国建筑工业出版社，2018.
[3] 花景新．燃气工程施工[M]．北京：化学工业出版社，2008.
[4] 戴路．燃气输配工程施工技术[M]．北京：中国建筑工业出版社，2006.
[5] 李帆，管延文．燃气工程施工技术[M]．武汉：华中科技大学出版社，2007.
[6] 中国城市燃气协会．城镇燃气聚乙烯(PE)输配系统[M]．北京：中国建筑工业出版社，2010.
[7] 侯志敏，汤振宁．焊接技术与设备(第二版)[M]．西安：西安交通大学出版社，2016.
[8] 全恺．天然气长输管道投产技术[M]．北京：中国石化出版社，2017.
[9] 中国市政工程华北设计研究总院有限公司．GB/T 38942 压力管道规范 公用管道[S]．北京：中国标准出版社，2020.
[10] 中国石油天然气管道局．GB/T 34275 压力管道规范 长输管道[S]．北京：中国标准出版社，2017.
[11] 住房和城乡建设部标准定额研究所．GB 50494 城镇燃气技术规范 [S]．北京：中国建筑工业出版社，2009.
[12] 中国石油天然气管道局．GB 50369 油气长输管道工程施工及验收规范[S]．北京：中国计划出版社，2014.
[13] 深圳市燃气集团有限公司．CJJ 33 城镇燃气输配工程施工及验收规范[S]．北京：中国建筑工业出版社，2005.
[14] 中国石油管道学院．GB/T 31032 钢质管道焊接及验收[S]．北京：中国标准出版社，2014.
[15] 中国石油和化工勘察设计协会．GB 50184 工业金属管道工程施工质量验收规范[S]．北京：中国计划出版社，2011.
[16] 中国石油和化工勘察设计协会．GB 50235 工业金属管道工程施工规范[S]．北京：中国计划出版社，2010.
[17] 中国石油和化工勘察设计协会．GB 50236 现场设备、工业管道焊接工程施工规范[S]．北京：中国计划出版社，2011.
[18] 中国石油和化工勘察设计协会．GB 50683 现场设备、工业管道焊接工程施工质量验收规范[S]．北京：中国计划出版社，2011.
[19] 中国城市燃气协会．CJJ 51 城镇燃气设施运行、维护和抢修安全技术规程[S]．北京：中国建筑工业出版社，2016.

[20] 中国市政工程华北设计研究院. GB 50028(2020 版)城镇燃气设计规范[S]. 北京：中国建筑工业出版社，2020.

[21] 住房和城乡建设部科技与产业化发展中心. CJJ 63 聚乙烯燃气管道工程技术标准[S]. 北京：中国建筑工业出版社，2018.

[22] 哈尔滨焊接研究所. GB/T 5117 非合金钢及细晶粒钢焊条[S]. 北京：中国标准出版社，2012.

[23] 哈尔滨焊接研究所. GB/T 5118 热强钢焊条[S]. 北京：中国标准出版社，2012.

[24] 港华辉信工程塑料(中山)有限公司. GB/T 32434 塑料管材和管件 燃气和给水输配系统用聚乙烯(PE)管材及管件的热熔对接程序[S]. 北京：中国标准出版社，2015.

[25] 中国石油天然气管道局. GB 50540 石油天然气站内工艺管道工程施工规范[S]. 北京：中国建筑工业出版社，2009.

[26] 宝鸡石油钢管有限责任公司国家石油天然气管材工程技术研究中心. GB/T 9711 石油天然气工业管道输送系统用钢管[S]. 北京：中国标准出版社，2017.

[27] 鞍钢股份有限公司. GB/T 8163 输送流体用无缝钢管[S]. 北京：中国标准出版社，2018.

[28] 中国石油管道局工程有限公司. GB/T 16805 输送石油天然气及高挥发性液体钢质管道压力试验[S]. 北京：中国标准出版社，2017.

[29] 中国石油天然气管道局第四工程分公司. SY/T 4114 天然气管道、液化天然气站(厂)干燥施工技术规范[S]. 北京：石油工业出版社，2016.

[30] 上海市政工程设计研究总院(集团)有限公司. GB 50838 城市综合管廊工程技术规范[S]. 北京：中国计划出版社，2015.

[31] 上海材料研究所. GB/T 11345 焊缝无损检测超声检测技术、检测等级和评定[S]. 北京：中国标准出版社，2013.

[32] 国网北京电力建设研究院. GB/T 12605 无损检测 金属管道熔化焊环向对接接头射线照相检测方法[S]. 北京：中国标准出版社，2008.

[33] 中国城市燃气协会. CJJ/T 146 城镇燃气报警控制系统技术规程[S]. 北京：中国建筑工业出版社，2011.

第 4 章　钢质燃气管道防腐施工

钢质燃气管道可能产生外壁腐蚀、内壁腐蚀和应力腐蚀开裂等，如何进行有效的腐蚀防护直接影响工程质量与使用寿命。目前地上钢质燃气管道主要采用涂料防腐的方式；对于埋地钢质管道，由于所处环境更为恶劣，易产生严重腐蚀，常采用外防腐层与阴极保护联合防腐的方式。

在现场施工时，特别是防腐补口作业，受外界环境因素影响较大，极易出现操作不规范的情况。因此，应加强对防腐施工的质量管理尤其是施工现场管理，提高防腐施工的技术水平与管理水平。

4.1　防腐前钢管表面处理

为了获得优良的防腐工程质量，首要条件是防腐层能坚固地粘附在金属表面。这取决于防腐层本身的性能和防腐前钢管表面处理质量。实验研究表明，防腐前钢管表面处理质量对防腐层寿命的影响占 49.5%，其他因素占 26.5%，而防腐层本身的性能和质量仅占 24%，如图 4-1 所示。因此，必须高度重视防腐前钢管表面处理。

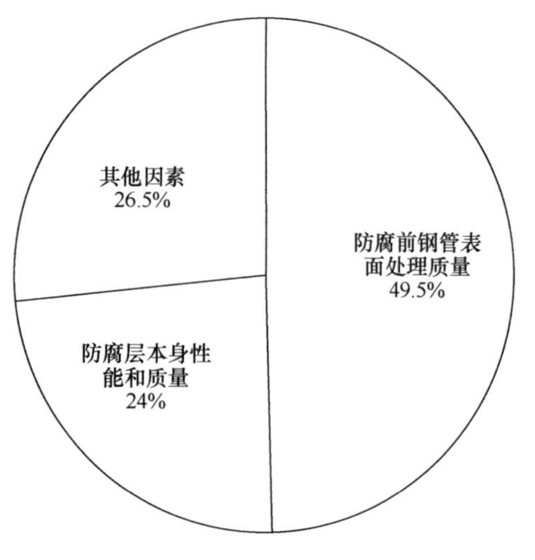

图 4-1　防腐层寿命影响因素

4.1.1　钢材表面原始锈蚀等级

钢材表面原始锈蚀程度决定了除锈所需的工作量、时长和费用。根据钢材表面上氧化皮、锈和蚀坑状态以及数量，《涂覆涂料前钢材表面处理 表面清洁度的目视评定　第 1 部分：未涂覆过的钢材表面和全面清除原有涂层后的钢材表面的锈蚀等级和处理等级》GB/T 8923.1 将钢材表面原始锈蚀等级分成 A、B、C、D 四级，见表 4-1。

钢材表面原始锈蚀等级　　**表 4-1**

锈蚀等级	锈蚀状况
A 级	覆盖着完整的氧化皮，或只有极少量锈的钢材表面
B 级	部分氧化皮已松动，翘起或脱落，已有一定锈的钢材表面
C 级	氧化皮大部分翘起或脱落，大量生锈，但用目测还看不到孔蚀的钢材表面
D 级	氧化皮几乎全部翘起或脱落，大量生锈，目测能看到孔蚀的钢材表面

4.1.2　钢材表面除锈质量等级

根据国家现行标准《涂装前钢材表面处理规范》SY/T 0407，钢材表面除锈质量等级可分为表 4-2 中的 6 个等级。常用的钢管表面除锈质量等级为手动工具除锈（St2 级）、动力工具除锈（St3 级）、工业级喷射除锈（Sa2 级）和近白级喷射除锈（Sa2½级）。

钢材表面除锈质量等级 表 4-2

质量等级	质量标准
手动工具除锈（St2 级）	用手工工具（铲刀、钢丝刷等）除掉钢表面上松动或翘起的氧化皮、疏松的旧涂层及其他污物。可保留黏附在钢表面且不能被钝油灰刀剥掉的氧化皮、锈和旧涂层
动力工具除锈（St3 级）	用动力工具（如动力旋转钢丝刷等）彻底除掉钢表面上的所有松动或翘起的氧化皮、疏松的旧涂层及其他污物。可保留粘附在钢表面且不能被钝油灰刀剥掉的氧化皮、锈和旧涂层
清扫级喷射除锈（Sa1 级）	用喷（抛）射磨料的方式除去松动或翘起的氧化皮、疏松的锈、疏松的旧涂层及其他污物。清理后钢表面上几乎没有肉眼可见的油、油脂、灰土、松动的氧化皮、疏松的锈和疏松的旧涂层。允许在表面上留有牢固粘附着的氧化皮、锈和旧涂层
工业级喷射除锈（Sa2 级）	用喷（抛）射磨料的方式除去大部分氧化皮、锈、疏松的旧涂层及其他污物。经清理后，钢表面上几乎没有肉眼可见的油、油脂、灰土。允许在表面上留有均匀分布的牢固粘附着的氧化皮、锈和旧涂层。其总面积不得超过总除锈面积的 1/3
近白级喷射除锈（Sa2½级）	用喷（抛）射磨料的方式除去几乎所有的氧化皮锈、旧涂层及其他污物。经清理后，钢表面上几乎没有肉眼可见的油、油脂、灰土、氧化皮、锈和旧涂层。允许在表面上留有均匀分布的氧化皮、斑点和锈迹，其总面积不得超过总除锈面积的 5%
白级喷射除锈（Sa3 级）	用喷（抛）射磨料的方式彻底的清除氧化皮、锈、旧涂层及其他污物。经清理后，钢表面上没有肉眼可见的油、油脂、灰土、氧化皮、锈和旧涂层。仅留有均匀分布的锈斑、氧化皮斑点或旧涂层斑点造成的轻微痕迹

4.1.3 钢管表面处理方法

目前，常用的钢管除锈方法有手动工具除锈、动力工具除锈和喷（抛）射除锈。

1. 手动工具除锈

手动工具包括榔头、钢丝刷、粗砂纸、铲刀、刮刀或类似手工工具。先用榔头敲击钢管表面的厚锈和焊接飞溅物，然后用钢丝刷、铲刀、粗砂纸等刮或打磨钢管表面，除去铁锈、氧化皮、污物、旧涂层、焊渣、焊疤、焊瘤和飞溅等，最后用清洁刷或干燥的压缩空气清除表面的粉尘和残留物。这种除锈方法劳动强度大，作业环境差，效率低，质量较差。

2. 动力工具除锈

常用的动力工具除锈是采用旋转钢丝刷、电动砂轮等手提旋转式电动工具，打磨钢管表面，除去铁锈、氧化皮、污物、旧涂层、焊渣、焊疤、焊瘤和飞溅等，最后用压缩空气清除表面的灰尘和污物。除锈操作方便、应用灵活，受场地、环境的限制较少，广泛应用于在役设备设施的除锈处理。对于机械除锈后工件因运输、焊接、安装而破坏的局部表面清理，以及现场管道连接部位，常采用动力工具除锈，如图 4-2 所示。

3. 喷（抛）射除锈

这种方法能将钢管表面凹处的锈污除净，除锈速度快，并且能使钢管表面变得粗糙而均匀，增强防腐层对金属表面的附着力，故实际施工中应用较广。

（1）敞开式干喷射

常用的敞开式干喷射是用压缩空气把干燥的石英砂或铁砂通过喷枪嘴喷射到钢管表面，靠细砂对钢管表面的撞击去掉锈污，其工作原理如图4-3所示。

图4-2　动力工具除锈

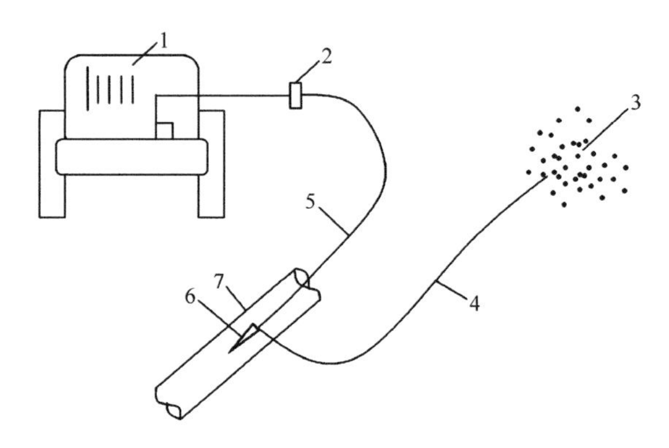

图4-3　喷砂流程图

1—空气压缩机；2—分离器；3—砂堆；4—吸砂管；5—压缩空气胶管；6—喷嘴；7—钢管

喷砂用的压缩空气压力为0.35～0.50MPa，采用颗粒直径为1～4mm的石英砂或1.2～1.5mm的铁砂。现场喷砂方向尽量与风向一致，喷嘴与钢管表面成60°～70°夹角，并距离管道表面100～150mm。

敞开式干喷射方法因污染环境、劳动强度大、效率不高，除有时用于钢板除锈以外，并不常用。

（2）封闭式循环喷射

封闭式循环喷射采用封闭式循环磨料系统，压缩空气通过喷嘴喷射金属磨料或非金属磨料。使用这种方法时，先将几个喷嘴套在钢管上，外套封闭罩，钢管由机械带动管道自转并在封闭罩中缓慢移动。除锈时，开动空气压缩机喷砂，钢管一边前进，一边除锈。用此法除锈效率较高。

（3）封闭式循环抛射

封闭式循环抛射采用离心式叶轮抛射金属磨料与非金属磨料。图4-4为抛丸除锈机示

图4-4　抛丸除锈机

意图。细砂存于储砂斗中，经送砂机构送入抛砂装置。抛砂装置内有一叶轮经电动机带动做高速旋转，叶轮旋转的离心力把细砂抛向位于除锈箱内的钢管（钢管由送管机构不断向前送进）。落至除锈箱底的细砂经出砂口送至斗式提升机的底部，提升至高处后再由回砂管送回储砂斗，便完成细砂流程的一个循环。

钢管除锈后，其表面的浮尘必须清除干净，焊缝应处理至无焊瘤、无棱角、无毛刺。除锈后的钢管应尽快进行防腐。若防腐处理前钢管表面已受污染，应重新进行清理。

4.2 地上钢管防腐涂层施工

目前地上钢质燃气管道主要采用在钢管表面涂敷涂料的方式进行防腐。

4.2.1 常用涂料

涂料产品以成膜物质为基础进行分类。常用的涂料主要有醇酸树脂涂料、环氧磷酸锌涂料、环氧富锌涂料、无机富锌涂料、环氧树脂涂料、环氧烷基胺涂料、环氧酚醛树脂涂料、聚氨酯涂料、聚硅氧烷涂料、有机硅涂料、惰性无机共聚物涂料等。

地上燃气管道和设备的防腐涂层在工艺上一般由底漆和面漆组成，底漆和面漆的组分含量各不相同。根据国家现行标准《石油化工设备和管道涂料防腐蚀设计标准》SH/T 3022，地上钢管常用防腐涂层方案详见表 4-3。

地上钢管常用防腐涂层方案 **表 4-3**

<table>
<tr><th>涂层方案</th><th>涂料构成</th><th>涂料名称</th><th>推荐道数</th><th>涂层最低干膜厚度（μm）</th><th>涂层最低总干膜厚度（μm）</th><th>用途</th></tr>
<tr><td rowspan="2">1</td><td>底漆</td><td>醇酸底漆</td><td>2</td><td>80</td><td rowspan="2">160</td><td rowspan="4">大气环境腐蚀性等级 C3（中等）环境</td></tr>
<tr><td>面漆</td><td>醇酸磁漆</td><td>2</td><td>80</td></tr>
<tr><td rowspan="2">2</td><td>底漆</td><td>环氧磷酸锌底漆</td><td>1</td><td>50</td><td rowspan="2">130</td></tr>
<tr><td>面漆</td><td>脂肪族聚氨酯面漆</td><td>2</td><td>80</td></tr>
<tr><td rowspan="3">3</td><td>底漆</td><td>环氧磷酸锌底漆</td><td>1</td><td>50</td><td rowspan="3">190</td><td rowspan="6">大气环境腐蚀性等级 C4（高）环境</td></tr>
<tr><td>中间漆</td><td>环氧云铁漆
或厚浆型环氧漆</td><td>1</td><td>100</td></tr>
<tr><td>面漆</td><td>脂肪族聚氨酯面漆</td><td>1</td><td>40</td></tr>
<tr><td rowspan="3">4</td><td>底漆</td><td>环氧富锌底漆</td><td>1</td><td>50</td><td rowspan="3">190</td></tr>
<tr><td>中间漆</td><td>环氧云铁漆
或厚浆型环氧漆</td><td>1</td><td>100</td></tr>
<tr><td>面漆</td><td>脂肪族聚氨酯面漆</td><td>1</td><td>40</td></tr>
<tr><td rowspan="3">5</td><td>底漆</td><td>环氧富锌
或无机富锌底漆</td><td>1</td><td>50</td><td rowspan="3">230</td><td rowspan="3">大气环境腐蚀性等级 C5（很高）环境</td></tr>
<tr><td>中间漆</td><td>环氧云铁漆</td><td>1</td><td>100</td></tr>
<tr><td>面漆</td><td>脂肪族聚氨酯面漆</td><td>2</td><td>80</td></tr>
</table>

4.2.2　涂敷方法

涂料涂敷方法主要有手工涂刷和空气喷涂两种。

1. 手工涂刷

在手工分层涂刷时，每层均按涂敷、抹平、修饰三步进行。手工涂刷适用于初期干燥较慢的涂料，如油性防锈漆或调合漆。

2. 空气喷涂

这种方法依靠压缩空气的气流使涂料雾化，在气流的带动下喷涂到金属表面，主要工具是喷枪。喷涂距离、喷枪运行方式和喷雾图样搭接是喷枪喷涂三原则。喷涂距离过大，会使漆膜变薄，涂料损失增大；喷涂距离过近，又会使单位时间内形成的漆膜增厚，易产生流挂。喷枪与被涂面呈直角，平行运行，移动速度一般在30～60cm/s内调整恒定，方能使漆膜厚度均匀。在此运行速度范围内，喷雾图样的幅度约为20cm。喷雾图样搭接宽度为有效图样幅度的1/4～1/3。喷涂空气压力一般为0.2～0.4MPa。

4.2.3　涂装要求

(1) 涂漆施工一般应在管道、容器试压合格后进行。

(2) 涂敷场地的环境温度宜在5～40℃之间，相对湿度不大于70%；涂敷场地的空气必须清洁，无煤烟、灰尘及水汽，雨天及降雾天气应停止室外涂敷施工。

(3) 管道设备涂漆的种类、层数、验收、标记等应符合设计要求，并参照涂料产品说明书进行施工。

(4) 用多种油气调合配料时，应性能适应、配比合适、搅拌均匀，并稀释至适宜的稠度，不得有漆皮等杂物。调成的漆料应及时使用。

(5) 第一层底漆直接涂在金属表面上，一般应涂二道，不要漏涂，第二层面漆，可根据色彩均匀情况涂一道或两道。

(6) 现场涂漆一般任其自然干燥。多层涂刷的前后间隔时间，应以保证漆膜干燥时间为准，涂层未经充分干燥，不得进行下一道工序。

(7) 为获得更均匀的涂层，不论涂刷或喷涂，第二道漆与前道漆应纵横交叉。

4.2.4　防腐涂层质量检查

(1) 涂层均匀，颜色一致。

(2) 漆膜附着牢固，无剥落、皱纹、气泡、针孔等缺陷。

(3) 涂层完整，无损坏、漏涂、流挂等现象。

4.3　埋地钢管防腐层施工

4.3.1　防腐层质量基本要求

埋地钢质管道周围潮湿的土壤往往就是良好的电解质，由于钢管表面粗糙度不同等原因，使得不同位置处金属失去电子的能力存在差别。因此，埋地钢质管道与周围土壤容易形成腐蚀电池回路，在管道上的电流流入点形成阴极区，在电流流出点则形成阳极区。阳极区金属释放电子后成为金属离子并转移到土壤中，使阳极区的钢管表面出现凹穴，甚至穿孔漏气。

埋地钢质管道常在金属表面上形成一层高电阻的连续绝缘涂层来防腐，以增加金属管道与周围电解质（土壤等）之间的过渡电阻，使电化学反应无法正常发生。埋地钢质管道外腐蚀常发生在地层构造不均匀的地带，如入地管道处、土壤电阻率较小而外防腐层又遭破坏的地带，如图 4-5 所示。

图 4-5 易发生腐蚀位置

埋地钢质燃气管道防腐层质量应满足下列基本要求：

（1）有良好的电绝缘性；

（2）有较好的抗冲击强度、抗弯曲性、耐磨性、粘接性；

（3）有良好的化学稳定性和耐阴极剥离强度的能力，并能长期保持恒定的电阻率；

（4）抗硫酸盐还原菌、氧化菌、铁细菌、硝酸盐还原菌等微生物性能好；

（5）防腐层破损后易于修补。

目前埋地钢质燃气管道常用的防腐层主要有三层结构：聚乙烯防腐层、聚乙烯粘胶带防腐层、熔结环氧粉末防腐层。随着防腐工程技术的日益成熟，钢质燃气管道防腐层的主体防腐均在专业的防腐厂内完成，施工速度快，且质量有保证。需在施工现场完成的防腐工程，一般仅有管道接口的防腐（补口）以及防腐层破损点的防腐（补伤）。

4.3.2 聚乙烯防腐层

钢质管道聚乙烯防腐层的设计、生产和检验，以及现场补口、补伤的设计、施工和检验，应遵循现行国家标准《埋地钢质管道聚乙烯防腐层》GB/T 23257 的相关要求。

1. 防腐层结构

聚乙烯防腐层是在挤出机中，通过加热、加压使聚乙烯以流动状态连续通过挤出口包覆在管道表面而形成的防腐层。根据包覆方式的不同，可分为纵向挤出包覆和侧向缠绕包覆；根据包覆层结构的不同，可分为二层结构和三层结构。二层结构的底层为胶粘剂层，外层为聚乙烯层；三层结构的底层通常为环氧粉末涂层，中间层为胶粘剂层，外层为聚乙烯层。聚乙烯防腐层结构如图 4-6 所示。

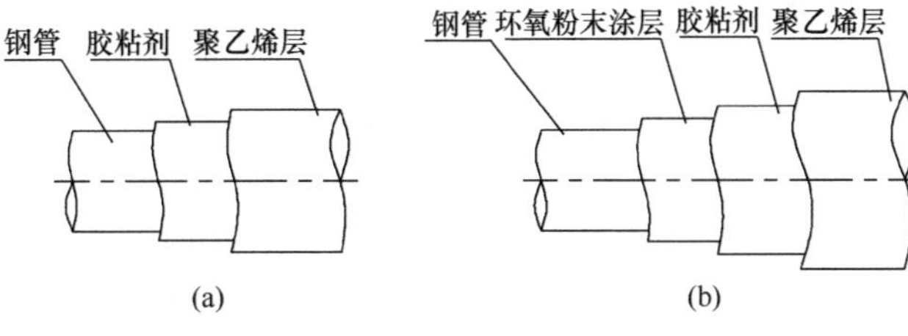

图 4-6 聚乙烯防腐层结构

(a) 二层结构；(b) 三层结构

目前最常用的为三层结构聚乙烯防腐层，其加工工艺过程为：钢管中频加热→抛丸除锈→除锈质量检查→中频预热→喷涂环氧粉末→包覆胶粘剂→包覆聚乙烯→水冷却防腐层→防腐层质量检测。

三层结构聚乙烯防腐层厚度，如表4-4所示。其中：环氧粉末涂层厚度一般不小于120μm，以粉末状态进行喷涂并熔成膜；胶粘剂层起到连接底层和外防护层的作用，厚度不小于170μm；聚乙烯层厚度在1.8mm以上，其厚度随钢管直径和防腐等级的不同而不同。需要注意的是，由于受防腐层加工工艺的影响，直缝焊钢管和螺旋缝焊钢管焊缝部位的防腐层厚度均易出现变薄的问题，应注意检测焊缝部位的防腐层厚度不小于表4-4中规定值的80%。对防腐层机械强度要求高地段（如穿越段等）的管段，应选用加强级。

三层结构聚乙烯防腐层厚度 **表4-4**

钢管公称直径 *DN*	环氧涂层 (μm)	胶粘涂层 (μm)	防腐层最小厚度（mm）	
			普通级	加强级
DN≤100	≥120	≥170	1.8	2.5
100<*DN*≤250			2.0	2.7
250<*DN*≤500			2.2	2.9
500<*DN*≤800	≥150		2.5	3.2
800<*DN*≤1200			3.0	3.7
DN>1200			3.3	4.2

2. 加工工艺

聚乙烯防腐层一般在工厂内预制，但管道两端焊口位置应预留100～150mm不做防腐，待管道焊接后再补口。挤压型聚乙烯防腐层的加工工艺流程，如图4-7所示。

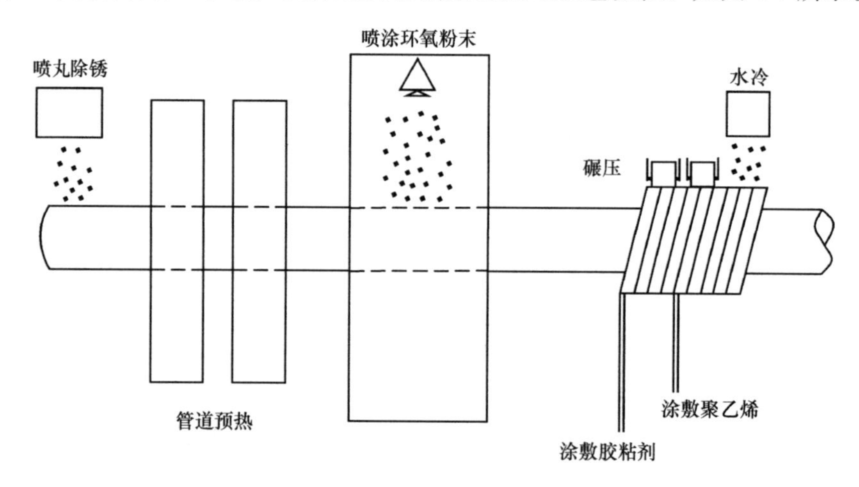

图4-7 挤压型聚乙烯防腐层加工工艺流程

（1）钢管表面预处理

清除钢管表面油污和杂质，然后采用喷（抛）丸进行表面除锈处理。除锈处理时先预热管道至40～60℃，除锈质量达Sa2½级，锚纹深度达到50～90μm。预处理后要检查管道表面有无缺陷，清理焊渣与毛刺等，将表面清扫干净。钢管表面温度必须高于露点

3℃，表面干燥无水汽，防止在涂敷前生锈及二次污染。管道两端应分别粘贴掩蔽带。

(2) 加热钢管

用无污染热源（如感应加热），将钢管加热至合适的涂敷温度（200～300℃）。

(3) 喷涂环氧粉末

将环氧粉末均匀地喷涂在钢管表面。

(4) 涂敷胶粘剂

采用纵向挤出或侧向缠绕工艺，涂敷胶粘剂。涂敷时必须在环氧粉末胶化过程中进行。

(5) 包覆聚乙烯层

采用纵向挤出或侧向缠绕工艺，包覆聚乙烯层。直径大于 500mm 的管道采用侧向缠绕工艺时，应用耐热硅橡胶辊碾压搭接部分的聚乙烯及焊缝两侧的聚乙烯，以保证粘结密实。

(6) 用循环水冷淋

聚乙烯层包覆后用循环水冷却，使钢管温度不高于 60℃。

(7) 管端处理及保护

防腐层涂敷完毕，去除管端部的聚乙烯，且聚乙烯端面应形成不大于 40°的倒角。对裸露段的钢管表面涂刷防锈可焊涂料。

3. 质量检验

聚乙烯防腐层的质量检验项目主要包括防腐层外观、厚度、漏点、粘结力、阴极剥离性能、环氧粉末层厚度及热特性、聚乙烯层拉伸强度和断裂标称应变。

(1) 外观检查

防腐层外观采用目测法逐根检查。聚乙烯层表面应平滑，无暗泡、麻点、皱褶及裂纹，色泽应均匀。

(2) 厚度检查

采用磁性测厚仪或电子测厚仪，测量钢管 3 个截面圆周方向均匀分布的四点的防腐层厚度，同时应检测焊缝处的防腐层厚度。检测结果均应符合表 4-4 中的厚度要求。

(3) 粘结力检查

防腐层粘结力按现行国家标准《埋地钢质管道聚乙烯防腐层》GB/T 23257 中附录的方法，通过测定剥离强度进行检验。在 20±5℃下将管端的包覆层沿环向割开，切割部位及尺寸如图 4-8 所示。撬起一端，用便携式剥离强度测定装置以 10mm/min 的速率垂直钢管表面匀速拉起防腐层，记录拉起过程中的稳定力值，除以剥离的防腐层宽度，即为剥离强度，要求大于等于 100N/cm。

(4) 电绝缘性检测

防腐层的漏点采用在线电火花检漏仪检查，检漏电压为 25kV，无漏点为合格。

4. 补口

在管道对口焊接后，经外观检查、无损检测合格后，应进行防腐补口，如图 4-9 所示。常用的补口方式为环氧底漆＋辐射交联聚乙烯热收缩带（套），主要操作步骤为：

(1) 采用手工、电动工具或喷砂除锈等方式将管段上的铁锈、焊瘤、焊渣等污物清除，补口部位的表面除锈等级应达到 Sa2½级。

(2) 对补口处两侧 10cm 的防腐层预热至 70～80℃，并用钢丝刷沿圆周方向打毛。

(3) 对补口处的钢管预热至 50～60℃。

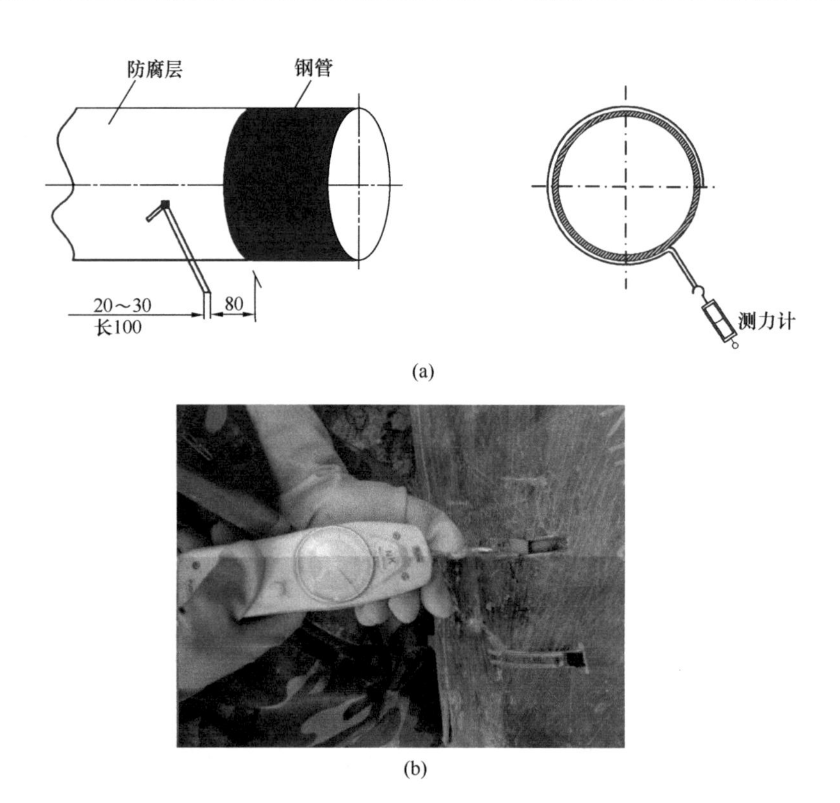

(a)

(b)

图 4-8　剥离强度测试

（a）示意图；（b）实际测试

(a)　(b)

图 4-9　防腐补口

（a）补口前喷砂除锈；（b）补口

（4）将环氧底漆均匀涂刷在补口处钢管及两侧已打毛的防腐层上。注意：底漆涂刷宽度应超过热缩带实际搭接宽度 3～5cm；底漆涂刷后不能再对底漆进行烘烤。

（5）焊口中间位置包上热缩套，从热缩套中间沿圆周方向往两端均匀移动加热。整体收缩完成后，应对热缩套整体再次加热 2～3min。

（6）用压辊反复碾压加热部分，以充分排除空气。

图 4-10 防腐层补伤

5. 补伤

补伤可采用辐射交联聚乙烯补伤片、热收缩带、聚乙烯粉末、热熔修补棒和粘弹体防腐膏等方式，防腐层补伤如图 4-10 所示。根据需要补伤的面积大小，防腐层补伤大致可以分为以下三种：

（1）长度小于 10mm 的小面积补伤

补伤步骤为：

1）清洁破损区周围的泥土等污物；

2）用刀片修正破损点；

3）充分预热破损区域；

4）用烤炬加热热熔修补棒，使得融化的热熔修补棒流动和填充满破损区域；

5）抹平补伤材料。

（2）长度大于 10mm 小于 30mm 的中等面积补伤：

1）破损区整理步骤同小面积补伤；

2）标示出一定面积补伤区域，并预热、打毛该区域；

3）裁剪出相同大小的补伤片，并将四周倒圆；

4）小火加热补伤片，并将加热面贴合到补伤区域；

5）再次加热补伤片，然后用压辊将褶皱碾平。

（3）长度超过 30mm 的大面积补伤。

按照热缩套补口方法进行。

4.3.3 聚烯烃胶粘带防腐层

钢质管道聚烯烃胶粘带防腐层的设计、生产和检验，以及现场补口、补伤的设计、施工和检验，应遵循现行行业标准《钢质管道聚烯烃胶粘带防腐层技术标准》SY/T 0414 的相关要求。

1. 防腐层结构

聚烯烃胶粘带是由聚烯烃背材和压敏胶层组成的带状防腐材料，通过冷缠包覆形成管道防腐层。按背材类型可分为以聚乙烯为背材的聚乙烯胶粘带和以聚丙烯为背材的聚丙烯胶粘带。

聚烯烃胶粘带防腐结构主要分为三层，即最底层的一层底漆，中间层的一层内带（防腐胶粘带），最外层的一层外带（保护胶粘带），结构如图 4-11 所示。内带起防腐绝缘作

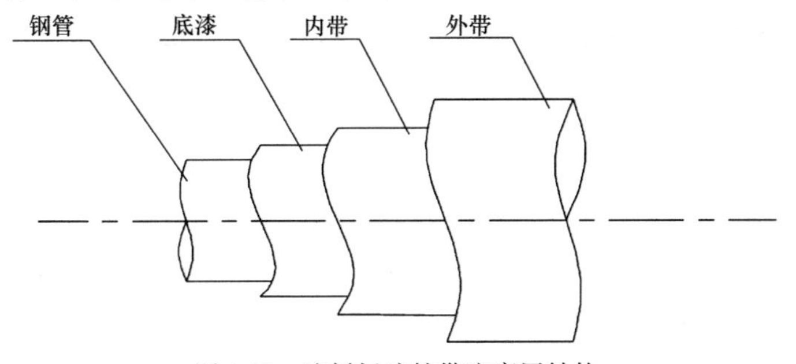

图 4-11 聚烯烃胶粘带防腐层结构

用，外带保护内带不受损伤。

聚烯烃胶粘带防腐层结构与厚度，如表 4-5 所示。

聚烯烃胶粘带防腐层结构与厚度　　表 4-5

防腐等级	防腐层结构	厚度（mm）
普通级	一层底漆—一层内带（带间搭接宽度 10～19mm）—一层外带（带间搭接宽度 10～19mm）	≥0.7
加强级	一层底漆—一层内带（带间搭接宽度为 50%胶带宽度）—一层外带（带间搭接宽度 10～19mm）	≥1.0
特加强级	一层底漆—一层内带（带间搭接宽度为 50%胶带宽度）—一层外带（带间搭接宽度为 50%胶带宽度）	≥1.4

2. 加工工艺

（1）一般要求

胶粘带宜在 0℃以上施工，当大气相对湿度较大或在有风沙的天气时不宜施工。

（2）钢管表面处理

钢管表面处理质量应达到 Sa2 级。

（3）涂刷底漆

1）底漆应在容器中充分搅拌均匀，且须达到合适的黏度时才能施工。调制时注意防火。

2）底漆应涂刷均匀，无凝块、气泡和流挂等缺陷。

（4）胶粘带缠绕

1）底漆表干后再缠绕胶粘带。

2）缠绕操作时应将胶带拉直，使之具有一定张力，粘结紧密，不得将水、油、空气和皱褶的胶带缠绕于层间。

3）缠绕时胶粘带边缝应平行，不得扭曲皱褶。搭接宽度要求如表 4-5 所示。换带时，将新带卷端压入剩余带下，重叠量不少于 100mm。内带缠毕，应及时缠外带，外带的螺旋方向与已缠绕的内带螺旋方向应交叉。

4）缠绕时，管端应有 150±10mm 的焊接预留段。

3. 质量检验

（1）外观检查

沿管道目视检查，表面应平整，搭接均匀，无褶皱、凸起、破损、开裂。

（2）厚度检查

用测厚仪检测防腐层厚度，应符合表 4-5 的要求。

（3）粘结力检查

粘接力检查应在缠好胶粘带 24h 后进行。测试时的温度宜为 20～30℃。

测试时用刀沿环向划开 10mm 宽、长度大于 200mm 的胶粘带，翘起约 20mm，然后用弹簧秤与管壁成 90°角匀速（拉开速度应不高于 300mm/min）拉开方法，如图 4-8 所示。防腐层剥离强度合格要求，如表 4-6 所示。

防腐层剥离强度 表 4-6

项目名称		性能指标		测试方法
		聚乙烯胶粘带防腐层	聚烯烃胶粘带防腐层	
剥离强度（层间，23℃）（N/cm）	厚胶型胶粘带	≥20	≥20	GB/T 2792（90℃）
	薄胶型胶粘带	≥5	—	
剥离强度（对底漆钢，23℃）（N/cm）	厚胶型胶粘带	≥30	≥30	
	薄胶型胶粘带	≥25	—	
剥离强度（层间）（N/cm）	厚胶型胶粘带	≥2	≥2	
	薄胶型胶粘带	≥5	≥5	
剥离强度（对底漆钢）（N/cm）	厚胶型胶粘带	≥3	≥3	
	薄胶型胶粘带	≥10	≥10	

（4）电绝缘性检查

采用电火花检漏仪对管道进行全线检查，检漏探头移动速度不大于 0.3m/s，以不打出火花为合格。防腐层检漏电压如表 4-7 所示。

防腐层检漏电压 表 4-7

防腐层等级	检漏电压（kV）
普通级	5
加强级	10
特加强级	12

4. 补口

（1）补口时，应除去管端防腐层的松散部分，以及焊缝区的焊瘤、毛刺和其他污物，补口处应干燥。钢管表面处理应达到 St3 级。

（2）补口处缠带方法及搭接要求与管体相同。补口层与原防腐层搭接宽度应不小于 100mm。

（3）补口处的防腐层性能应不低于管体。

5. 补伤

（1）修补时应先修正损伤部位，除去防腐层的松散部分，整理干净，涂上底漆。

（2）使用与管体相同的胶粘带时，采用缠绕法修补；使用专用胶粘带时，采用贴补法修补。

4.3.4 熔结环氧粉末防腐层

钢质管道熔结环氧粉末防腐层的设计、生产和检验，以及现场补口、补伤的设计、施工和检验，应遵循国家现行标准《钢质管道熔结环氧粉末外涂层技术规范》SY/T 0315 的相关要求。

1. 防腐层结构

根据环氧粉末的喷涂成膜次数，可分为单层熔结环氧粉末防腐层和双层熔结环氧粉末防腐层。单层熔结环氧粉末防腐层的最小厚度要求如表 4-8 所示，双层熔结环氧粉末防腐层的最小厚度要求如表 4-9 所示。

单层熔结环氧粉末防腐层外涂层厚度 表4-8

防腐层类型	防腐层等级	最小厚度（μm）
单层熔结环氧粉末防腐层	普通级	300
	加强级	400

双层熔结环氧粉末防腐层外涂层厚度 表4-9

防腐层类型	防腐层等级	最小厚度（μm）		
		内层	外层	总厚度
双层熔结环氧粉末防腐层	普通级	250	350	600
	加强级	300	500	800

2. 加工工艺

熔结环氧粉末防腐层一般采用静电喷涂工艺，在防腐厂内预制。其加工工艺过程为：钢管中频加热→抛丸除锈→钢管表面研磨→钢管表面处理质量检测→真空洁净→中频预热→喷涂环氧粉末→水冷却→防腐层质量检测。

加工过程中应注意：

（1）钢管表面除锈质量应达到Sa2½级，钢管表面的锚纹深度应在40～100μm范围内，并符合环氧粉末生产厂的推荐要求。

（2）喷（抛）射除锈后，应将钢管外表面残留的锈粉微尘清除干净，钢管表面预处理后4h内应进行喷涂。当出现返锈或表面污染时，必须重新进行表面处理。

（3）钢管外表面的涂敷温度，必须符合环氧粉末涂料所要求的温度范围，但最高不得超过275℃。

（4）钢管两端预留段的长度宜为50±5mm，预留段表面不得有涂层。

3. 质量检验

（1）外观检查

外观质量应逐根进行检查。外观要求平整、色泽均匀，无气泡、开裂及缩孔，允许有轻度橘皮状花纹。

（2）厚度检查

使用涂层测厚仪，沿每根钢管长度方向随机取三个位置，在每个位置测量绕圆周方向均匀分布的四点的防腐层厚度。双层熔结环氧粉末防腐层，应使用多层测厚仪在钢管端部涂层上，任取一点测量内、外层的厚度。不符合涂层厚度要求的，应按规定复涂。

（3）电绝缘性检查

应采用电火花检漏仪在涂层完全固化且温度低于100℃的状态下，对每根钢管的全部涂层做漏点检测，检漏电压按最小涂层厚度乘以5V/μm计算确定。漏点数量在下述范围内时，可按规定进行修补：

1）当钢管外径小于325mm时，平均每米管长漏点数不超过1.0个；当钢管外径大于等于325mm时，平均每平方米外表面积漏点数不超过0.7个。

2）当漏点超过上述数量时，或个别漏点的面积大于等于250cm^{2}时，应重涂。

4. 补口

可采用热喷涂环氧粉末涂料补口、辐射交联聚乙烯热缩套（带）补口、双组分无溶剂液体环氧涂料补口等方式。当采用热喷涂环氧粉末涂料补口时，应满足：

1）现场补口宜采用与管体相同的环氧粉末涂料进行热喷涂。喷涂必须在水压试验前进行，以免因钢管内存水而无法加热到环氧粉末要求的喷涂温度。

2）钢管表面的补口区域在喷涂之前必须进行喷射除锈处理，其表面质量应达到Sa2½级，处理后的表面不应有油污。

3）喷射除锈后必须清除补口处的灰尘和水分，同时将焊接时飞溅形成的尖点修平，并将管端补口搭接处15mm宽度范围内的涂层打毛。

4）采用感应式加热器将补口处管体加热到规定温度，加热温度不应超过275℃，然后进行喷涂。要求喷涂厚度与管体涂层平均厚度相同，并与管体涂层搭边不小于25mm。

5）对每天补口施工的头一道口，喷涂后应进行现场附着力检验。方法是：喷涂后待管体温度降至环境温度，用刀尖沿钢管轴线方向在涂层上刻划两条相距10mm的平行线，再刻划两条相距10mm并与前两条线相交成30°角的平行线，形成一个平行四边形。要求各条刻线必须划透涂层。然后，把刀尖插入平行四边形各内角的涂层下，施加水平推力。如果涂层呈片状剥离，应调整喷涂参数，直至呈碎末状剥离为止。

5. 补伤

采用局部修补的方法来修补涂层缺陷时，应符合下列要求：

（1）缺陷部位的所有锈斑、鳞屑、污垢和其他杂质及松脱的涂层必须清除掉。

（2）将缺陷部位打磨成粗糙面，打磨及修复搭接宽度不小于10mm。

（3）用干燥的布和刷子将灰尘清除干净。

（4）直径小于等于25mm的缺陷部位，应用环氧粉末生产厂推荐的热熔修补棒或双组分无溶剂环氧树脂涂料进行局部修补。

（5）直径大于25mm且面积小于$2.5\times10^4mm^2$的缺陷部位，应采用环氧粉末生产厂推荐的双组分无溶剂环氧树脂涂料进行局部修补。

（6）修补材料应按照生产厂家推荐的方法使用。

（7）所修补涂层的厚度值应满足规范的规定，如表4-8和表4-9所示。

4.3.5　防腐层适应性分析

目前我国城镇燃气埋地钢质管道常采用三层结构聚乙烯防腐层与牺牲阳极阴极保护的联合防腐方式。常用防腐层技术性能与适应性分析，如表4-10所示。

常用防腐层技术性能与适应性分析　　表4-10

指标＼防腐层	石油沥青	三层结构聚乙烯防腐层	聚烯烃胶粘带	熔结环氧粉末涂层
底漆材料	沥青底漆	无	压敏型胶粘剂或丁基橡胶	无
涂层材料	石油沥青，中间材料为玻璃网布	环氧树脂、胶粘剂、聚乙烯	聚乙烯、聚氯乙烯（带材）	环氧树脂
涂层结构	采用薄涂多层结构	涂层连续紧密粘结在管壁上，形成硬质外壳	1层内带1层外带	涂层熔接在管壁上，形成连续坚固的薄膜

续表

指标 \ 防腐层	石油沥青	三层结构聚乙烯防腐层	聚烯烃胶粘带	熔结环氧粉末涂层
厚度（mm）	普通级≥4.0 加强级≥5.0 特加强级≥7.0	普通级≥1.8 加强级≥2.5	普通级≥0.7 加强级≥1.0 特加强级≥1.4	普通级≥0.3 加强级≥0.4
适用温度（℃）	−20～70	−40～80	−30～60	−40～107
加工工艺	工厂分段预制或现场机械连续作业	采用模具挤出或挤出缠绕法，工厂预制	工厂预制或现场加工	采用静电喷涂或等离子喷涂，工厂分段预制
补口	石油沥青现场补涂	辐射交联聚乙烯热收缩带（套）补口；液体聚氨酯补口	现场人工缠带补口	熔结环氧粉末涂料静电喷涂补口；辐射交联聚乙烯热缩套（带）补口；双组分无溶剂液体环氧涂料补口
优点	技术成熟，防腐可靠，价格较低	聚乙烯防腐层既具有环氧树脂与钢管表面的强粘结性和极好的耐阴极剥离性能，又具有聚乙烯的优良机械性能与抗冲击性；具有很高的绝缘电阻值	绝缘电阻高，易于施工；弯管防腐易加工	防腐性能好，粘结力强，强度高，抗阴极剥离好
缺点	吸水率大，易老化，抗土壤应力能力低，耐热性差，不耐细菌腐蚀，涂敷操作不便	底层的环氧粉末涂层的厚度难于检测；焊缝处防腐层减薄现象难以消除；环向焊缝补口存在隐患；弯管防腐不便加工	机械性能较差；胶粘剂易老化失去粘结力	补口及补伤相对不便
适用范围	20世纪90年代以前国内油气管道均采用石油沥青涂层，目前已较少应用	各类地区	干燥或地下水位低的地区	各类地区，特别适用于严酷苛刻环境，如高盐、高碱的土壤，高含盐分的海水和酷热的沙漠地带的管道防腐

4.4 牺牲阳极阴极保护系统施工

阴极保护是给金属补充大量的电子，使被保护金属整体处于电子过剩的状态，并使金属表面各点达到同一负电位。实践证明，采用外防腐层与阴极保护相结合的方式，可有效防止钢质管道腐蚀，同时也可减小电流的消耗。阴极保护方式分为牺牲阳极阴极保护和外加强制电流阴极保护。由于强制电流阴极保护可能对临近金属构筑物存在一定杂散电流干扰，在城区燃气管网腐蚀防护中应用还较少。

目前，燃气管网主要采用牺牲阳极阴极保护法，其施工流程为：施工准备→依据设计图纸部署开挖阳极地床→将阳极装入填料包、填充填料→在阳极地床里安装阳极组→埋置测试桩→电缆连接并做好密封→阳极地床浇水、回填→阴极保护参数测试→质量验收。

4.4.1　一般要求

（1）阳极使用之前，应清除表面的氧化膜及油污，使其呈现金属光泽。

（2）填包料应搅拌均匀，不得混入石块、泥土、杂草等。填包料应采用棉质布袋，严禁使用人造纤维织品。填料的厚度不宜小于50mm，应保证阳极四周填包料密实且厚度一致。

（3）根据施工条件，选择经济合理的阳极施工方法。立式阳极宜采用钻孔法施工，卧式阳极应采用开挖沟槽施工。

（4）连接电缆必须焊接牢固，并加标牌，敷设时应留有一定的裕量，以适应回填土的沉降。

4.4.2　施工工艺

1. 电缆与阳极钢芯连接

阳极钢芯与电缆之间采用铜焊连接。双边焊缝长度不得小于100mm。在焊接点上涂覆环氧涂料，加缠电工胶布和绝缘胶带、热熔胶，再包覆热收缩套，如图4-12所示。必须保证焊接牢固且绝缘性能良好，搬运及施工中严禁提拉电缆。

带有焊接导线的牺牲阳极在包装前，应进行氧化皮打磨。埋设前，必须将其表面清除干净，表面不得有氧化薄膜和其他污物。

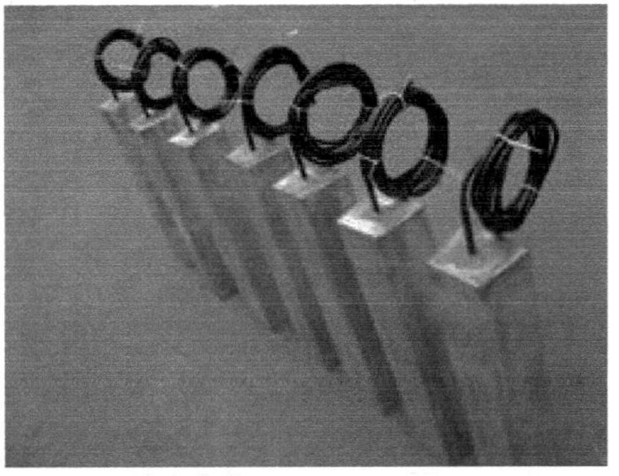

图4-12　电缆与阳极连接

2. 填装填包料

（1）填包料的配制应符合设计要求。

（2）填包料的称重、混合宜在室内进行，填包料的厚度不宜小于50mm。

（3）填包料以干调振荡为宜，以确保阳极在填包料中间部位。

（4）包装好的填包料必须结实，使其在搬运过程中不产生位移。

（5）阳极孔内填包料宜在现场装填。但必须保证处于填包料中间位置，填包料中不能混入泥土等杂物。通常采用在填包料周围回填200～300mm厚细土，以保证填包料与周围土壤密实。

阳极填料包如图4-13所示。

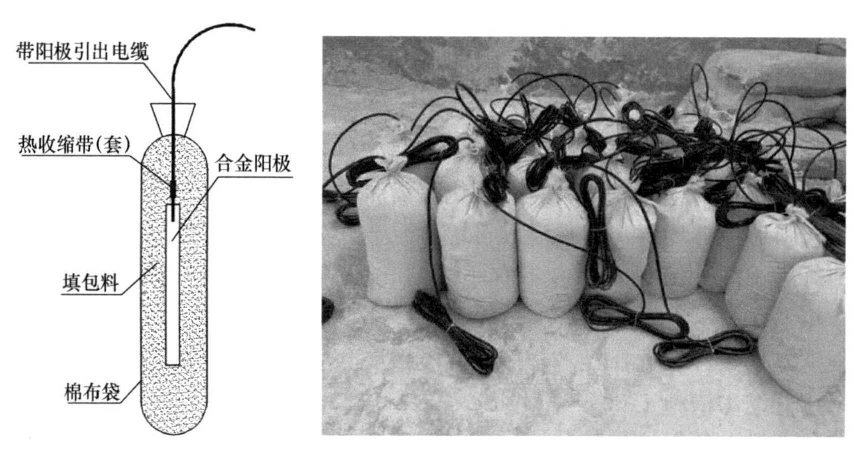

图4-13　阳极填料包

3. 牺牲阳极安装

（1）阳极组的布置

牺牲阳极的埋设深度、位置、间距应符合设计要求。当设计无规定时，牺牲阳极埋设深度应在冰冻线之下，且不应小于1m，埋设位置距管外壁应大于0.5m，埋设间距2～3m。牺牲阳极安装如图4-14所示，牺牲阳极现场埋设如图4-15所示。

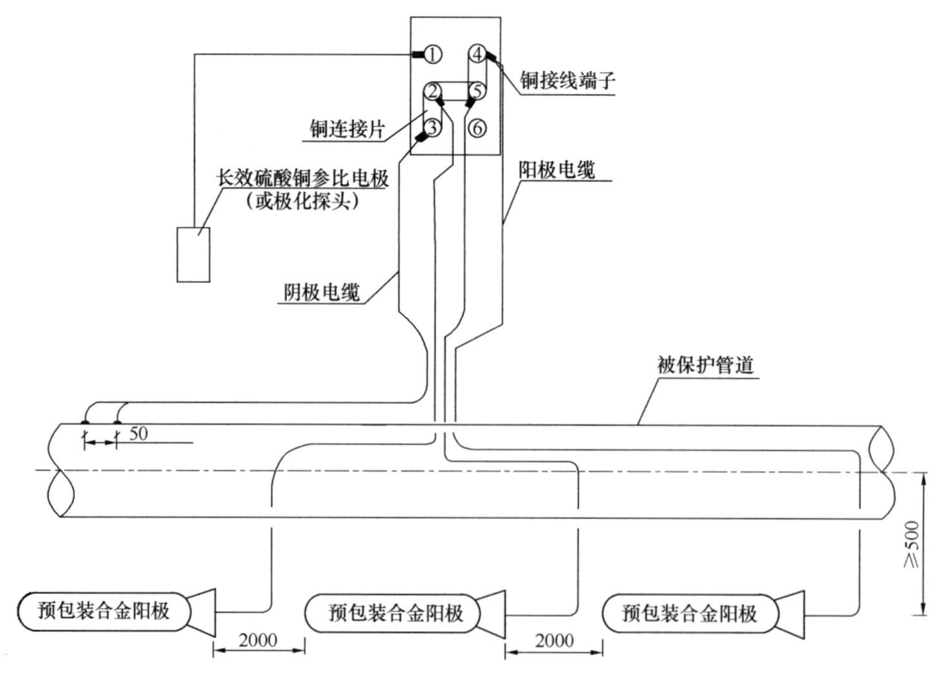

图4-14　牺牲阳极安装示意图

（2）阳极地床的开挖

阳极组安装坑槽可采用钻孔或开挖方式施工，埋设呈立式或卧式皆可，通常以立式为宜。

开挖深度与管道中心位置相同，开挖阳极安装坑槽时，其四周应平整一致，不得有铁件、砖、石等杂物。

4. 阳极与管道的焊接

电缆与管道连接采用铝热焊方式，如图 4-16 所示。焊接前应将管道表面的绝缘层除去，用刮刀或锉刀清除管道表面，使待焊处有足够大的金属光亮表面。电缆端应除去绝缘层，芯线应伸出 50mm，并保持清洁、干燥、无油脂。焊点不少于 2 处，两个焊点的间距应大于 50mm，焊接点距管道焊缝或弯头两侧应大于 500mm。

图 4-15　牺牲阳极现场埋设

图 4-16　铝热焊

焊后应除去焊渣，温度降低后应进行焊缝检查，并对焊点进行强度试验，一般采用手提拉扯的方式，拉扯力度不应小于 150N，合格后方可进行补伤处理。

补伤应先把补伤处的表面清理干净，并把搭接宽度范围内的防腐层打毛，然后填充密封胶，最后用热收缩带包覆补伤部位。热收缩带与原防腐层的搭接宽度为 100mm，搭接端外侧应有热熔胶溢出。待冷却后采用电火花检漏仪检漏，无漏点为合格。经质检员、监理工程师验收合格，方可回填。

5. 测试桩安装

测试桩主要用于阴极保护参数的检测，也可用于防腐层破损点检测及交直流杂散电流干扰的测试，是管道运行维护必不可少的装置。常见的测试桩类型及其功能，如表 4-11 所示。

测试桩类型及对应功能　　表 4-11

测试桩类型	功能
牺牲阳极测试桩	测量牺牲阳极组的输出电流及管道的电位
电位测试桩	测量管道的电位
绝缘接头测试桩	测量绝缘接头的绝缘性能
绝缘/电位测试桩	测量绝缘接头的绝缘性能及管道的电位
智能测试桩	兼顾上述功能，并具有数据自动采集及远传等功能

根据现行国家标准《埋地钢质管道阴极保护技术规范》GB/T 21448 和国家现行标准《城镇燃气埋地钢质管道腐蚀控制技术规程》CJJ 95 中的相关规定，测试桩应沿管道线路走向进行设置，相邻测试装置间隔宜 1～3km。在城镇市区或工业区，相邻的间隔不应大于 1km，杂散电流干扰影响区域内可适当加密。

（1）测试桩宜埋设在管道气流方向左侧距管道中心 1.5m 处方便测试的均匀密实土层中，一般应选在绿化带内、田埂、沟边，尽量少占农田且不妨碍交通。桩要竖直，埋设牢固，如图 4-17 所示。

图 4-17　测试桩安装图

（2）测试桩铭牌应标明工程名称、编号、管道里程及测试桩类型。

6. 阳极地床浇水、回填

阳极填料包放入阳极坑后，对坑内浇水，坑内水位必须完全浸没填料包，且坑内积水必须保持一段时间，以便彻底浸湿填料包，降低接地电阻，增大阳极输出电流。

回填时，应向阳极床内回填细土并夯实，禁止向坑内回填沙石、水泥块、塑料等杂物。

7. 阴极保护参数测试

牺牲阳极保护参数投产测试，在阳极埋入地下及填包料浇水 10 天后进行。牺牲阳极投入运行后，需要定期（至少每半年一次）检测管道保护电位是否达标。

若管道保护电位未达标，可能还需要进行阳极开路电位、阳极闭路电位、管道开路电位、管道保护电位、测试片自然电位、阳极输出电流、阳极接地电阻、埋设点土壤电阻率等参数的检测，以诊断并排除故障。

4.5　在役燃气管网追加强制电流阴极保护系统施工

目前，在役燃气管网主要采用牺牲阳极阴极保护。但由于强制电流法具有输出电流大且可调、保护范围广、较牺牲阳极土石方开挖量显著降低、在城区易于实施等显著优点，福州、北京、郑州、成都等少数城市先后尝试将强制电流阴极保护技术运用于城区埋地钢质燃气管网的腐蚀防护上。

然而，在役燃气管网拓扑结构复杂，建设投运时间跨度长，管材往往既有钢管也有聚乙烯管，钢管外防腐层类型多且质量参差不齐，管道防腐层破损点多，阀门一般也没有进行专门的绝缘处理，且地铁等外界杂散电流干扰源多。在役燃气管网追加阴极保护系统过程中，往往面临管网电连续性时断时续、防腐层缘电阻值变化大、管网末端绝缘改造工作量巨大等难题，给其设计、施工与调试带来了很大的挑战和不确定性。

在役燃气管网追加强制电流阴极保护系统流程，如图4-18所示。

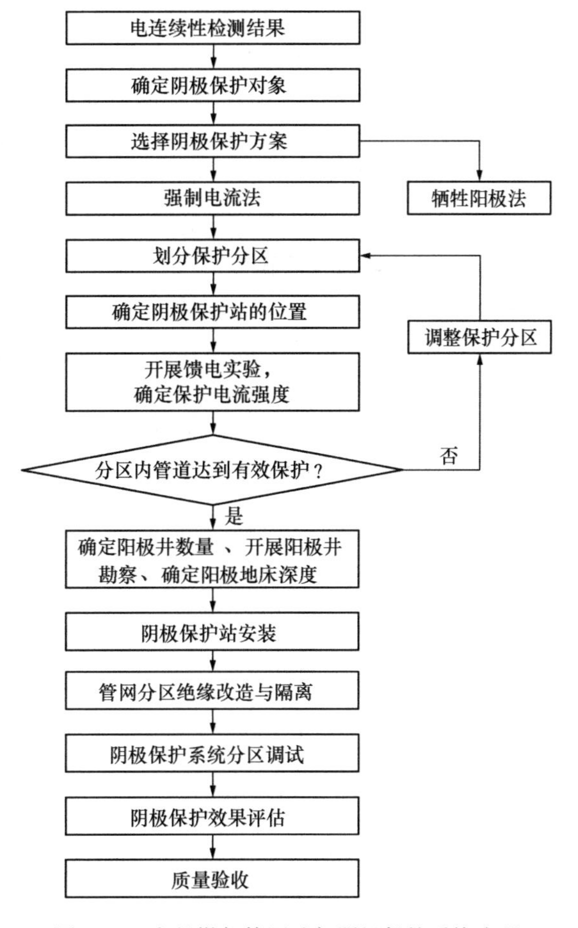

图4-18　在役燃气管网追加阴极保护系统流程

4.5.1　一般要求

（1）直流电源的安装应严格按说明书进行。电缆与设备的连接应先连接铜鼻子，然后再与设备相应的接线柱连接，并保证电气连接良好。

（2）阳极地床的类型及其具体位置，应根据设计及现场实际情况确定。其中，深井阳极地床不受地形限制，对外界结构干扰小，能提供更均匀的电流分布，适用于埋地钢质管道/金属结构密集区域的管道阴极保护。因此，在役燃气管网追加强制电流阴极保护时，推荐采用深井阳极地床。

（3）阳极接头的密封质量决定了阳极地床的使用寿命，故焊点的密封应严格按有关工艺进行并严格检验。辅助阳极安装施工应注意保护好阳极及电缆，特别应注意防止破坏电缆外皮。

4.5.2 施工工艺

1. 阴极保护对象及其电连续性

在役燃气管网包括市政输配干网和用户管道等。其中市政干网管径较大、输送压力较高，一旦发生腐蚀穿孔，极易引发火灾、爆炸等恶性事故。且市政干网的防腐层质量往往较好，对其追加阴极保护可以获得良好保护效果，有效降低管网运行风险。而用户管道则往往存在防腐层质量较差、与外部金属结构搭接等问题，严重影响阴极保护实施效果。针对这一情况，可依据用户管道电连续性检测、馈电试验的结果，综合判断管道防腐层的质量和漏电情况。对于防腐层质量较好、漏电不严重的用户管道，可考虑将其纳入阴极保护范围。而对于防腐层质量较差、漏电严重的用户管道，则不对其追加阴极保护，以免影响阴极保护系统的整体效果。

管道的电连续性是阴极保护的前提条件。在役燃气管网中部分位置可能安装有聚乙烯管道、绝缘接头、牺牲阳极包，且大部分未有标识，导致管道的电连续性较差，应采用PCM+等仪器对其开展电连续性检测。需要排查的问题包括：对管网中的聚乙烯管道、已建绝缘接头进行准确定位，查找原有牺牲阳极包的安装位置，排查燃气管道与外部金属结构搭接的情况。检测时，电流测量点应沿管道均匀分布，以便根据管道沿线电流变化趋势来判断管道的漏电、搭接、电流屏蔽与已建绝缘接头等情况。

2. 阴极保护电流强度确定

阴极保护电流强度可以通过经验法或馈电试验确定。经验法是根据文献或标准规范，选取类似管道的保护电流密度推荐值，再根据被保护管道表面积来计算保护电流强度。新建管道的保护电流密度可根据管道外防腐层的绝缘电阻值确定。而在役燃气管网随着服役时间的增加，防腐层逐渐老化、破损，绝缘电阻值降低，导致保护电流密度的需求量增大。因此，经验法不适用于确定在役燃气管网的保护电流强度。

馈电试验模拟阴极保护站对拟追加阴极保护的管道施加临时阴极保护，可相对直接、准确地获取所需保护电流强度，为电源设备的选型、深井阳极地床接地电阻的控制提供参考依据。例如，某燃气管网（约5km）采用直流电焊机输出48V/28A的电流进行馈电试验。管道通电极化4h后，管道沿线的自然电位和通/断电电位的测量值如表4-12所示，电位随时间的变化趋势如图4-19所示。根据阴极保护准则可知，电源设备输出28A的保护电流时，该管网能够达到有效保护。此外，5km的管道极化4h后，通电电位波动较小，断电电位趋于稳定，可以避免因极化时间不足引起的电位测量误差。因此，根据馈电试验数据，该强制电流阴极保护系统电源设备宜选用50V/50A或以上规格。

管道沿线电位 表4-12

测试桩编号	自然电位（V）	通电电位（V）	断电电位（V）	极化值（mV）	备注
G1	−0.436	−2.202	−0.793	357	
G2	−0.503	−6.690	−0.926	403	馈流点
G3	−0.519	−2.340	−1.194	675	
G4	−0.572	−1.509	−1.012	440	
G5	−0.578	−1.697	−0.807	229	
G6	−0.517	−1.643	−1.036	519	

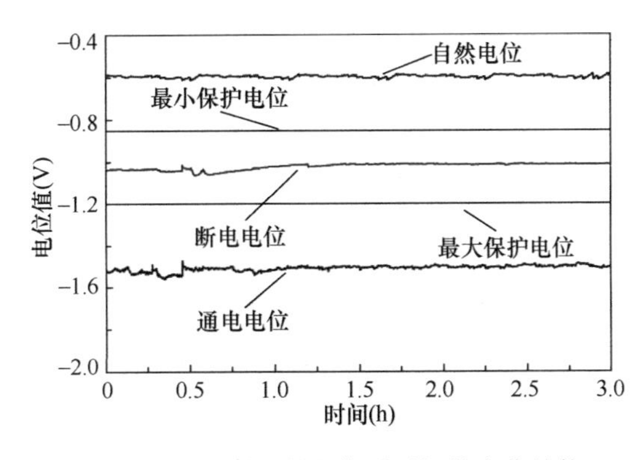

图 4-19 G4 测试桩电位随时间的变化趋势

断电电位的测量应在断电 0.5s 之后进行，也可使用脉冲示波器记录断电后电位的变化曲线。此外，需连续 24h 测量电气化铁路对管道的干扰情况。当交流电流密度≥30A/m^2 时，应采取排流措施。

开展馈电试验前，应在保护管道与未保护设施之间安装电绝缘装置，使馈电区域内实施阴极保护的埋地管道与外部结构彻底绝缘。然而，在役燃气管网难以做到馈电区域与外部结构的彻底绝缘。如阀门绝缘处理不当、楼栋调压箱与接地系统相连等，均会导致绝缘不彻底。同时城镇埋地管网结构复杂，可能存在与其他金属管道搭接等情况，也会导致保护电流大量流失。因此，根据馈电试验结果，如何准确确定保护电流强度仍有待进一步研究。

3. 楼栋调压箱改造

楼栋调压箱位于管网末端，一般通过膨胀螺栓或支架安装于永久性承重墙上，底部距地坪的高度约 1.5m，用于将燃气从中压调压至用户所需压力。部分楼栋调压箱的进气管上焊接有镀锌扁钢等接地线，并通过小区防雷接地网或人工接地极接地，如图 4-20 所示。

图 4-20 楼栋调压箱及其接地系统

已有研究结果表明，对管道施加阴极保护后，楼栋调压箱的漏电量较大，必须对其进行电绝缘性改造才能确保阴极保护系统的正常运行。由于楼栋调压箱数量多，导致电绝缘性改造工作量非常大，对阴极保护效果与工程进度产生显著影响。因此，必须高度重视楼栋调压箱的电绝缘改造工作，选用技术经济合理的改造方案。电绝缘性改造方案建议为：

（1）若楼栋调压箱前安装有法兰时，建议采用绝缘紧固件替换普通法兰螺栓，如图 4-21所示。绝缘紧固件材料建议选用聚四氟乙烯，其具有优良的绝缘性能，以及较强的耐辐照性能和较低的渗透性，即使长期暴露于大气中，其性能仍可保持不变。此改造方案施工难度小、效率高，能显著减少改造时间，降低改造成本。

（2）无法兰时，则采用在楼栋调压箱进气管道上焊接绝缘接头的改造方案，即：停气、置换后，将进气管割断后，焊接绝缘接头。

4. 阀门改造

在役燃气管网的部分阀门在涂刷防锈漆后，埋设在阀井内。部分阀门锈蚀严重，存在较严重的漏电情况，如图 4-22 所示。为了减少保护电流的漏损量，应对其进行电绝缘性改造。

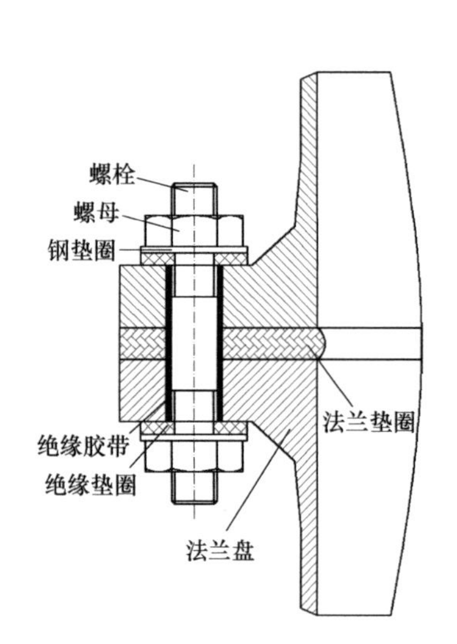

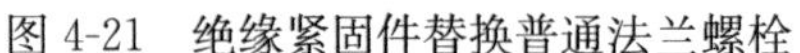
图 4-21　绝缘紧固件替换普通法兰螺栓

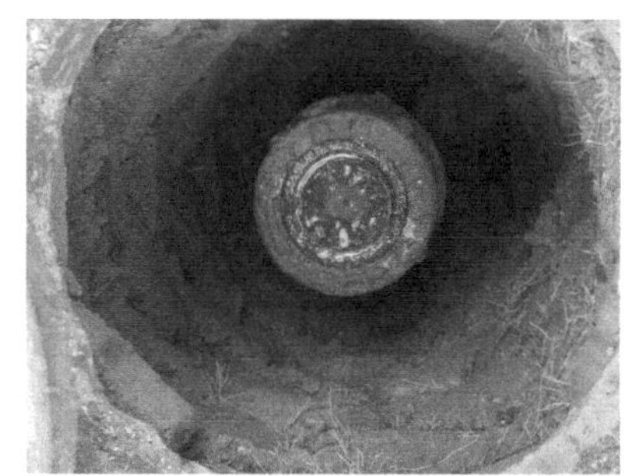

图 4-22　埋地阀门现状

燃气管网系统的阀井数量多，改造工作量大，短期内无法完成。可根据电连续性检测、馈电试验、阴极保护系统调试等结果，判断不同阀门的漏电严重程度，进而制定合理的改造计划。对电流漏损严重的阀门，可采用将其整体更换为电绝缘性更好的直埋阀等方式，优先进行改造。而电流漏损相对较轻的阀门，可通过外包橡胶垫、加缠热缩带、包覆粘弹体防腐膏等方式，对阀门及两侧露空管道进行电绝缘性改造。

5. 管道外防腐层修复

在役燃气管网的防腐层多以石油沥青防腐层和三层聚乙烯防腐层为主。目前，常用的外防腐层修复材料有冷缠带、热收缩带、无溶剂液体环氧涂料和粘弹体材料等。然而，部分管道埋设在机动车道下，不便于对其破损点进行开挖修复。因此，可根据电连续性检测、PCM＋检测和阴极保护系统调试结果，综合考虑破损点的漏电情况与修复难易程度，制定合理的修复计划。对防腐层破损较大、漏电较为严重的位置优先进行修复。

思考题与习题

1. 钢质燃气管道为什么要进行漆前表面处理？表面处理方法有哪些？野外钢质燃气管道补口作业宜选用哪些表面处理方法？

2. 地上钢质燃气管道常用的防腐涂层方案有哪些？

3. 埋地钢质燃气管道防腐层质量的基本要求有哪些？

4. 埋地钢质燃气管道常用防腐层类型有哪些？常用防腐层的优缺点及其适用范围各是什么？

5. 加强级熔结环氧粉末防腐层的结构和质量检查方法是什么？如何进行补口、补伤？

6. 加强级三层 PE 防腐层的结构和质量检查方法是什么？如何进行补口、补伤？

7. 加强级聚烯烃胶粘带防腐层的结构和质量检查方法是什么？如何进行补口、补伤？

8. 目前常用的三层 PE 防腐层、聚烯烃胶粘带防腐层、熔结环氧粉末防腐层，在使用过程中分别有哪些典型失效模式？

9. 敷设在城市建成区的钢质燃气管道易受到外界杂散电流的干扰影响。外界杂散电流主要来自何处？如何防护钢质燃气管道杂散电流干扰腐蚀？

10. 牺牲阳极阴极保护系统的施工主要包含哪些步骤？施工过程中应注意哪些问题？

11. 牺牲阳极阴极保护系统若投产后的管道保护电位达不到设计要求，常见原因主要有哪些？

12. 在役燃气管网追加强制电流阴极保护系统主要包含哪些步骤？施工过程中应注意哪些问题？

13. 城区钢质燃气管网若采用强制电流阴极保护系统，宜采用什么类型的阳极地床？为什么？

本章参考文献

[1] 冯拉俊，沈文宁，翟哲，等. 地下管道腐蚀与防护技术[M]. 北京：化学工业出版社，2019.

[2] 陈怀龙，姜放，施岱艳. 腐蚀与防护[M]. 北京：石油工业出版社，2018.

[3] 王强，曲文晶，苗金明. 管道腐蚀与防护技术[M]. 北京：机械工业出版社，2016.

[4] 大庆油田工程有限公司. GB/T 21447 钢质管道外腐蚀控制规范[S]. 北京：中国建筑工业出版社，2018.

[5] 中国石油集团工程技术研究院. GB/T 23257 埋地钢质管道聚乙烯防腐层[S]. 北京：中国标准出版社，2017.

[6] 中国石油管道局工程有限公司. GB/T 21448 埋地钢质管道阴极保护技术规范[S]. 北京：中国标准出版社，2017.

[7] 中国石油集团工程设计有限责任公司西南分公司. GB/T 50698 埋地钢质管道交流干扰防护技术标准[S]. 北京：中国计划出版社，2011.

[8] 淄博宏泰防腐有限公司. GB/T 17731 镁合金牺牲阳极[S]. 北京：中国标准出版社，2015.

[9] 中国石油天然气管道工程有限公司. GB/T 21246 埋地钢质管道阴极保护参数测量方法[S]. 北京：中国标准出版社，2020.

[10] 北京市燃气集团有限责任公司. CJJ 95 城镇燃气埋地钢质管道腐蚀控制技术规程[S]. 北京：中国建筑工业出版社，2015.

[11] 中国石油天然气管道工程有限公司. SY/T 0086 阴极保护管道的电绝缘标准[S]. 北京：石油工业出版社，2012.

[12] 中国石油天然气管道工程有限公司天津设计院. SY/T 0096 强制电流深阳极地床技术规范[S]. 北京：石油工业出版社，2013.

[13] 中国船舶工业综合技术经济研究院. GB/T 8923.1 涂覆涂料前钢材表面处理 表面清洁度的目视评定 第1部分：未涂覆过的钢材表面和全面清除原有涂层后的钢材表面的锈蚀等级和处理等级[S]. 北京：中国标准出版社，2011.

[14] 中国石油集团工程技术研究院. SY/T 0407 涂装前钢材表面处理规范[S]. 北京：石油工业出版社，2012.

[15] 中国石油集团工程技术研究院. SY/T 0414 钢质管道聚烯烃胶粘带防腐层技术标准[S]. 北京：石油工业出版社，2017.

[16] 中国石油天然气管道科学研究院. SY/T 0315 钢质管道熔结环氧粉末外涂层技术规范[S]. 北京：石油工业出版社，2013.

[17] 中石化宁波工程有限公司. SH/T 3022 石油化工设备和管道涂料防腐蚀设计标准[S]. 北京：中国石化出版社，2019.

第 5 章　燃气管道穿跨越工程施工

城镇燃气管道不可避免地要经过铁路、公路、城市道路、河流、湖泊、水库等障碍物，因此必然涉及穿越、跨越工程施工。目前燃气管道穿越方法有水平定向钻法、顶管法、开挖法、盾构法等；管道跨越方式有梁式管桥、轻型托架式管桥、桁架式管桥、拱式管桥、随桥敷设等。

燃气管道穿跨越工程施工应遵循《城镇燃气管道穿跨越工程技术规程》CJJ/T 250、《油气输送管道穿越工程施工规范》GB 50424、《油气输送管道跨越工程施工规范》GB 50460 等现行标准规范。

5.1　一般要求

5.1.1　穿越工程

（1）燃气管道宜垂直穿越铁路、公路、城市道路、河流，穿越位置的选择应满足管道穿越施工和维护对空间和环境的要求。燃气管道不得在铁路场站、有人值守道口、变电所、隧道设施的下方穿越。穿越铁路、道路时，应避开土石方区、高填方区、路堑、道路两侧为同坡向的陡坡等地段。

（2）燃气管道穿越铁路、高速公路时，应征得相关管理部门的批准，并应加设套管。穿越采用的套管宜为钢管或钢筋混凝土管，套管内径应比燃气管道外径大 100mm 以上。当采用水平定向钻穿越时，在征得铁路或高速公路管理部门同意后，可不加设套管。

（3）当燃气管道穿越铁路、地面轨道交通设施时，燃气管道或套管顶部最小覆土厚度应满足：距铁路路肩、地面轨道交通设施轨底不得小于 1.7m；距自然地面或者边沟底不得小于 1.0m；当不能满足以上要求时，应采取有效的防护措施。

（4）当燃气管道采用加设套管穿越铁路、电车轨道、城镇主要干道时，套管端部距铁路堤坡脚、电车道边轨的净距不应小于 2m，距路边缘的净距不应小于 1m。套管两端应密封，重要地段的套管宜安装检漏管。

（5）当燃气管道穿越公路时，燃气管道或套管最小覆土厚度应满足：距路面不得小于 1.2m；距公路边沟底不得小于 1.0m；当不能满足以上要求时，应采取有效的防护措施。

（6）燃气管道穿越水域的位置和方案应征得航务管理部门同意，管道至规划河床的覆土厚度应根据水流冲刷、防止冒浆、疏浚和抛锚等确定。

（7）燃气管道不得在穿越管段上设置弯头或弯管。

（8）穿越钢质燃气管道焊缝应进行 100％超声波检测和 100％射线检测。

（9）燃气管道穿越铁路、高速公路、二级以上公路和大中型河流时，应单独进行压力试验。

5.1.2 跨越工程

（1）在河道上进行的燃气管道跨越工程施工作业，应避开汛期和雨期。当必须在汛期或雨期施工时，应建立洪水预警机制和安全预案。

（2）0.4MPa以下燃气管道可随既有桥梁敷设。燃气管道随桥跨越应在征得桥梁管理和交通部门同意后，方可进行施工。

（3）跨越工程完成后，应在跨越管道的起点和终点位置分别设置标志桩，并应注明跨越管道的名称、规格等。

5.2 水平定向钻穿越

5.2.1 施工原理

水平定向钻穿越是20世纪70年代结合公路钻孔穿越技术和油气田水平钻井技术发展起来的一种管道穿越施工方法。在施工场地和地质适宜的条件下，已成为穿越河流、湖泊、铁路、公路等障碍物的首选方法，在油气、燃气、给水排水、电缆等领域正得到越来越广泛的应用。

水平定向钻施工时，按设计的钻孔轨迹，采用定向钻进技术先钻一个导向孔，随后在钻杆端部换接不同直径的扩孔钻头进行多次扩孔，然后将直径小于扩孔钻头的待敷设管道回拖敷设在导向孔内，完成敷管作业。定向钻钻进、扩孔和管道回拖，如图5-1所示。

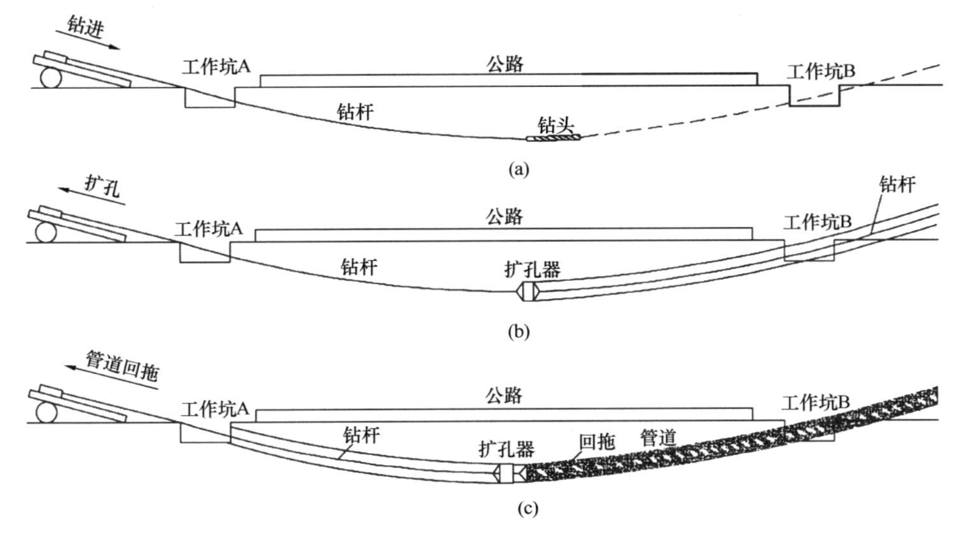

图5-1 水平定向钻穿越施工原理

（a）钻进；（b）扩孔；（c）管道回拖

5.2.2 系统组成

水平定向钻系统一般由钻机系统、控向与造斜系统、钻具、泥浆系统、扩孔与回拖系统、动力系统和辅助系统组成。

1. 钻机系统

钻机系统是整个水平定向钻系统的核心，主要由底座、钻机架、活动卡盘和控制室组成，如图5-2所示。

钻机架带有行程驱动系统，由液压电机提供动力，通过齿轮与钻机底座内侧的齿条啮合，驱动钻机架在底座上前进或后退，为导向孔的钻进提供顶力、为管道回拖提供拉力。钻机的选用应根据计算的最大回拖力确定，钻机最大回拖力不宜小于计算值的2倍。

活动卡盘安装在钻机架前端，由液压马达驱动，通过控制系统控制，可以使钻杆产生不同的转速和扭矩。

图5-2　水平定向钻钻机

2. 控向与造斜系统

水平定向钻的控向方式分为无线控向和有线控向两种。无线控向只适用于短距离、浅层穿越，配合中小钻机使用，其特点是控向方便、准确，但受穿越深度和地形的限制，一般使用较少。有线控向适用于长距离、深层穿越，配合大型钻机使用。

无线控向系统由手持式地表探测器和装在钻头里的发射器组成。探测器通过接收钻头发射的电磁波信号判断钻头的深度、楔面倾角等参数，并同步将信号发射到钻机的操作台显示器上，以便操作人员及时调整钻进参数，控制钻进方向。

有线控向系统主要包括三部分：探头、联接转换设备和控向软件。探头主要由一个三轴磁强计、一个三轴重力加速度计、数模转换器和计算电路部分组成。其中，三轴磁强计用于测量地磁场矢量，三轴重力加速度计用于测量重力场矢量。联接转换设备是将探头在井下测量的数据传输到地面，提供给计算机中的控向软件。控向软件基于地磁场矢量计算出地磁方位角，基于地磁场矢量和重力场矢量计算出井斜角。通过探头和控向软件的连续测量和计算，可实时获得探头所在位置的里程、高程和左右偏差值。需要强调的是，有线控向系统的探测工具是电子仪器，其精确度在很大程度上取决于当地地磁场的变化。当周围有较大的钢构件（如桥梁、钢板桩、其他管道等）、电力线路等时，就会显著影响当地的局部地磁场，导致地磁场矢量测量不准。地面信标系统就是在管道穿越的中心线上，施加一个人工、可计量的磁场来消除不稳定因素造成的地磁场变化对控向系统的影响。由于该人工磁场是稳定可控的，所以能最大限度地提高控向精度。

造斜是实现管道曲线穿越的关键所在，纠偏是在实际钻进曲线偏离理论曲线时所采取的技术措施，造斜和纠偏均由造斜工具来实现。造斜工具主要采用造斜短节（造斜弯节）。它是两端有斜口和螺纹的短管节，装在钻头后面，如图 5-3 所示。钻进时，若只给进而不旋转钻杆，作用于造斜短节上的反力使钻头改变方向，实现造斜钻进；若同时给进和旋转钻杆，造斜短节失去方向性，可实现保直钻进。需要注意的是，当地质条件是岩石时，在造斜短节与钻头之间，需安装泥浆马达来驱动钻头旋转，切削岩石。

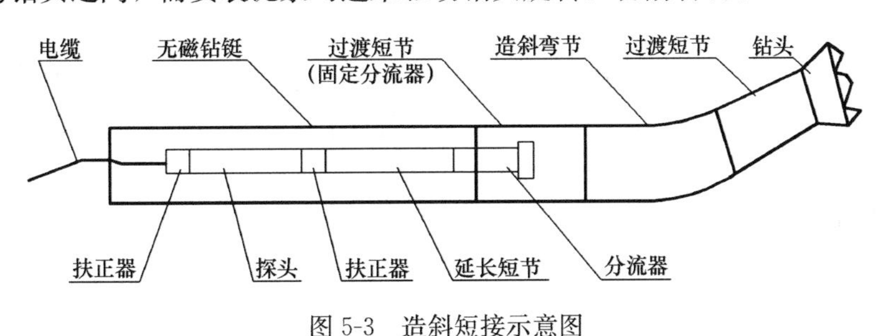

图 5-3 造斜短接示意图

3. 钻具

常用的钻具包括泥浆马达、钻头和钻杆，如图 5-4 所示。

图 5-4 钻具

(a) 泥浆马达与金刚石钻头；(b) 钻杆；(c) 三牙轮钻头

泥浆马达是一种以钻井液为动力，把液体压力能转为机械能的容积式井下动力钻具。当泥浆泵泵出的泥浆进入泥浆马达，在马达的进、出口形成一定的压力差，推动转子绕定子的轴线旋转，并将转速和扭矩通过万向轴和传动轴传递给钻头，从而实现钻井作业。对不同地层，选用不同的钻头：在较软的地层中，一般选用较大尺寸的钻头，便于在推进过程中改变方向；在较硬的土层中，选用较小尺寸的钻头；若在硬岩钻进，则要选用硬质合金钻头。

常用的定向钻钻头有铣齿钻头、牙轮钻头和硬质合金钻头，钻头外径比钻杆外径要大。

4. 泥浆系统

水平定向钻穿越过程中需使用大量泥浆，主要用于水力喷射切割、给泥浆马达提供能量、润滑钻头、携带钻屑到地面、固孔防塌，保证钻孔、扩孔和回拖管道作业的正常、顺利进行。

泥浆系统主要由泥浆配制容器、泥浆泵、泥浆管道、泥浆回收系统和泥浆回收池组成。泥浆回收系统由振动筛、除砂器和除泥器组成，用于分离出钻屑等固体杂物，便于泥浆的回收利用。

根据穿越施工所要通过的地层地质情况，如黏土层、淤泥层、砾石层以及粉土淤泥层的特点，可适时调整泥浆的配方，根据地层和地质特性的不同使用不同的配方，充分发挥泥浆在穿越施工中的作用。同时，配合泥浆的使用，在施工中加入水平定向钻携砂剂和增黏降失水剂，可收到良好的效果。

5. 扩孔系统

导向孔钻成后，一般需要利用扩孔器多次扩孔，以增大导向孔孔径，减小管道回拖阻力。扩孔系统的连接方式一般为：钻机侧钻杆＋扩孔器＋扶正器＋回拖管道侧钻杆。

扩孔器用于扩大孔径。常用的扩孔器有桶式扩孔器、带导流槽的桶式扩孔器、板式扩孔器和飞旋式扩孔器。桶式扩孔器对地层的挤压作用使其适用于易塌方和可塑地层，同时它具有良好的清孔能力，因而应用广泛。板式扩孔器具有较好的切削能力，能极好地混合钻屑和泥浆，并且能让泥浆自由流过。对于大直径扩孔，由于自身重量过重而导致扩孔器有逐渐下沉的趋势，容易影响孔道成型质量。所以大尺寸扩孔时，应与桶式扩孔器配套使用，此时桶式扩孔器起到扶正器的作用。飞旋式扩孔器的角度十分陡直，切割刀口的长度非常短，因此其阻力和旋转所需的能量小，切削能力较强。由于这种形式的扩孔器不挤压土层，适用于不塌方且不易鼓泥包的地层扩孔。岩石扩孔器主要用于岩石地带的扩孔作业，其上有多个破岩牙轮和水射流孔。

扶正器用于确保钻杆处于导向孔的中心轴线位置，有助于获得成形良好的导向孔。

钻机侧钻杆将钻机旋转和回拖动力传递给扩孔器，在持续回拉过程中扩孔，并卸掉钻机侧多余的钻杆。回拖管道侧钻杆则是在钻机侧钻杆卸除的同时，回拖管道侧不断接加钻杆，确保回拖管道侧始终有钻杆留头。

6. 回拖系统

该系统用于在钻机的拉力和泥浆的润滑作用下，将燃气管道沿导向孔从一岸回拖至另一岸，是水平定向钻穿越施工中的最后一道工序。必须充分考虑泥浆、扩孔直径、扩孔井壁条件，并科学设定回拖力，尤其是在大口径和大倾角管道穿越情况下，必须建立合理的回拖工具和回拖助力系统。

典型回拖系统的连接方式为：钻杆＋扩孔器＋万向节＋U 形环＋待回拖燃气管道组成，如图 5-5 所示。

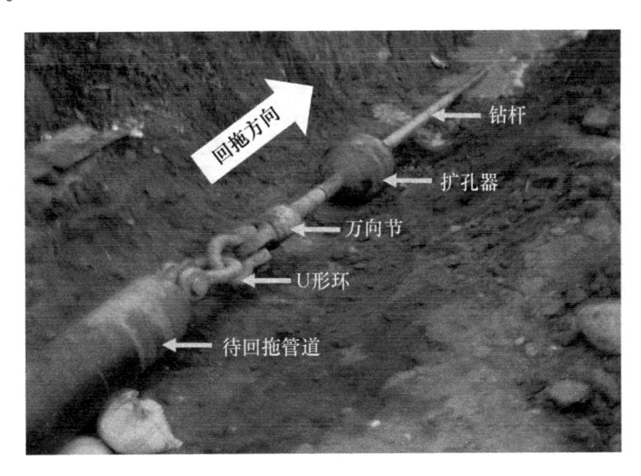

图 5-5　典型回拖系统结构

万向节上安装有轴承，将待回拖管道与钻杆相连，因此万向节的前后端可实现相对旋转运动：万向节前段（钻杆侧）旋转扩孔的同时，保证万向节后段（回拖管道）不产生旋转运动，以保护回拖管道外防腐层和减小回拖阻力。

回拖过程中扩孔器的主要作用是清孔，减小管道回拖阻力。

需要注意的是，当回拖钢管时，应对管道外防腐层进行防护。当防腐层为三层聚烯烃类材料时，防护层宜采用改性环氧玻璃钢或玻璃纤维增强类材料；当防腐层为环氧粉末材料时，防护层宜采用改性耐磨环氧类涂料。

7. 动力与辅助系统

动力源一般由柴油机、发电机和液压泵组成，它的主要作用是为钻机、泥浆泵提供高压液压油以驱动液压马达，同时为计算机、照明和空调设备提供电源。

主要辅助设备有：起重机、单斗挖掘机、推土机和管道施工设备等。

5.2.3　施工步骤

水平定向钻穿越施工时，从测量放线到施工完工离场，施工流程如图 5-6 所示，施工现场如图 5-7 所示。

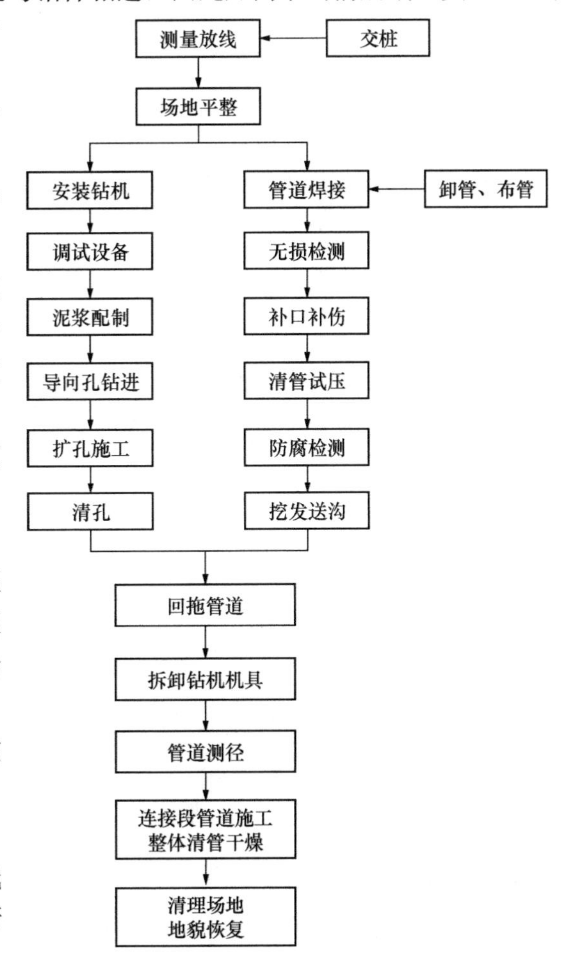

图 5-6　水平定向钻施工流程

图 5-7 水平定向钻施工现场

1. 场地选择

水平定向钻施工占地包括钻机场地、管道场地、蓄水池及泥浆池占地、管道焊接占地。

钻机安装场地的大小根据钻机型号而定。泥浆池和蓄水池占地根据管径的大小、场地及地质情况而定，尽量节约用地。

在出土点一端，应根据管道中心轴线、占地宽度和长度（为穿越设计曲线管道长度加50m），本着节约用地的原则，放出管道场地、泥浆池占地及管道焊接占地边界线，并标出运管车出入场地的路线和地点。

管道预制应在穿越中心线上。如地形不允许，从出土点起200m后方可弯曲，弯曲半径应不小于1500D_W（D_W为管道外径）。

2. 测量放线

按照设计确定出的管道穿越中心线、入土点、出土点，在入土点侧测量出钻机安放位置、地锚箱、泥浆池、占地边界等，在出土点侧测量出焊接管道中心线及泥浆池位置、占地边界等。

图 5-8 钻机锚固

3. 安装钻机

钻机一般应安装在入土点和出土点的连线上，钻机导轨和水平面的夹角应与设计的入土角相等。钻机就位完成后，进行系统连接、试运转，保证设备正常工作。

钻机锚固非常关键，以稳、平、实为原则，如图 5-8 所示。在钻机锚固前，应对锚固区域用仪器进行地下管道探测，防止将锚杆打到地下管道上。合理的锚固是顺利完成钻进及回拖的前提，钻机锚固能力反映了钻机在钻进和回拖施工时利用本身功率的能力。如果钻机在定向钻钻进过程中发生移动，钻机自身推力即便再大也无法完成预定钻进任务。在回拖时，如果锚固不好而使钻机移动，会导致管道拖不动。如果进一步加大钻机拖力，可能导致钻机倾覆，造成设备损坏与人员伤亡事故。

4. 钻导向孔

导向孔施工是成孔的关键。钻机架通过钻杆推动钻头破土钻进，泥浆从钻杆和钻孔的环形空间返回泥浆罐。具体操作要点如下：

（1）液压起重机将钻杆吊上钻台，固定在能在钻台上移动的活动卡盘上，钻杆的前端连接钻头，后端与泥浆管路连通。开动泥浆泵后，泥浆和钻机架推动钻头向前钻进，活动卡盘和钻头同步向前移动。

（2）当活动卡盘移动到钻台前部的固定卡具时，卸开钻杆接头向后移动活动卡盘，能放上一根钻杆时，吊上另一根钻杆，接加钻杆。接头卸扣和上扣均靠前端卡具固定钻杆、活动卡盘的正反转动来完成，然后继续钻进。

（3）入土角和出土角应根据穿越长度、穿越深度和管道弹性敷设条件等综合确定。入土角宜为8°～18°，出土角宜为4°～12°。特殊情况下，沿管道出、入土点的地面管道中心线，增设支撑管道曲率变化的滚动发送架，管道的最大入土角可以达到25°；管道穿越的水平长度不变，增大钻头的出、入土角和减小管道穿越的曲率半径，可以有效地增加管道的穿越深度；增加管道的穿越深度，有利于防止跑浆造成的地面塌陷，并增加了管道穿越优良地层的机会。入土角和出土角确定后，在曲线上确定若干点 X、Y、Z 三维坐标，此坐标返回控制盘上，控制各点坐标沿设计曲线向前推进。

（4）当采用钢管时，曲率半径不宜小于钢管管径的1500倍，且不应小于1200倍；当采用聚乙烯管时，曲率半径不应小于聚乙烯管管径的500倍。

（5）导向孔实际穿越曲线与设计穿越曲线的偏移量不应大于2m。出土点沿设计轴线的纵向偏差应不大于穿越长度的1%，且不大于12m；横向偏差应不大于穿越长度的0.5%，且不大于6m。

（6）钻杆和钻头在施工前应进行清扫，严禁有杂物，以防止钻杆内有杂物堵住钻头水嘴造成事故。

5. 扩孔

扩孔是利用与钻杆相连的扩孔器来完成的。扩孔时钻杆带动扩孔器转动，泥浆从扩孔器喷出，同时活动卡盘向后移动，拉动扩孔器前进。

当地质条件为中砂、粗砂、砾砂或管径大于等于273mm时，应进行预扩孔。预扩孔的尺寸和次数应根据穿越地质情况和管径大小确定，最小扩孔直径可参考表5-1。管径每增加150mm，应增加一次预扩孔。扩孔前，在出土侧（钻机的对面）提前固定一液压紧扣装置，安装完预扩孔器，在其后安装钻杆。每行进一根钻杆，由液压卸扣装置安装一根钻杆，预扩200m后，开始倒运钻杆，使钻杆循环使用。

最小扩孔直径 **表5-1**

穿越管道的直径 DN（mm）	最小扩孔直径（mm）
＜200	DN+100
200～600	1.5DN
＞600	DN+300

图 5-9　穿越管道预制

6. 穿越管道预制

为缩短工期，在导向孔钻进及扩孔的同时，开展对岸待穿越管道的焊接施工，如图 5-9所示。并经焊接质量检测、补口补伤、吹扫、试压合格后，方可进行回拖施工。燃气管道接头处的防腐层外宜设置保护套，防腐等级不应低于原管道，在管道穿越时，接头处的外防腐层不得被损坏。

严禁在穿越管道上开孔，焊接其他附件。试压时只允许在管道两端加长段上开孔焊接阀门和安装压力表，回拖后与线路连接时，开孔的加长管道应割除。

7. 管道回拖

管道回拖前，应将管道放在发送架上或放入发送沟内。采用发送沟方法回拖管道时，发送沟内不得有石块、树根和硬物等，沟内宜注水，确保将管道浮起，以避免管道底部与地层摩擦，划伤防腐层。

回拖采用的钻具组合宜为：钻杆＋扩孔器＋万向节＋U 形环＋待回拖燃气管道。扩孔器直径宜比穿越管道直径大 150mm，目的是减小拖拉力，保护防腐层；全部连接完成后回拖前，应泵送泥浆冲洗，检查各泥浆喷嘴是否正常，合格后方可进行回拖施工。管道回拖施工应连续进行，除发生不可抗拒的原因外，严禁在施工中无故停拖。管道回拖作业如图 5-10 所示。

(a)　(b)　(c)　(d)

图 5-10　管道回拖作业现场

(a) 回拖系统安装；(b) 回拖出洞；(c) 挖机协助管道发送；(d) 吊车协助管道发送

回拖结束后，应将管道放置24h以上，待管道在穿越过程中的拉伸应力充分释放后，方可与两端管道进行连接。

8. 设备离场与地貌恢复

回拖复检完毕后，对钻机设备进行拆卸，将钻机搬迁并撤离现场。

施工完毕后要及时进行场地清理和地貌恢复。施工废弃的油污及其他各种废弃物都要装车运走，保证施工后场地干净；对施工现场进行平整，恢复到原地貌状态，对农田的恢复达到耕种条件，特别是施工废弃的泥浆，外运至当地的环保部门指定地点进行处理，对泥浆坑进行回填。

5.2.4 回拖力计算

穿越管段回拖时的回拖力宜按式（5-1）计算：

$$F_L = Lf\left|\frac{\pi}{4}D^2\gamma_m - \pi\delta D\gamma_s - W_f\right| + K\pi DL \tag{5-1}$$

式中 F_L——计算的拉力，kN；

L——穿越管段的长度，m；

f——摩擦系数，取0.3；

D——管道外径，m；

γ_m——泥浆重力密度，可取10.5～12.0kN/m³；

γ_s——钢管重力密度，可取78.5kN/m³；

δ——管道壁厚，m；

W_f——回拖管道单位长度配重，kN/m；

K——黏滞系数，取0.18kN/m²。

穿越管段回拖时的最大回拖力，宜按式（5-1）计算值的1.5～3.0倍确定，进而根据最大回拖力选用具有合适回拉力和功率的水平定向钻机。

聚乙烯燃气管道水平定向钻回拖时的允许拖拉力按式（5-2）计算：

$$F = \frac{14\pi de^2}{3SDR} \tag{5-2}$$

式中 F——允许拖拉力，N；

de——管道公称外径，mm；

SDR——标准尺寸比。

5.2.5 施工特性

1. 优点

与开挖穿越方式相比，水平定向钻的优点为：

（1）穿越管道埋深能达到设计要求，保证管道稳定；

（2）对河堤、河道、地表的干扰较小，不影响交通，利于环境保护；

（3）施工周期短、综合造价低、施工精度高。

2. 缺点

水平定向钻的不足之处在于：

（1）受钻杆抗扭矩及回拖能力的影响，穿越管道的长度和管径有限制；

(2) 要求施工一侧有开阔平坦的管道组装场地；

(3) 在砾石层中施工比较困难，不适用于成孔困难的地层；

(4) 河床地层复杂时，施工风险较大；

(5) 若施工操作不当，可能会影响附近河堤等重要建（构）筑物的安全。

3. 适用范围

水平定向钻是穿越河流、铁路、公路、街道等的首选施工方案。适宜于在黏土、砂土、粉土、风化岩等地质条件采用，不宜在卵石地质条件采用。当出土或入土侧有卵石层时，可采取注浆固化、开挖换土、加设套管等措施。

5.3 顶管穿越

5.3.1 施工原理

顶管穿越属于一种暗挖式施工技术。其基本原理就是借助于顶进设备（液压油缸）产生的巨大推力，克服管道与周围土壤的摩擦力，把工具管或顶管掘进机从出发井一直推进到接收井，形成顶管隧道。然后再将待敷设的燃气管道安装在顶管隧道内。

顶管施工技术常见的工艺有手掘式顶管、土压平衡式掘进顶管、泥水平衡式掘进顶管、气压平衡式掘进顶管4种。此外，还有气动冲击矛顶管、气动夯锤顶管等工艺。采用何种方法要根据管径、土层条件、管道长度以及施工环境等因素，经技术经济比较来确定。为保持开挖面的稳定，最为流行的三种工作面平衡方式是气压平衡、泥水平衡和土压平衡。

气压平衡又有全气压平衡和局部气压平衡之分。全气压平衡使用得最早，它是在所顶进的管道中及挖掘面上都充满一定压力的空气，以空气的压力来平衡地下水的压力。而局部气压平衡则往往只在掘进机的土仓内充以一定压力的空气，达到平衡地下水压力和疏干挖掘面土体中地下水的作用。

泥水平衡方式就是将含有一定量黏土且具有一定相对密实度的泥浆水充满掘进机的泥水舱，并对它施加一定的压力，以平衡地下水压力和土压力的一种顶管施工方法。

土压平衡方式就是以掘进机土舱内泥土的压力来平衡掘进机所处土层的土压力和地下水压力。

从目前发展趋势来看，采用土压平衡理论设计的顶管掘进机比较普遍。其主要原因是土压平衡顶管掘进机在施工过程中所排出的渣土，要比泥水平衡掘进机所排出的泥浆容易处理。另外，土压平衡顶管掘进机的设备要比泥水平衡和气压平衡简单得多。

施工方法的选择应综合考虑穿越层位岩土性质、顶进管管径和材质、地下水位、附近地上与地下建筑物、构筑物和各种设施等因素，经经济技术比较后确定：

(1) 在黏性土或砂型土层，无地下水影响时，宜采用手掘式顶管。当土质为砂砾土时，宜采用具有支撑的工具管或注浆加固土层的措施。

(2) 在黏性土层中应控制地面沉陷时，宜采用土压平衡顶管。

(3) 在粉砂土层中需要控制地面沉陷时，宜采用泥水平衡顶管。

(4) 在顶进长度较短、管径较小的钢管时，宜采用一次顶进的挤密土层顶管法。

(5) 在卵砾石、节理裂隙及地下水发育的破裂岩石中顶进时，应采用泥水平衡顶管法。当泥水平衡顶管机在岩石中或在含有卵石、碎石的地层中顶进时，应配置能够更换刀具的密封舱，并具有大块岩石二次破碎功能。

（6）在全断面岩石顶管中，应采用封闭式岩盘顶管机。

5.3.2 系统组成

顶管施工系统的设备由顶进设备、掘进机（工具管）、中继间、顶进用管、排土设备5部分组成，顶管施工作业如图5-11所示。

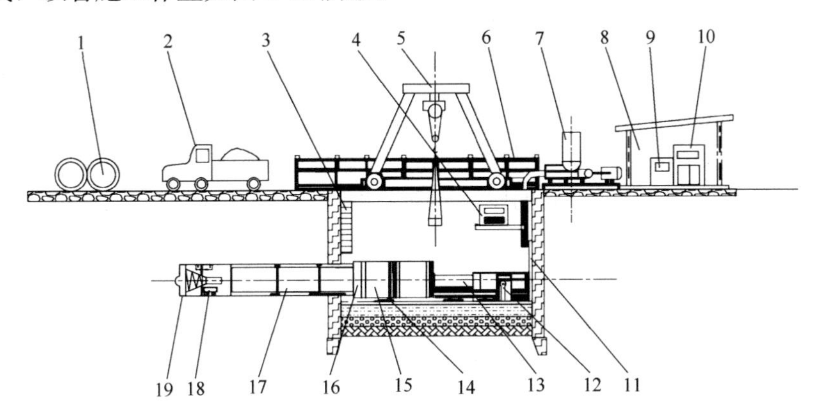

图5-11 顶管施工作业

1—混凝土管；2—运输车；3—扶梯；4—主顶油泵；5—行车；6—安全扶梯；7—注浆系统；8—操作房；9—配电系统；10—操纵系统；11—后座；12—测量系统；13—主顶油缸；14—导轨；15—弧形顶铁；16—环形顶铁；17—混凝土管；18—排土设备；19—机头

1. 出发井和接收井

出发井是安放所有顶进设备的场所，也是顶管掘进机的始发场所，还是承受主顶油缸顶进力的反作用力的构筑物，如图5-12所示。接收井是接收掘进机的场所。通常，管道从出发井中一节节顶进，到接收井中把掘进机吊起以后，再把第一节管道顶出一定长度后，整个顶管工程才基本结束。有时在多段连续顶管的情况下，出发井也可当接收井用。但反过来则不行，因为一般情况下接收井比出发井小许多，顶管设备是无法安放的。

图5-12 出发井

2. 掘进机

顶管掘进机是顶管用的主要设备，是决定顶管成败的关键所在，安放在所顶管道最前端。掘进机按土体和水压平衡方式不同，可分为气压平衡掘进机、泥水平衡掘进机、土压平衡掘进机。在手掘式顶管施工中是不用顶管掘进机的，而只用一只工具管。

不管哪种形式，顶管掘进机的功能都是掘土和确保管道顶进方向的正确性。

3. 主顶装置和中继间

主顶装置由主顶油缸、主顶油泵和操纵台及油管4部分构成，如图5-13所示。主顶油缸是管道顶进的动力，多呈对称状布置在管壁周边，在大多数情况下都成双数，且左右对称。主顶油缸的液压油由主顶油泵通过高压油管供给。常用的压力在32～42MPa之间，最高可达50MPa。主顶油缸的顶进和回缩是通过操纵台控制的。操纵方式有电动和手动两种，前者使用电磁阀或电液阀，后者使用手动换向阀。

中继间是长距离顶管中不可缺少的设备。中继间内均匀地安装有多个油缸，这些油缸把它们前面的一段管道顶进一定长度以后，缩回该中继间的全部油缸后，再用它后面的中继间或主顶油缸顶进该段管道。这样一只连一只、一次连一次，后面的管段成了后座，将前面相邻管段依次推向前方，就可以把很长的一段管道分几段顶进，实现分段克服侧面摩擦力的目的。最终依次把由前到后的中继间油缸拆除，多个中继间合拢即可。

4. 顶进用管

顶进管道应采用钢筋混凝土管或钢管，管道规格及接口形式应符合设计要求。曲线顶管宜采用钢筋混凝土管。当采用钢筋混凝土管时，管材宜符合现行国家标准《混凝土和钢筋混凝土排水管》GB/T 11836的有关规定，管壁厚度宜为公称直径的1/8～1/10，长度宜为2～3m，如图5-14所示。接口形式宜采用钢承口的管道接口形式（F形管接口形式）。

当采用钢管时，应采用焊接连接，每根钢管的长度宜为6m。焊口处应进行等级不低于燃气管道补口的防腐处理，在顶进过程中要防止损坏防腐层。钢管只能用于直线顶管，而不能用于曲线顶管。

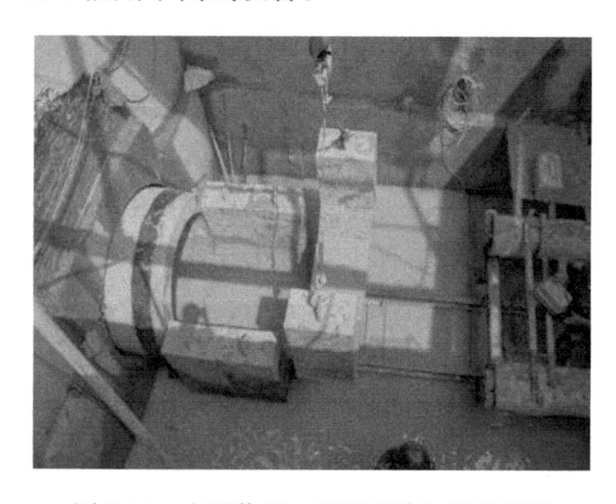

图5-13 主顶装置、弧形顶铁与环形顶铁

图5-14 钢筋混凝土顶进用管

5. 后座墙

后座墙是把主顶油缸推力的反作用力传递到出发井后部土体中去的墙体。它的构造会因出发井的构筑方式不同而不同。在沉井出发井中，后座墙一般就是工作井的后方井壁。在钢板桩出发井中，必须在出发井内的后方与钢板桩之间浇筑一座与出发井宽度相等的厚度为0.5～1m的钢筋混凝土墙，目的是使顶进力的反作用力能比较均匀地作用到土体中去，尽可能地使主顶油缸总顶进力的作用面积大些。有时为了防止后座墙板的损坏，在后座墙与主顶油缸之间再垫上一块厚度在200～300mm之间的钢结构件，通过它把油缸的反作用力较均匀地传递到后座墙上。

6. 排土设备

排土设备随顶进方式的不同而不同。在手掘式顶管中，大多采用手推车出土；在土压平衡式顶管中，采用螺旋出土器、皮带输送机等方式出土；在泥水平衡式顶管中，采用泥浆泵和管道输送泥水。

7. 测量和校正系统

顶管过程中，每隔一定间距（一般为 1m）应测量标高和中心线一次。发现偏差时，除及时校正外，还应在每顶进一个行程后，正式测量校正一次。

使用得最普遍的测量装置是经纬仪和水准仪。经纬仪用来测量管道的左右偏差，水准仪用来测量管道的高低偏差。在机械式顶管中，大多使用激光经纬仪，即在普通经纬仪上加装一个激光发射器，激光束打在掘进机的光靶上，观察光靶上光点的位置就可判断管道的上下和左右偏差。当管道的偏差超过允许值时，应根据实际情况采用下述方法进行校正。

（1）挖土校正法：当首节管发生偏差，而其余的管节尚符合要求时，可用此法，即通过增减不同部位的挖土方量进行校正。如管头部抬高时，则多挖位于管前方下半圆的土；当管的头部下垂时，则多挖管前方上半圆的土。这样，当继续顶进时，管的前进方向自然得到校正。

（2）强制校正法：这是强迫管节向正确方向偏移的方法，有以下几种：

1）衬垫法：在首节管的外侧局部管口位置垫上钢板或木板，迫使管道转向。

2）支顶法：应用支柱或千斤顶在管前设支撑，斜支于管口内的一侧，以强顶校正。

3）主压千斤顶校正法：当顶进长度较短（15m 以内）时，如发现管中心有偏差，可利用主压千斤顶进行校正。如管中心向左偏时，可将管外左侧的顶铁比右侧的顶铁加长 10～15mm。这样，当千斤顶顶进时，左侧的顶进力大于右侧的顶进力，可校正左偏的误差。

4）校正千斤顶校正法：在首节工具管之后安装校正环，在校正环内的上下左右安装 4 个校正千斤顶。当发现首节工具管的位置偏斜时，开动相应的千斤顶即可实现校正。

5.3.3 施工步骤

土压平衡顶管施工可分为工作井（坑）制作、顶进、出土、吊装、注浆、测量纠偏等工序，其施工流程如图 5-15 所示。

1. 出发井制作

一般地质条件下，竖井施工可采用人工开挖、土钉支护等形式。为了防止砂卵石层坍塌，需要对掘进面注浆。在出发井设置洞口止水圈。

2. 轨道铺设

基坑导轨是由两根平行的箱形钢结构焊接在轨枕上制成的。它的作用主要有两点：一是使推进管在出发井中有一个稳定的导向，并使推进管沿该导向进入土中；二是让环形、弧形顶铁工作时能有一个可靠的托架。导轨应选用钢质材料制作。

导轨在出发井内的固定方法：在出发井底部预埋 2 条钢板，方向、长度和导轨一致，通过把导轨焊接到预埋钢板上来固定导轨。同时在左右两侧的水平面上用方木支撑加以固定，保证导轨绝对不能移动。

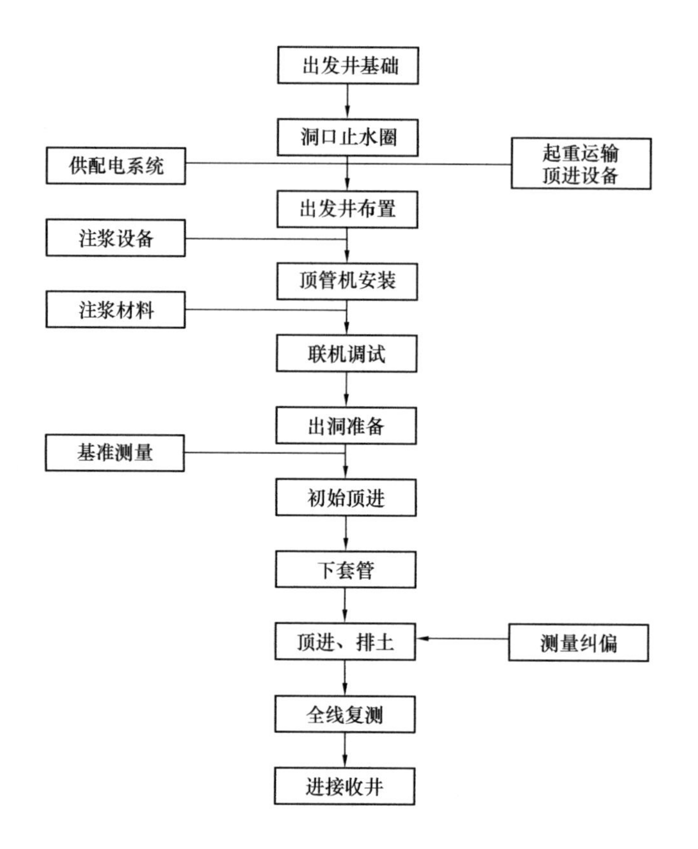

图5-15 土压平衡顶管施工流程

3. 顶管机安装和初始顶进

顶管机在导轨上要放正，偏转仪显示的偏转角度不应大于0.5°。刀盘距洞口约600mm左右，以利于破洞。顶管机安装好以后，应进行联机调试，试运转正常后方可准备破洞口。

从顶管机推进洞内开始，一直到第一节套管全部推进土中的全过程称之为初始顶进。初始顶进是顶管机及其附属设备调试、磨合的过程，同时也是设备带负载调试的过程。

当顶管机推进到可以下第二节套管的最小距离时，把第二节套管下到出发井中，使它与第一节套管联成一体。此时，初始顶进就完成，以后的各节套管的顶进与此相同，如图5-16所示。

4. 出土处理

土压平衡式顶管机采用螺旋出土器出土，并通过皮带传送机将土传送到适当高度，经出土小车运出管外。小车牵引采用卷扬机完成，由吊车吊出竖井。

5. 土压力控制

土压力根据Rankine土压力理论进行计算，施工时要将土压力控制在设计范围内。如果土压力过高，则适当降低顶进速度和增加出土量；反之，要增加顶进速度和减少出土量。液压千斤顶的顶力依据顶进长度、地层与套管的摩擦力、顶进速度等的不同而不

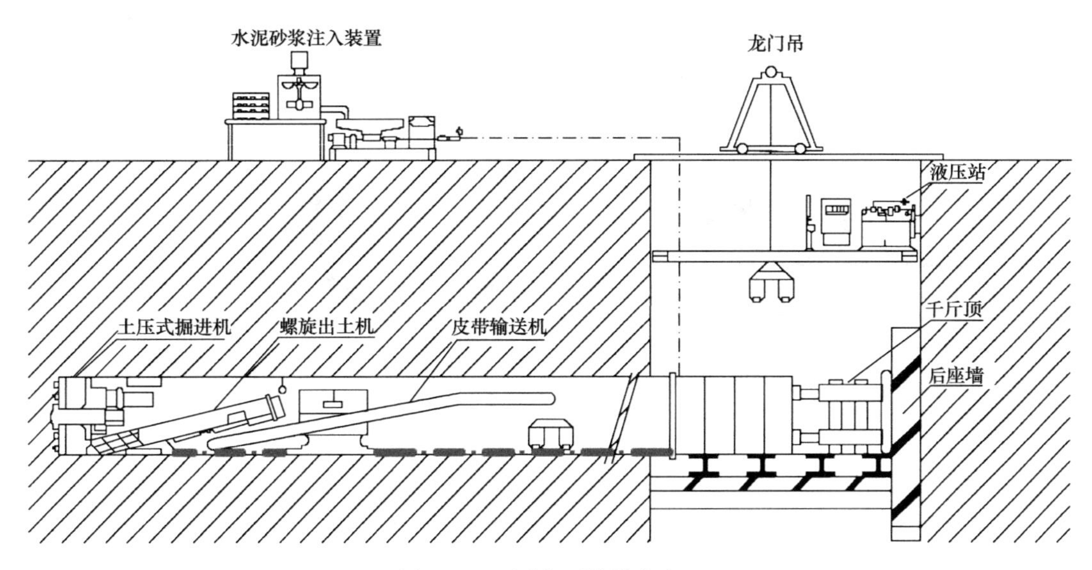

图 5-16 顶进与顶管设备布置

同。在顶进过程中，要实测土压力和主动土压力，对理论值进行修正，使之符合实际情况。

6. 中继间的使用

中继间是为了克服顶进系统顶力不足而设置的中间推力装置，如图 5-17 所示。要根据施工经验和计算，确定中继间的个数和位置：当顶进长度大于 150m 时，应加设中继站；中继站间距不宜大于 150m。

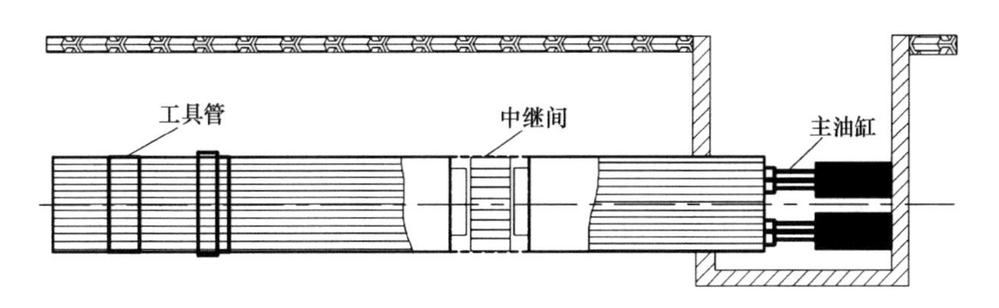

图 5-17 中继间示意图

7. 测量与纠偏

顶管测量仪器主要使用激光经纬仪。在工作井中安装激光经纬仪，在机头安装激光靶，激光靶用于激光经纬仪进行轴线的跟踪测量。

在整个顶管过程中，方向校正遵循小幅度纠、勤纠、看趋势纠的“三纠”原则。在纠偏过程中，高低偏差要比左右偏差难纠。这是因为左右两边的土压力呈对称形态，而上下的土压力不仅不相等，还会受到顶管机自重等因素影响。当高低和左右都出现偏差时，一般应以高低偏差的纠正为重点，或者先纠高低偏差，后纠左右偏差。

8. 注浆

注浆系统由拌浆、注浆和管道三部分组成。拌浆是把注浆材料兑水以后再搅拌成所需的浆液。注浆是通过注浆泵来进行的，它可以控制注浆的压力和注浆量。管道分为总管和支管，总管安装在管道内的一侧，支管则把总管内压送过来的浆液输送到每个注浆孔中去。形成一定厚度的泥浆套，使顶管在泥浆套中滑行，减少摩阻力，如图 5-18 所示。

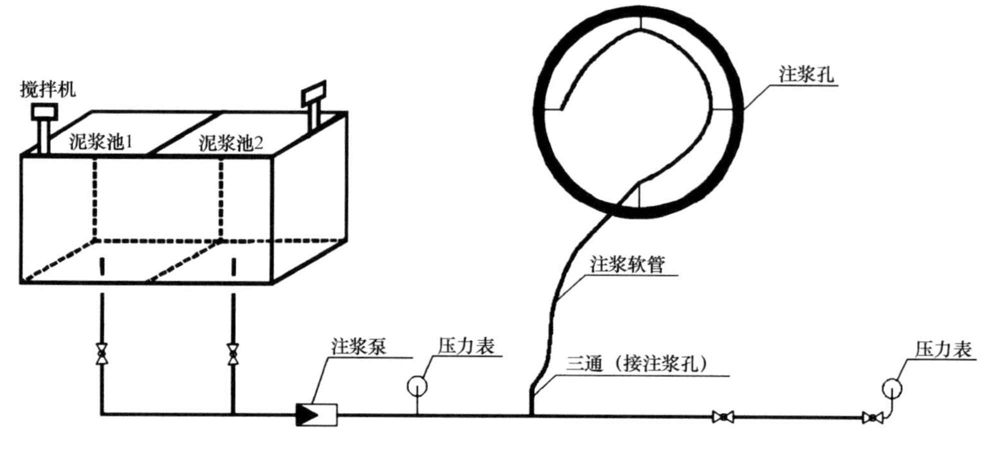

图 5-18　注浆系统

触变泥浆是由膨润土、CMC（粉末化学浆糊）、纯碱和水按一定比例配方组成。泥浆的性能要稳定，施工期间要求泥浆不失水、不沉淀、不固结，既要有良好的流动性，又要有一定的稠度。触变泥浆的注浆泵，可采用螺杆泵。

9. 燃气管道安装

待敷设燃气管道在接收井外进行预制，完成检测、补口补伤、试压等工序，利用出发井的地锚和卷扬机，用钢丝绳将待敷设管道牵引到出发井，然后进行连头作业，完成套管内的燃气管道安装任务。

顶管法穿越的燃气管道应在顶进套管内安装绝缘支撑架，绝缘垫位置应正确，燃气管道不得与套管接触。顶进套管和内穿燃气管道之间应设检漏管。套管两端应采用柔性的防腐、防水材料将顶进套管和燃气管道的间隙密封，密封长度应大于 200mm。

钢质燃气管道穿入套管前，应按设计要求安装牺牲阳极，绝缘支撑架不得与阳极相连。安装后，应测量管道电位，并应达到保护电位要求。

5.3.4　顶力计算

后座墙在顶进过程中承受全部的阻力，应有足够的稳定性。为了保证顶进质量和施工安全，后座墙的结构、材料及尺寸应满足顶进力的要求。顶进力按式（5-3）计算：

$$F = \pi D_0 L f_k + N_F \tag{5-3}$$

式中　F——总顶进力，kN；

D_0——顶进工作管外径，m；

L——顶管设计顶进长度，m；

f_k——顶进工作管外壁与土的单位面积平均摩阻力，kN/m^2，采用触变泥浆减阻技术时，管外壁单位面积平均摩阻力可按表 5-2 选取；

N_F——顶管机的迎面阻力，kN，不同类型的顶管机迎面阻力的计算可参考《油气输送管道穿越工程设计规范》GB 50423。

采用触变泥浆减阻技术时的管外壁单位面积平均摩阻力 f_k（kN/m²） 表 5-2

土类 / 管材	黏性土	粉土	粉、细砂土	中、粗砂土
钢筋混凝土管	3.0～5.0	5.0～8.0	8.0～11.0	11.0～16.0
钢管	3.0～4.0	4.0～7.0	7.0～10.0	10.0～13.0

注：当采用成熟可靠的触变泥浆技术时，管外壁能够形成和保持稳定、连续的泥浆套，f_k 可直接取 3.0 ～ 5.0kN/m²。

5.3.5 施工特性

1. 优点

（1）管道顶进方法施工面由线压缩成点，占地小。开挖部分仅仅只有出发井和接收井，安全且对交通影响小，在覆土深度大的情况下，施工成本相对更低；

（2）噪声低，沿线环境污染少，建设公害少，文明施工程度高；

（3）施工过程不破坏地面建筑物，不影响正常道路交通或者河流通航；

（4）作业人员少，工期短。

2. 缺点

（1）遇到复杂地质情况时，如松散砂砾层、地下水位以下的粉土等，施工困难，造价高；

（2）需要有详细的地勘和水文地质资料，顶进中容易遇到不可控因素，例如在推进过程中如果遇到障碍物，处置往往非常困难；

（3）土质不良或者顶管超挖过多时，竣工后地面下沉、路边开裂时有发生；

（4）在覆土浅的条件下经济性不好。

3. 适用范围

（1）顶进管道管径一般在 200～3500mm；

（2）顶进管道管材一般为混凝土管或钢管；

（3）管道敷设长度一般为 50～300m，最长可达 1500m；

（4）适宜于淤泥质黏土、黏土、粉土及砂土等地层；

（5）不适用土体承载力小于 30kPa、岩体强度大于 40MPa、土层中砾石含量大于 30%或粒径大于 200mm 的砾石含量大于 5%、江河中覆土层渗透系数大于等于 1mm/s。

5.4 开挖穿越

开挖施工是利用挖掘机开挖公路或河流进行管道敷设的方法。开挖的优点是施工简单、直接，施工成本低，适合于在宽阔的地表、不存在障碍物（河流、街道、建筑物等）的地段敷设地下管道。开挖的缺点是妨碍交通、破坏环境等。开挖分为开挖道路和开挖河流，两者的施工方法各有不同。下面分别介绍开挖穿越公路和开挖穿越河流。

5.4.1 开挖穿越公路

开挖敷设管道只允许在三级以下公路、乡间碎石路以及其他不适宜水平定向钻和顶管施工的公路穿越中采用，不得用于铁路和三级以上公路穿越。明挖敷设管道施工应提前做好施工准备，尽量缩短施工时间，尽早恢复道路交通。埋深不足或者重载道路时，需要增加套管保护。施工流程如图5-19所示。

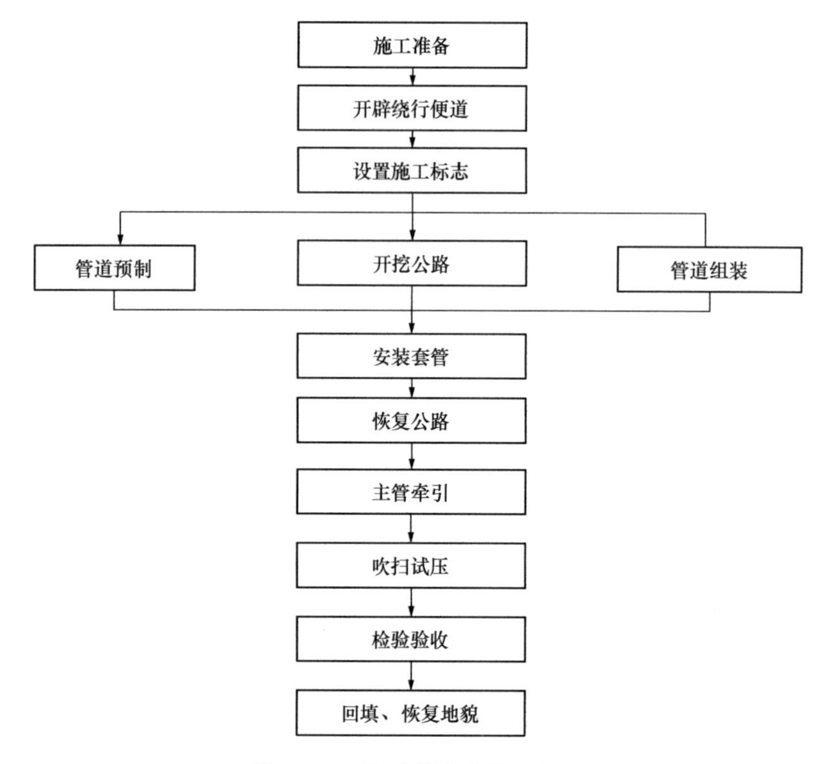

图5-19　开挖穿越公路施工流程

1. 测量放线

根据图纸放出穿越中心线、作业带边界线、穿越起始点位置。

2. 主管段预制及试压

（1）组对焊接。把穿越管摆在平整好的预制场内进行组对、焊接。施工方法、质量标准与主管相同。

（2）防腐补口。无损检测合格后进行防腐补口、补伤。施工方法、质量标准与主管相同。

（3）吹扫试压。焊口经无损检测合格后，按要求和主管一起进行吹扫、试压。

（4）套管与穿越管道预制。套管与穿越管道的预制应与管沟开挖同时进行，管沟开挖合格之后立即下沟回填。可将穿越管道和套管穿在一起，用卡具固定之后一起吊装下沟；也可将套管先下沟回填，之后将主管穿入套管。

3. 管沟开挖

开挖之前，应根据穿越点的实际情况选择修筑绕行道路或铺设钢过桥，当穿越点两边开阔能修绕行便道时，可修筑绕行便道来保证车辆通行。在施工点两侧各200m范围内设置警示标志，要求车辆、行人遵守交通秩序，减速慢行。

管沟开挖时，要掌握所穿越公路的车流量情况，根据情况制定挖沟的方向。对于穿越点两侧管段较长的，要先将两侧的管沟挖出，最后再破公路，以减少交通阻塞时间。路面开挖要尽量降低对路面的破坏。开挖时，不能采用向上钩、向下压的方法破路面。首先需要用单斗挖掘机齿沿表面划痕，破除表面整体粘结力，然后再用单斗挖掘机慢慢拉起。对于沥青和混凝土路面，先用混凝土切割机切割后再开挖。

管沟开挖时，地下有管道、电缆、光缆等障碍物时，应采用人工仔细开挖。当无地下障碍物时，应尽量用机械开挖。开挖深度应符合线路纵断面图要求，边坡不宜大于1∶0.5，用机械开挖时，沟底应留出0.2m的深度，用人工修整。管沟长度应为套管长加6m。对岩石地层应采取分层松动爆破，每层厚度不宜超过0.5m。

4. 管道敷设

按图纸要求先预制好管段，依据管段的重量，选用适当的吊装机械（如单斗挖掘机、轮式吊车），把管段吊起、就位、穿越管沟。移动时吊装机械要由一人统一指挥，吊装机械的动作要协调一致，移动要缓慢，防止擦伤管道。

5. 公路恢复

穿越管段安装后经测量、检查合格，并经监理确认后，应立即进行公路回填，恢复正常通车。回填应分层夯实，防止沉陷，每层厚度不应大于0.3m。回填后按相应公路施工规范要求迅速进行路面恢复，新修路面应与原来路面搭接良好。管顶距公路路面的距离不小于1.5m，距公路边排水沟底面不小于1.3m。

附件安装完毕、监理检查确认后，进行剩余管沟的回填、地貌恢复。清理施工现场的剩余材料、废料等杂物，设备撤离，做到工完、料尽、场地清，并把施工时破坏的地貌恢复到原来的形状。

5.4.2 开挖穿越河流

1. 一般要求

（1）必须对河道形态、河道变迁的历史和发展、河床冲淤变化等进行研究，作出正确的估计和评价，以便选择适宜的穿越位置、穿越方式、稳管措施等，以确保管道安全。

（2）注意保护管道、航运和水利工程的安全，发挥各自的效益。例如：当管道同大堤交叉时，应征求水务管理部门的意见，研究交叉方式，确保大堤安全；当设置护岸工程和稳管措施时，应不妨碍航运和防洪。

（3）穿越管段在平面上一般采取同主流轴线垂直的直线，其纵剖面则采用直线与弹性曲线连接的形式。穿越管段不推荐采用弯头。两岸可采用人工弯管，并伸入岸坡可能变动的范围以外。

（4）为了保证管道的安全，沟埋敷设的管道应埋置在河床稳定层以下，即管道要埋设在设计洪水频率冲刷线以下；在通航河流上还需考虑航道的疏浚和船锚贯入的可能性，对于人工渠道应考虑清淤的要求。

（5）采用挖沟埋设穿越管段，挖深应根据工程等级与冲刷情况按照表5-3的规定确定。

挖沟法穿越管段的最小埋深（m） **表5-3**

水域情况	大型	中型	小型
有冲刷或疏浚的水域，应在设计洪水冲刷线下或设计疏浚线下，取其深者	≥1.5	≥1.2	≥1.0

续表

水域情况	大型	中型	小型
无冲刷或疏浚的水域，应埋在水床底面以下	≥1.5	≥1.3	≥1.0
河床为基岩，并在设计洪水下不被冲刷时，管段应嵌入基岩深度	≥0.8	≥0.6	≥0.5

注：当水域有抛锚或疏浚作业时，管顶埋深应达到防腐层不受机械损伤的要求；以下切为主的河流上游，埋深应从累积冲刷线算起；基岩段所挖沟槽应用满槽混凝土覆盖封顶，应达到基岩标高；当管道有配重或稳管结构物时，埋深应从结构物顶面算起；基岩内管道埋深尚应根据岩性、风化程度确定，强风化岩、软岩埋深应加大。

(6) 岩石管沟挖深除应满足表5-3设计埋深要求外，还应超挖0.2m；管段入沟前，沟底应先填0.2m厚的砂类土或细土垫层。

(7) 采用挖沟埋设的穿越管段，不宜在常水位浸淹部位设置固定墩和弯管；弯管和固定墩宜设在常水位水边线50m以外。需要在常水位范围内设弯管和固定墩时，则必须将其埋设在设计洪水频率冲刷线下稳定层中。

(8) 河底管沟的沟底宽度和边坡尺寸应根据土石性质、水流速度、开挖深度和施工方法等因素确定，必要时可进行试挖。当无试验条件和数据时，开挖管沟尺寸可分别按表5-4和表5-5确定。此外，还应注意河底管沟应平直，不得有土坎。

不带水开挖管沟尺寸 **表5-4**

土壤类别	沟底最小宽度 (m)	管沟边坡	
		沟深≤2.5m	沟深>2.5m
淤泥、粉细沙	$D_W+4(8)$	1∶3.5	1∶5
中粗砂、卵砾	$D_W+3(6)$	1∶3.0	1∶4
砂土	$D_W+2(5)$	1∶2.5	1∶3
黏土	$D_W+2(5)$	1∶2.0	1∶2
岩土	$D_W+2(5)$	1∶0.5	1∶1

注：1. 当遇流砂时，沟底宽度和边坡数据应根据施工方案另行确定；
2. 当采用围堰方法挖沟，在沟下焊接时，沟底宽度应为8～12m；
3. D_W为管道外径(包括防腐层或保温层厚度)；
4. 括号内的值为采用沟下组焊规定值。

带水开挖管沟尺寸 **表5-5**

土壤类别	沟底最小宽度 (m)	管沟边坡	
		沟深≤2.5m	沟深>2.5m
淤泥、粉细沙	D_W+5	1∶4	1∶6
中粗砂、卵砾	D_W+4	1∶3.5	1∶5
砂土	D_W+3	1∶2.5	1∶4
黏土	D_W+3	1∶2.0	1∶3
岩土	D_W+2	1∶0.5	1∶1

注：1. 当遇流砂时，沟底宽度和边坡数据应根据施工方案另行确定；
2. D_W为管道外径(包括防腐层或保温层厚度)。

2. 水下管沟开挖

开挖穿越河流目前常用的水下管沟开挖方法有：围堰导流法开挖、挖泥船开挖、拉铲开挖、爆破成沟等。

(1) 围堰导流法开挖

适合于在流量较小、河漫滩较宽阔的河流穿越。具体做法是利用临时建造的堤坝将穿越段水流围截，开挖明渠或利用部分河槽将河水导至围堰下游，并将围堰内水抽干，然后用人工或机具进行管沟开挖，管段就位敷设，具体方法如图 5-20 所示。

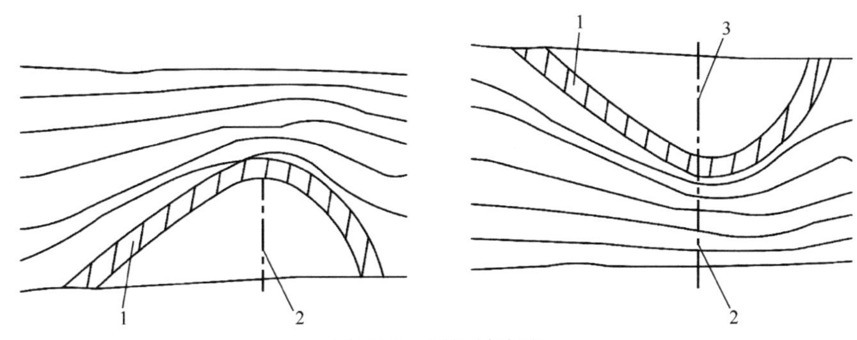

图 5-20 围堰导流法

1—围堰；2—先埋管段；3—后埋管段

围堰的类型大致有土围堰、草袋围堰、草土围堰等。根据现场的水流、场地、原材料来源等因素选用。

围堰导流法挖沟不需要在水下作业，管沟深度可达到设计要求，不足之处是施工时间受季节限制大，工期要求紧张。当开挖地段为砂石、流砂、粉砂或细砂时，需配合采用井点降水等工程措施。

(2) 挖泥船开挖

适用于通航的中小、中大型水域的开挖穿越。对于较松软的地层，可直接采用挖泥船；对于坚硬密实地层，可先松动爆破后再进行挖泥船挖掘工作。

挖泥船的类型有轮斗式、抓斗式、铲斗式和铰吸式，可根据具体水域的地质、水文情况、管沟挖深和形状、工期进度要求等进行选择。一般情况下，轮斗式挖泥船适合于砂、土、小粒径砂、卵石等较硬地层；抓斗式挖泥船适合于各种黏性土壤和破碎后的块石和卵石地层；铲斗式挖泥船适合于砂卵石、岩性土壤、风化岩层和松动爆破后的碎石等；铰吸式挖泥船适用于淤泥或粉细砂、土层较厚的地层。

中小型水域穿越时，一般采用铲斗或抓斗式挖泥船；大型水域穿越，地层较软时采用铰吸式挖泥船，地层较硬时则采用轮斗式挖泥船。

(3) 拉铲开挖

采用一钢制的底部有弯状刮刀的斗状拉铲，沿着管沟位置的河床表面移动，把土或砂石挖起带走，拉铲装满砂石土后移动到卸土位置，把土倒出。如此反复工作形成管沟，如图 5-21 所示。该方法适合于河流宽度较小，地质条件为砂或砂土、卵石夹砂等，河水流速较小，管沟挖深不超过 3.0～4.0m 的水域穿越。

(4) 爆破成沟

适用于岩石河床，但常需用挖泥设备辅助清渣。水下爆破有两种方式：裸露药包爆破

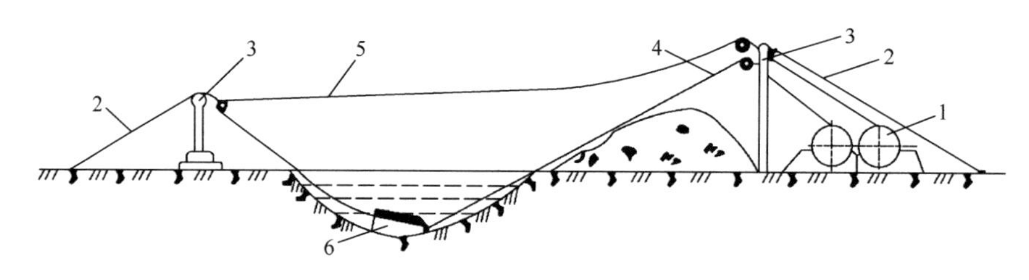

图 5-21　水下拉铲开沟示意图

1—双鼓轮绞车；2—尾塔拉绳；3—竖杆；4—拽引绳；5—拽引尾绳；6—拉铲

和水下钻孔埋药爆破。可根据现场情况、地质条件、管道埋深要求、河流水文条件等因素来确定爆破方法。

一般情况下，在水深较浅、水下土石方量不大的基岩河床，适宜采用裸露药包爆破的方法。该方法的优点是省时、投资较少。缺点是爆破法达到的管沟挖深较浅，管段埋深难达到设计要求，在土质河床上使用时管沟边坡坍塌等使回淤速度加快，需二次清淤；爆破成沟对河流航运、两岸建（构）筑物、堤防等影响较大；水下岩石爆破成沟后，若无软垫层，回拖管段可能损伤防腐涂层。

3. 管道敷设

水下管道的牵引就位方法由工艺要求、地理地形条件、水文参数和施工手段确定，又在一定程度上影响了管身结构及稳管措施的设计。

陆上水域的管道牵引就位方法一般分水下牵引和水面牵引两种。水下牵引是将管道沿河底或沟底拖拉到水下管道设计位置，通常人们将这种方法称为管道底拖法。水面牵引则是将岸上组装的管段，通过直线漂浮或旋转漂浮到设计管道轴线上方水面上，再充水沉管到水下设计位置的河底管沟中，称之为管道浮拖法。

（1）管道底拖法

沿河底或管沟底牵引管段过江，是水下管道牵引方法中最常用的一种方法。拖管机具常用拖拉机或绞车，可单台或多台并用，牵引能力不应低于所需最大牵引力的1.2倍，且不应大于管道可承受应力的0.5倍。视管段组装条件，可整条管段一次拖管，也可分段组装多次拖管过江。管段可放在地上、水槽中、滚杠式发送道或管架发送道上，也可用吊车加浮桶协助拖管，可视管径长度、场地条件和拖管设备能力灵活运用。

底拖法的优点：一般情况下不会影响河流通航，不受流速及水深限制，管段能较为准确地放在沟中，而且机具简单。底拖法的缺点：拖管设备牵引力要足够大，对场地和管径有一定要求，容易损伤管道外防腐层。

（2）管道浮拖法

管道浮拖法，也称“漂浮沉管法”，该方法的原理是，将管道两端密封，利用管道在水中的浮力或管道上附加浮桶的浮力，使管道漂浮在水面上，然后拖管过江、中线稳管定位，再充水或去掉浮桶，使管道下沉到设计位置，如图5-22所示。

浮拖法不宜在水面宽、流速大的河流进行，也不宜在通航频繁的河流上采用。在使用该方法时，应注意被牵引的管段在水面上的中线稳管定位和管内充水下沉速度两个问题。

浮拖法分直线浮拖法和旋转浮拖法两种。两者的区别是前者的管段组装和发送场地与

图 5-22　管道浮运敷设

底拖法相似，即垂直于河岸方向；而旋转浮拖法的场地一般与河流岸边平行。因此，对河流两岸组装地狭窄的管道穿越工程来说，后者较为常用。

1）直线浮拖法

该方法是将已进行组装绝缘和检验合格的管段，有时还包括加重稳管物或附加调节浮桶，拖到水面上进行中线稳管定位，如图 5-23 所示。

拖管前，先在管道上固定好 3 根钢丝绳（河宽时可增加）。其中：主牵引绳一头拴固在拖管头上，另一端沿管沟中心线固定到对岸的牵引设备上，牵引设备可为拖拉机、绞车或定滑轮导向装置；定位绳 No. 1 连接到对岸上游方向上的定位绞车 No. 1 上；定位绳 No. 2 则连接到管段同岸上游的定位绞车 No. 2 上。

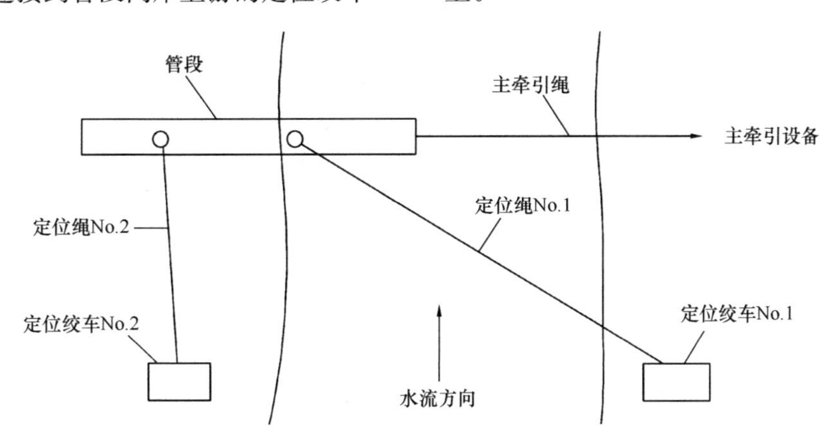

图 5-23　直线浮拖法示意图

定位绞车的位置一般距管中心线 150～200m。当主牵引绳慢慢前进时，开动两定位绞车，调整定位绳的长度，使管段缓慢准确地定位在设计的管沟中心线上或河床面上。

对于牵引河面很宽的穿越管段，有时还需要在河流上游两定位绞车的连线上，增加一台或数台定位用绞车及相应定位绳，控制管段在水流流体作用下不得过度弯曲，保持管段整体稳定性和精确入沟就位。

2）旋转浮拖法

旋转浮拖法，是先在狭窄的河岸边组装管段，再用机具吊放到水中，利用绞车、拖船或水流作用，在管段一端相对固定、另一端旋转的情况下，缓慢漂浮过江沉管就位。当管段本身密度大于水的密度时，旋转前应在管段上间隔地安装一些浮桶。

漂浮管段的下沉方法应根据水深确定。水较浅时，可采取一端灌水的自由沉管法。当水深超过直线浮拖法中计算的允许管段最大充水自由沉管深度时，需利用特制的注水沉管浮台，如图 5-24 所示。该浮台一般用大型钢管或木船制作，上面安装有捯链和钢丝绳等吊装设备。沉管作业时，先把管段固定在各浮台的钢丝绳上，再向管中注水，进行沉管。待管中充满水后，将管段下沉到河底或管沟中。

(a)

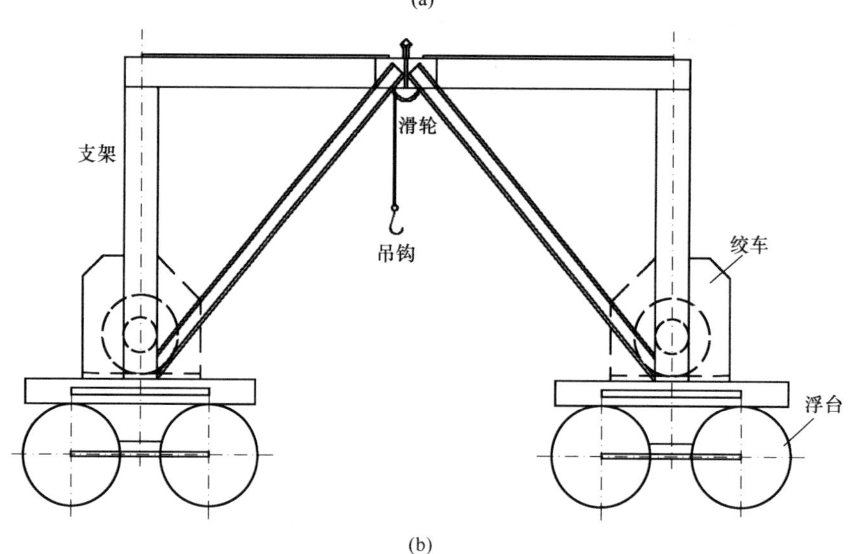

(b)

图 5-24　注水沉管浮台

(a) 实物图；(b) 结构原理图

注水沉管浮台的优点是：管段下沉时受力状态比自由沉管好，易于控制沉管速度，适用于水深、自由沉管有困难而浮台又易建的河流。该方法缺点是：设备多，操作和组织协调复杂。

4. 水下管段的稳定

水下穿越管段在没有达到安全埋深时，受到水流的浮力与动力作用，可能引起管段漂浮或者移位，危及管道安全。因此，应对水下穿越管段进行稳定计算，必要时采取稳管措施，使水下穿越管段敷设后不发生管段漂浮或移位。

常用的稳管形式有安放混凝土或铸铁配重块（压块）、石笼，浇筑混凝土连续覆盖层等。应综合考虑水深、流速、河床地质构成、管径等因素，选择合适稳管方法。

（1）安放配重块稳管

常见的配重块形式有铰链式、马鞍式、环形等。铰链式配重块易在管道上保持稳定位置，水下安装时可以张开，安装比较方便，但在加工制作和组装上比较麻烦，成本也较高。马鞍形压块是由钢筋混凝土浇筑成的“U”形块体，或分为两半，顶部由铰链连接。压块的重心应尽量低一些。它的两腿应比管道直径大5～10cm，使河底承受块体的重量并防止块体从管道上滑下。马鞍式配重块制作简单，但稳定性较差。环形配重块由两个半圆筒形的钢筋混凝土的块体构成，用经过热浸镀锌的螺栓卡固在管道外壁上，如图5-25所示。

图5-25　混凝土加重块

在实际工程中，广泛采用钢筋混凝土或铸铁环预制配重块盖压在管道上，以保持管道在水下的稳定。

（2）安放石笼稳管

石笼是由骨架（直径6～8mm的钢筋）和直径2.5～4.0mm的镀锌铁丝编织成的笼子，内装石块、卵石等，如图5-26所示。

水下管道回填后，将石笼安放在管道正上方稳管。但石笼编织材料易被河水腐蚀和沙粒冲蚀，耐久性差，维护费用较大，且投放时容易放偏。

（3）混凝土连续覆盖层稳管

混凝土连续覆盖层是在穿越管段外表面浇筑连续的钢筋混凝土外壳以增加质量，保持管道在水下的稳定性，管身结构如图5-27所示。

混凝土连续覆盖层稳管具有管身结构简单、投资少、钢筋水泥耗材少的优点，而且也克服了由于单个配重块固定在管身上的缺点，使管道各截面受力均匀。同时，它能很好地保护管道及外防腐层免遭拖管及河流推移物质的冲磨、生物侵蚀和船锚破坏，且拖管时发

图5-26　石笼稳管

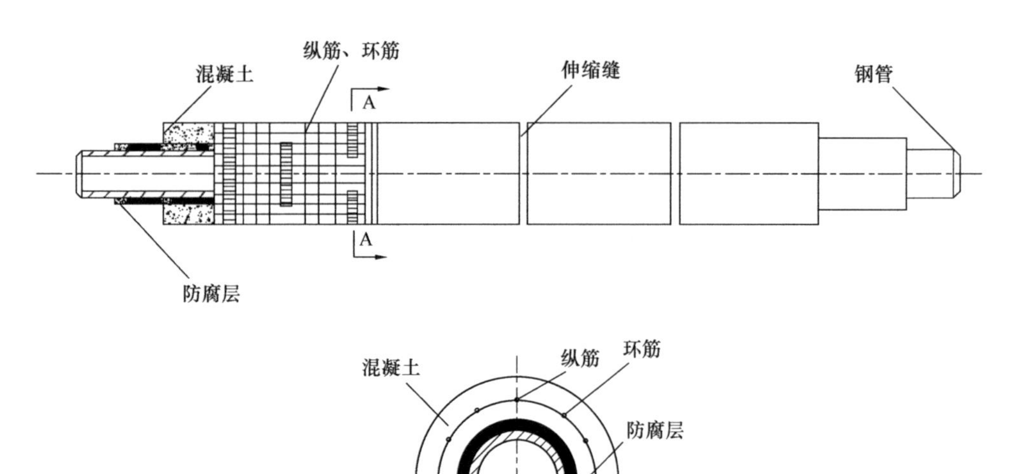

图5-27　混凝土连续覆盖层稳管结构图

送阻力比用单个压重块时小。但在施工时，管道自重很大，应在管道上安装浮筒以减少牵引力。

5. 水下管沟回填

回填前应对下沟管道进行标高测量和管道中心线测量，合格后方可进行管沟回填。设计为自然回淤的管沟，应在管道下沟敷管完成后，采用人工回填1/3的覆盖深度，或采取其他稳管措施。回填后应对管道的中心线、标高进行复验，并应符合设计要求。

施工期间应保持施工现场周围的生态环境。工程完毕后，应立即拆除临时设施并恢复地貌，并应按设计要求及时完成护岸和护坡的砌筑工程。

5.5 管道跨越

5.5.1 常用的跨越形式

目前，燃气管道常用的跨越形式主要有随桥敷设、梁式管桥、轻型托架式管桥、桁架式管桥、拱式管桥等。根据地形、地貌、地质与水文条件，在考虑交通与泄洪要求、合理布置跨越尺寸的前提下，择优选取不同的管道跨越结构形式。

1. 随桥跨越

根据现行国家标准《城镇燃气设计规范（2020 版）》GB 50028 规定，0.4MPa 以下燃气管道可随既有桥梁敷设。随桥敷设时，燃气管道可以敷设在专门预留的燃气管沟内，或架设在桥墩、牛腿、桥梁侧壁、桥板底等处。相关支架应事前由桥梁部门预留。若无预留时，施工方案需要得到相关部门批准后方可实施，且不应在桥梁预应力梁上直接打孔设置支架。

随桥敷设燃气管道时，需要考虑燃气管道伸缩补偿与减振设计、桥梁两侧设置截断阀、标志牌、警示牌、测试桩等。

（1）沿桥梁人行道下方管沟敷设

该方式利用桥梁人行道下方管沟敷设燃气管道，并在管槽内填砂，以避免形成密闭空间，如图 5-28 所示。

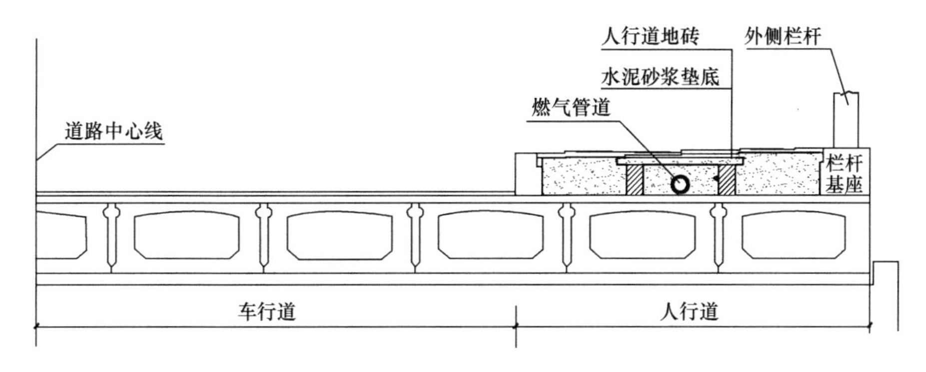

图 5-28 沿桥梁人行道下方敷设

（2）沿桥梁外侧敷设

随桥跨越燃气管道也可利用桥墩、牛腿、桥梁侧壁、桥板底等处预留的管架进行敷设，如图 5-29 所示。由于目前桥梁多为预应力桥梁，一般情况下需在桥梁穿越前提前浇筑好相应支架埋件，以满足管道随桥敷设的要求。

2. 单管拱跨越

单管拱跨越是将管道做成圆弧或抛物线形式，两端固定在支墩上，如图 5-30 所示。管拱主要承受轴向压力，弯矩比同样条件下的梁式跨越小得多。因此，相同管径的拱式跨越比梁式跨越的跨度大。从受力来看，抛物线拱比圆弧拱好，跨度也较大。但圆弧拱制造更方便，因而使用更普遍。

由于拱式跨越两端既要承受埋地管段出土热变形影响，又要承受拱端推力，故要设固

图 5-29　沿桥梁外侧敷设

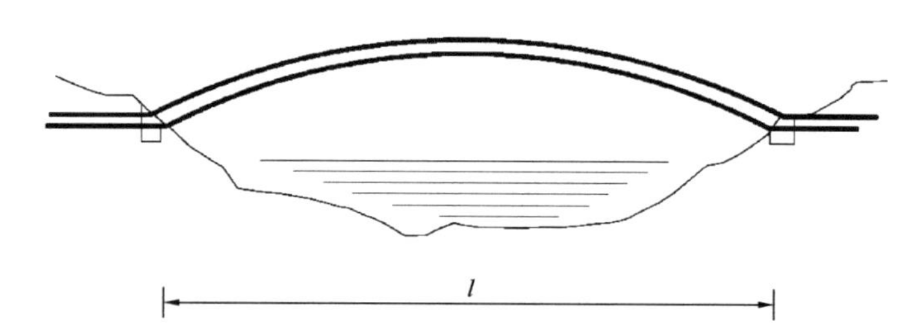

图 5-30　单管拱跨越

定支墩。要使固定支墩承受上述力的作用，应有良好的地基地质条件，且回填土必须夯实。此种形式的跨越结构，施工安装较梁式跨越工序复杂，必须有冷弯管设备。

3. 梁式管桥跨越

梁式直跨管桥是最简单的跨越形式，仅由支架或支墩及管道组成。对于大、小口径的管道均适用，广泛适用于小型河流、溪沟的跨越，如图 5-31 所示。

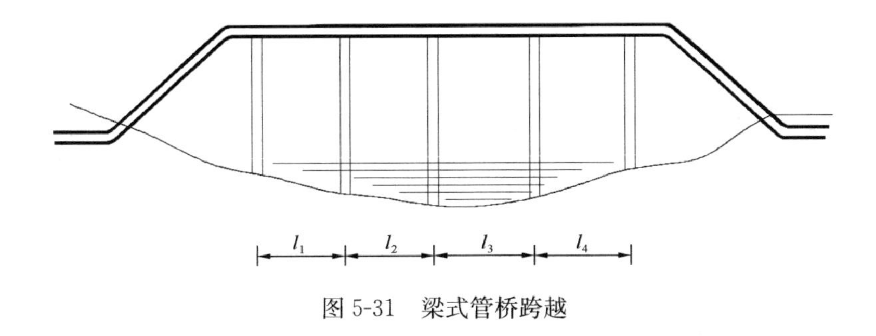

图 5-31　梁式管桥跨越

4. 轻型托架式管道跨越

轻型托架式管道跨越如图 5-32 所示。这种跨越采用下拉索承托管道，加大了管道自身的允许跨度，适用于常年水位和洪水位相差不大的中、小型河流跨越。由于结构横断面多做成三角形，不仅改善了管道的受力，而且具有良好的侧向稳定性和抗风能力。

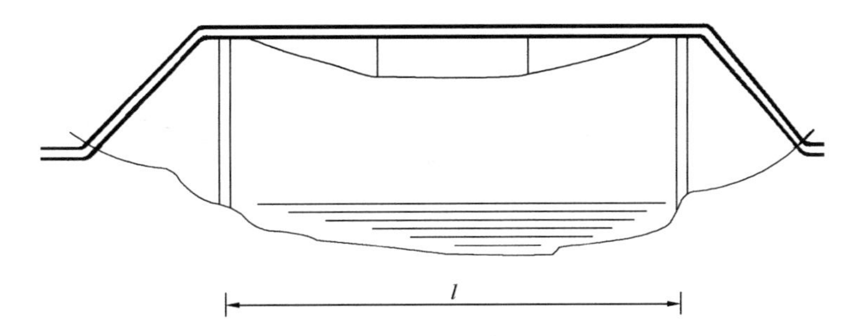

图 5-32　轻型托架式管道跨越

5. 桁架式管道跨越

桁架式管道跨越结构如图 5-33 所示，其基本结构为桥墩、桁架和管道。它的下部结构一般采用在水中修筑桥墩，上部结构采用钢桁架作为管道载体，管道从钢桁架上通过，

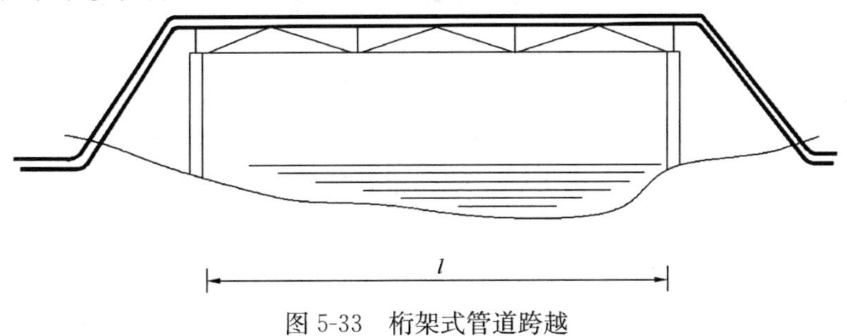

图 5-33　桁架式管道跨越

实现跨越江河。考虑到桁架跨越的桥墩施工易受江河洪水影响，施工较困难，且桁架耗钢量大，为满足河道通航要求，往往增加桥墩高度，这样增加了下部工程的造价。因此总跨较长的管桥，应与其他形式的管桥做技术经济比选后确定。

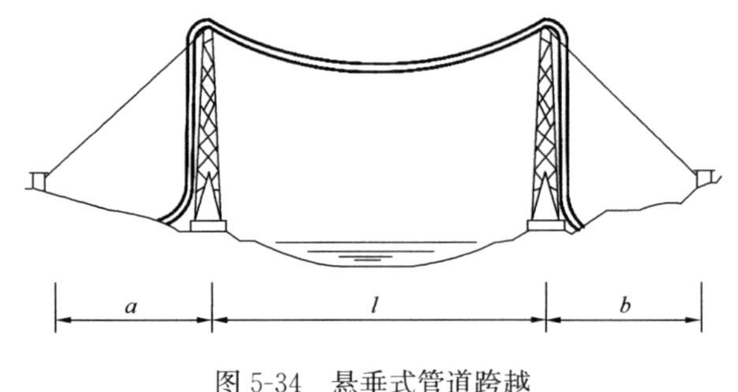

图 5-34　悬垂式管道跨越

6. 悬垂式管道跨越

悬垂式管道跨越结构如图 5-34 所示。该结构适用于小口径管道的大跨度跨越，管道成悬链状。管道既可以输送介质，又是主要承重构件，主要承受轴向拉力。

7. 悬缆式管道跨越

悬缆式管道跨越结构如图 5-35 所示。悬缆管桥是一种适用于中小口径、大跨度的管道跨越结构，其主索和管道呈一对平行的悬链线。由于两者成为一体，可以通过增加主索的拉力来提高系统的固有频率，并辅以简单的防振拉索，就能防止共振的产生，获得较好的空气动力学稳定性。

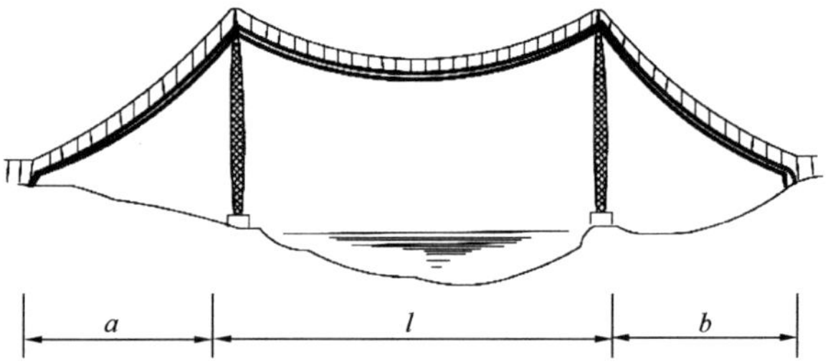

图 5-35　悬缆式管道跨越

8. 悬索式管桥跨越

悬索管桥的基本结构可分为 4 个部分：塔架、悬索与风索体系、锚固墩、梁式管道与桥面体系，其结构如图 5-36 所示。

塔架起支撑主索的作用，主索用来承担管道的重量；锚固墩主要承受主索的拉力，起固定作用，同时也有稳定塔架的作用。

主索在塔顶固定，塔角为铰接，可以在顺桥方向有一定角度的转动。这样，可以随时调整所有主索的拉力，并能保证在任何情况下各段拉力趋于均匀。在岸边的锚固墩内设有调整主索拉力的装置。

由于悬索桥跨度大，水平方向刚度小，为了使管桥具有较好的空气动力学稳定性，常需在管道两侧面设置抗风索。在塔架下部设置 2 个对称的悬臂桁架或设置风索锚固墩，悬臂端或锚固墩上各拉 1 根抗风索，并用短绳将管道和抗风索连接起来。抗风索可用一根钢丝绳做成，也可用多根做成一束。为了提高抗风索的刚度，安装抗风索时应对其预张拉。

9. 斜拉索管道跨越

斜拉索管道跨越结构如图 5-37 所示。其基本结构为塔架、斜拉索和管道。斜拉索穿过塔顶的滑轮组，两端和管道连接。斜拉索也可布置成扇形（塔架各边拉索平行布置）、星形（斜拉索呈网状布置）等各种形状。斜拉索管桥是一种大型管道跨越结构。

由于在安装时给斜拉索以张拉力，使管道和斜拉索成为一个有机的弹性体系，因而增大了整个体系的空气动力学稳定性，不需要设置专门的抗风系统。

由于最外侧斜拉索与平面夹角不宜小于 25°，当跨度过大时，塔架高度过高，增大了

图 5-36 悬索式管道跨越

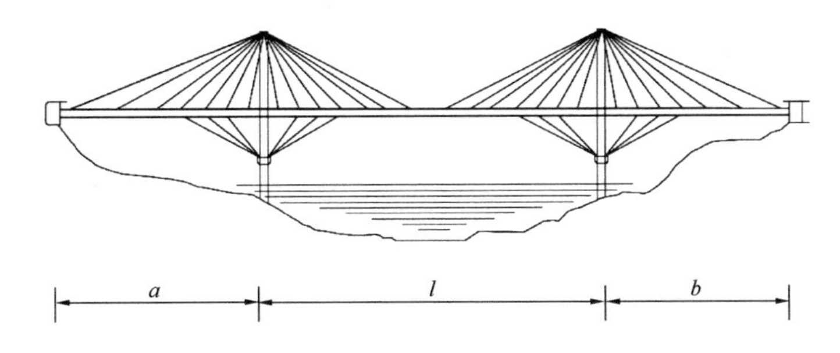

图 5-37 斜拉索管道跨越

工程造价与施工难度，因此特大跨度的管道跨越应采用悬索管桥或斜拉索、悬索组合式管道跨越结构形式。斜拉索管桥的管道平直，且受力以拉力为主，故能充分发挥管材的抗拉强度。

5.5.2　中小型跨越工程施工

燃气管道跨越工程多为中小型工程，常采用随桥、拱式、梁式等跨越结构。以下主要介绍拱式、梁式跨越工程的施工。其主要施工工序为：施工前准备→设计交桩→测量放线→基础开挖→基础砌筑施工→基础之间相对尺寸复测→跨越管段的组对、焊接及检验与防腐保温→吊装就位→防雷接地安装→清管试压→质量验收。

1. 基础和跨越管段预制

无单体跨越设计图或设计无明确规定的跨越管段施工，应视为一般管段。其施工技术要求可参照管道施工技术，其质量检查和质量标准同一般管道工程。

跨越管道支墩的施工宜采用钻孔灌注桩法。灌注桩的施工工序一般为：钻孔→清孔→放钢筋笼→下导管→灌注混凝土→拔导管。

跨越管道应在跨越点一侧进行预制，主管道应在预制平台上一次完成。根据施工现场的地形、水文条件，合理布置施工场地，组装、焊接场地应平整。

拱式跨越工程宜有放样平台。其放样平台应平整，在放样平台上放 1∶1 的管段大样，并应分段编号。

所有钢件应采用焊接连接，所有钢构件应放样制作。放样尺寸与标准尺寸有误差时，应以放样尺寸为准。

2. 吊装就位

（1）拱式跨越

跨越管段整体预制后，在河中浮运过河，然后在河上翻转就位。可采用在河上设吊装船，两岸设吊车配合翻转。整体过河也可采用直立船运，然后吊装就位。小型拱式跨越，可采用几台吊车配合，整体吊装就位，如图 5-38 所示。

图 5-38　小型拱式跨越

（2）梁式跨越

小型梁式跨越可以采用一台或几台吊车吊装就位。一般采用一侧用动力设备（卷扬机、起重设备、推土机等）牵引，另一侧用起重设备或吊车配合将预制好的跨越部分吊起，缓慢向对岸运管，并在向对岸运管的过程中，起重设备或吊车逐渐将跨越部分摆正。也可以根据跨越的实际情况，在一端修建发送道，另一端采用牵引。利用在河中的支墩铺设简易便桥，在上面铺设管道，进行组对、焊接等作业。

5.6 穿跨越施工技术适应性分析

燃气管道常用穿跨越施工技术的优缺点及其适应性分析结果，详见表 5-6。

常用穿跨越方式对比 **表 5-6**

序号	优点	缺点	适用范围
水平定向钻穿越	管道埋深能达到设计要求，保证管道稳定；对河堤、河道、地表的干扰较小，不影响交通，利于环境保护；施工周期短、综合造价低、施工精度高	受钻杆抗扭矩及回拖能力的影响，穿越长度和管径有限制；要求施工一侧有开阔平坦的管道组装场地；在砾石层中施工比较困难，一般不适用于成孔困难的地层；河床地层复杂时，施工风险较大；若施工操作不当，会影响附近重要建（构）筑物的安全	适用地层：黏土、砂土、粉土、风化岩等。当出土或入土侧有卵石层时，可采取注浆固化、开挖换土、加设套管等措施。 不适用地层：卵石层
顶管穿越	施工面由线压缩成点，占地小，噪声低，沿线环境污染少；施工过程不破坏地面建筑物，不影响正常道路交通或者河流通航	遇到松散砂砾层、地下水位以下的粉土等复杂地质情况时，施工困难，造价高；需要有详细地勘和水文地质资料，顶进中容易遇到不可控因素；土质不良或者顶管超挖过多时，竣工后地面沉降、开裂时有发生	适用地层：淤泥质黏土、黏土、粉土及砂土等地层。 不适用地层：土体承载力小于 30kPa、岩体强度大于 40MPa、土层中砾石含量大于 30%或粒径大于 200mm 的砾石含量大于 5%、江河中覆土层渗透系数大于等于 1mm/s
开挖穿越	施工相对简单，施工过程相比顶管、定向钻等不可控因素较少，施工周期相对较短	河流开挖和施工周期受汛期影响较大；河流冲刷易导致管道破坏；道路开挖需要组织道路交通，影响车流量；施工作业面较大，费用较高	适用于可以断路或分幅断路的公路、允许开挖作业的河流、湖泊等
随桥跨越	费用较低，施工简单，周期短，维护方便	需要桥梁及交通部门审批，程序较多；需要考虑补偿、桥梁振动等不利影响	设计压力 0.4MPa 以下管道

思考题与习题

1. 城镇燃气管道主要穿越方式有哪些？
2. 水平定向钻穿越的工作原理、优缺点和适用范围是什么？

3. 水平定向钻的控向与造斜原理是什么？

4. 水平定向钻在钻进、扩孔、管道回拖过程中的钻具有什么区别？

5. 顶管穿越的工作原理、优缺点和适用范围是什么？

6. 开挖穿越河流有哪些水下管沟开挖方法？

7. 水下管道有哪些敷设方法？

8. 为什么要进行水下管道的稳管？有哪些稳管方法？

9. 燃气管道常用的跨越形式有哪些？

10. 一条Φ219×6.5的钢质燃气管道拟穿越一条小型河流。穿越点概况为：河床基岩埋藏较深，50m深范围内均为砂土层，渗透系数为0.2mm/s；水面宽约40～60m，水深2～4m，水的流速较缓0.5～2m/s，河道不通航；河道两侧平坦而宽阔。试分析给出两种可行的燃气管道河流穿越方案，并分别说明理由？针对自己提出的不同方案，对比分析各自优缺点，进而提出相对最优的方案？

本章参考文献

[1] 严铭卿. 燃气工程设计手册[M]. 北京：中国建筑工业出版社，2009.

[2] 何利民，高祁. 油气储运工程施工[M]. 北京：石油工业出版社，2012.

[3] 李公藩. 燃气管道工程施工[M]. 北京：中国计划出版社，2003.

[4] 黄国洪. 燃气工程施工[M]. 北京：中国建筑工业出版社，2003.

[5] 刘大恕. 油气储运工程施工新工艺[M]. 北京：石油工业出版社，2009.

[6] 《石油和化工工程设计工作手册》编委会. 输气管道工程设计[M]. 东营：中国石油大学出版社，2010.

[7] 中国石油天然气管道工程有限公司. GB 50423油气输送管道穿越工程设计规范[S]. 北京：中国计划出版社，2013.

[8] 中国石油天然气管道局. GB 50424油气输送管道穿越工程施工规范[S]. 北京：中国计划出版社，2015.

[9] 中国石油工程建设有限公司西南分公司. GB/T 50459油气输送管道跨越工程设计标准[S]. 北京：中国计划出版社，2017.

[10] 四川石油天然气建设工程有限责任公司. GB 50460油气输送管道跨越工程施工规范[S]. 北京：中国计划出版社，2015.

[11] 中交煤气热力研究设计院有限公司. CJJ/T 250城镇燃气管道穿跨越工程技术规程[S]. 北京：中国建筑工业出版社，2016.

[12] 北京市市政工程设计研究总院. GB 50032室外给水排水和燃气热力工程抗震设计规范[S]. 北京：中国建筑工业出版社，2003.

[13] 中国市政工程华北设计研究院. GB 50028(2020版)城镇燃气设计规范[S]. 北京：中国建筑工业出版社，2020.

第 6 章　燃气场站工程施工

燃气场站含义比较广泛，主要包括门站、储配站、调压站、压缩天然气场站（供应站、加气站）、液化天然气场站（供气站、加气站）、液化石油气场站（储存站、储配站、灌装站、气化站、混气站、加气站）等，典型燃气场站如图 6-1 所示。

(a)　(b)　(c)　(d)

图 6-1　典型燃气场站

(a) 门站；(b) LNG 气化站；(c) LNG/L-CNG 加气站；(d) LPG 储配站

各类燃气场站的工艺流程与设备组成有很大差别，但这些场站存在一些共性的内容。综合考虑各类燃气场站的特点，可以把燃气场站看作由厂区平面、建（构）筑物、设备、工艺管道、电缆、自动化仪表等部分组成。按系统功能分，燃气场站主要由工艺系统、自控系统、电力系统、通信系统、消防系统、给水排水系统、热力系统、水处理系统等部分组成。按设备类型分，燃气场站包括静设备（压力容器、汇管、储罐、分离器、工艺管道等）、动设备（压缩机、泵、发电机等）、自控与安全仪表系统等。

燃气场站工程施工涉及较多施工工序，甚至不同施工单位。其中，工艺系统的施工过程大体可分为：熟悉图纸→制定施工组织设计→施工准备→场区平面施工→容器储罐类静设备安装→动设备安装→撬装设备安装→工艺管道安装→工艺管路吹扫、试压及干燥→竣工验收。

6.1　一般要求

（1）燃气场站施工前必须制定详尽的施工方案，并经有关部门审查通过后方可进行施工。

（2）燃气场站的消防、电气、供暖与卫生、通风与空气调节等配套工程的施工与验收，应符合国家有关标准的要求。

（3）燃气场站使用的设备与仪器、仪表，应有齐全的质量证明文件和产品监督检验证书（或安全性能检验证书），其安装及验收应按产品说明书和有关规定进行。

（4）设备基础的施工及验收，应符合现行国家标准《混凝土结构工程施工质量验收规范》GB 50204 的规定。

（5）储气设备的安装，应按现行国家标准《球形储罐施工规范》GB 50094 执行。

（6）机械设备的安装及验收，应按《机械设备安装工程施工及验收通用规范》GB 50231 执行。

（7）压缩机、风机、泵及起重设备的安装，应按现行国家标准《风机、压缩机、泵安装工程施工及验收规范》GB 50275、《起重设备安装工程施工及验收规范》GB 50278 执行。

6.2　场区平面施工

场区平面施工应在设计图纸指定的区域进行，如图 6-2 所示。场区平面施工的目的是按设计图纸要求，准确定出各设施的具体位置。根据场站各部分安装的需要，进行场地平整，修筑进场道路，以便为后续工程施工创造必要的条件。当场地是坡地或矮丘时，应按设计要求修建成平地或台地，才能开展其他的工序，否则对后续工程产生严重的不利影响。场区平面施工的主要内容有：定位放线、场地平整、土建工程施工等。

图 6-2　场区平面

6.2.1 定位放线

定位放线要依据国家永久水准点和场站控制桩进行，定位放线可按以下程序进行：

（1）测量人员根据场站总平面图和各设施基础施工图，用全站仪等测量工具确定场站总体位置和各种设施的基础位置，钉上控制桩，撒上白灰线。

（2）按场站总平面图和各设施基础施工图，用全站仪确定出场站各点标高和设施基础位置标高，钉上标高控制桩。

（3）整个场站平整完毕后，按场站总平面图设置临时性坐标、标高参考点，经建设单位代表核查后，用混凝土固定好。在以后各设施施工时，都要以临时性坐标、标高参考点为准。

6.2.2 场地平整

场地平整应在获得建设单位同意后进行，在此之前要查清场站内的地下、地上障碍物，并测量画出土方调配方格图。

场地平整主要依靠土工机械进行，必要时可采用人工平整。场地平整时，用推土机从场站一边开始进行平整，平整标高按场站总平面图有关要求执行。用全站仪跟踪测量标高，以确定推土高度。在推土过程中，如发现有低洼、坑洞，要及时用合适的材料进行回填，多余的土要及时运到指定的位置堆放。并按施工总平面图确定道路的位置，修筑临时道路。临时道路要高出场站地面，两边要挖设临时排水沟。

在整个场地平整过程中，要保护好现有建筑物、地下管道、地下设施等，保护好现有道路、电线杆等。

6.2.3 临时设施

施工现场的临时设施，包括生产生活用房、仓库、料场以及照明、动力线路，严格按照施工平面布置图进行，并对不同区域进行标示。

施工现场需要悬挂工程概况牌、安全纪律牌、职工守则牌、安全生产无重大事故计数牌、施工平面布置图。

6.3 容器储罐类静设备安装

静设备是指不含动力旋转部件的设备。静设备可分为容器储罐类静设备和工艺管道两大类。燃气场站中的典型容器储罐类静设备主要包括汇管、分离器、过滤器、储罐、气化器等。

容器储罐类静设备的施工程序一般为：基础验收→设备验收→垫铁放置→吊装就位→找正找平→灌浆抹面→内件安装→防腐保温→检查验收。

6.3.1 基础验收

安装施工前，设备基础必须交接验收，如图 6-3 所示。基础的施工单位应提供质量合格证明书、测量记录及其他施工技术资料。基础上应清晰标出标高基准线、中心线。有沉降观测要求的设备基础，应有沉降观测水准点。

基础验收检查应符合如下规定：

（1）基础外观不得有裂纹、蜂窝、空洞及露筋等缺陷；

（2）基础混凝土强度应达到设计要求，周围土方应回填并夯实、整平；

图6-3　储罐容器类静设备基础

(3) 结合设备平面布置图和设备本体图，对基础的标高及中心线、地脚螺栓和预埋件的数量、方位进行复查，及早暴露设备衔接方面的问题；

(4) 基础外形尺寸、标高、表面平整度及纵横轴线间距等应符合设计和施工规范要求，其尺寸允许偏差应符合表6-1中规定。

基础尺寸允许偏差　　**表6-1**

序号	检查内容	允许偏差（mm）	备注
1	螺栓标高	0～10	顶端
2	两螺栓间距	±2	
3	螺栓中心对基础轴线距离	±2	
4	螺栓垂直度	≤5L/1000	L为螺栓长度
5	相邻基础轴线间距	±3	
6	基础轴线总间距	±5	
7	基础对角线差	≤5	
8	基础各不同平面的标高	－20～0	

6.3.2　基础处理与垫铁放置

(1) 在设备安装前，设备基础表面必须进行修整。铲好麻面，放置垫铁处要铲平，铲平部位水平度允许偏差为2mm/m，预留地脚螺栓孔内的杂物要清除干净。

(2) 每个地脚螺栓旁要有一组垫铁。

(3) 相邻两组垫铁的间距不应超过500mm。

(4) 有加强筋的设备，垫铁垫在加强筋下。

6.3.3　设备就位、找正与找平

将设备吊装就位后，如图6-4所示，开展设备的找正与找平。

(1) 找正与找平的基准测点：

1) 设备支承的底标高，以基础上的标高基准线为基准；

2) 设备的中心线位置，以基础上的中心划线为基准；

图 6-4　LNG 储罐吊装

3）立式设备的铅垂度，以设备两端部的测点为基准；

4）卧式设备的水平度，以设备的中心划线为基准。

（2）设备找正或找平要采用垫铁调整，不得用紧固或放松地脚螺栓的方法进行调整。

（3）有坡度要求的卧式设备，按图纸要求进行；无坡度要求的卧式设备，水平度偏差要偏向设备的排污方向。

（4）有膨胀或收缩的卧式设备，其滑动侧的地脚螺栓要先紧固。当设备安装和管道连接完成后，再松动螺母留下 0.5～1mm 间隙，而后用锁紧螺母再次紧固以保持这一间隙。LNG 卧式储罐滑动侧的地脚螺栓如图 6-5 所示。

图 6-5　LNG 卧式储罐滑动侧的地脚螺栓

（5）设备找正、找平结束后，用0.5磅手锤检查垫铁组，应无松动现象。设备垂直度经监理检查确认合格后，用电焊在垫铁组的两侧进行层间点焊固定，垫铁与设备底座之间不得焊接。检查确认合格后进行灌浆。

（6）静设备找平找正后的允许偏差，如表6-2所示。

静设备找正找平后的允许偏差 **表6-2**

检查项目		偏差值（mm）
中心线位置		5
标高		±5
储罐水平度	轴向	$L/1000$
	径向	$2D_W/1000$
塔器垂直度		$H/1000$
塔器方位（沿底座环圆周测量）		10

注：D_W为设备外径；L为卧式储罐长度；H为立式塔器高度。

6.3.4 基础灌浆

（1）设备找正后，垫铁之间要焊牢，垫铁露出设备支座底板边缘10～20mm，垫铁组伸入度要超过地脚螺栓孔。

（2）地脚螺栓孔灌浆和二次灌浆必须一次灌完，不得分次浇灌。

6.3.5 压力试验

若容器储罐类静设备出厂前已进行压力试验，试压资料齐全，设备到货后，经验收完好，出厂不满6个月，可不再进行现场压力试验，同工艺管道一起进行严密性试验即可。否则，按照施工规范及设计图纸要求重新进行压力试验。

6.3.6 内件安装

内构件的安装按照设计图纸要求进行。不在容器储罐类静设备内作业时，设备都应临时关闭。

6.3.7 设备的清扫、封闭

容器储罐类静设备安装前一般均应进行内部清扫，清除内部的铁锈、泥沙等杂物。封闭前应由施工、监理、建设单位联合检查，确认合格后，方可封闭。

6.4 动设备安装

动设备是指含有运动部件的设备，常见的有压缩机、烃泵等。燃气场站最常用的动设备为往复式压缩机，且多采用中小型整体压缩机，可进行整体安装，不必进行解体拆卸，如图6-6所示。

整体动设备的安装可按以下顺序进行：基础检查验收→动设备的清洗检查→动设备就位、找正、找平→二次灌浆→调整→试运行。

6.4.1 基础检查与验收

动设备基础施工由专门的土建施工队伍完成。当混凝土达到标准强度的75%时，由

图 6-6　CNG 压缩机

基础施工单位提出书面资料，向动设备安装单位交接，并由安装单位验收。

基础验收的主要内容为外形尺寸、基础坐标位置（纵横轴线）、不同平面的标高和水平度、地脚螺栓孔的距离、深度和孔壁垂直度、基础的预埋件是否符合要求等。

6.4.2　地脚螺栓

动设备底座与基础之间的固定采用地脚螺栓。地脚螺栓分长型和短型两种。T 型长地脚螺栓，借助锚板实现设备底座与基础之间的固定，可便于地脚螺栓的拆装更换，多用于有强烈振动和冲击的重型机械，如图 6-7 所示。

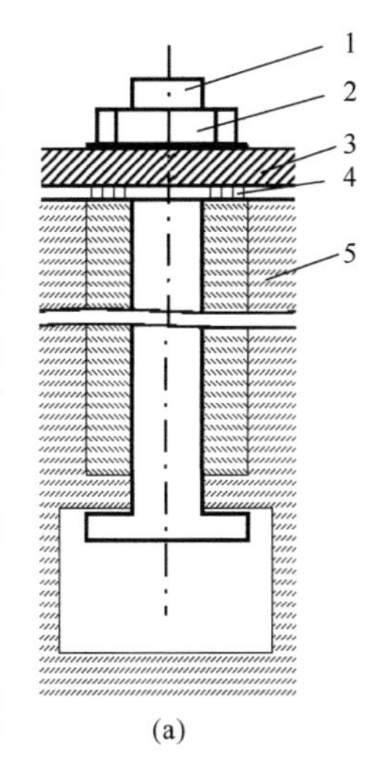

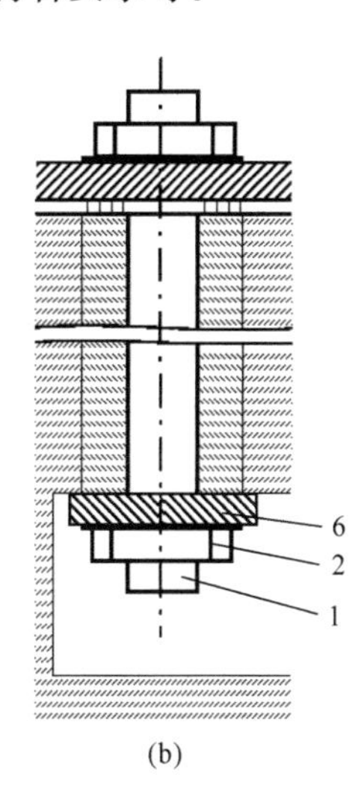

图 6-7　T 型长地脚螺栓

（a）锤头式；（b）双头螺栓式

1—T 型长地脚螺栓；2—螺母；3—设备底座；4—垫铁；5—设备基础；6—锚板

燃气场站动设备多采用短地脚螺栓，安装时直接埋入混凝土基础中，形成不可拆卸的连接，如图 6-8 所示。埋入时，可采用全部预埋法、部分预埋法和二次灌浆法。

预埋法是在浇筑基础前用钢架将地脚螺栓固定好，然后浇筑混凝土。预埋法的优点是紧固、稳定、抗振性能好，其缺点是不利于调整地脚螺栓与动设备底座孔之间的偏差，安装难度大，成本较高。大型设备的地脚螺栓经常采用此种方法。用钢架固定地脚螺栓时，其方位和尺寸的精度应比设计要求高出 30%，给基础浇筑留出变形余量。

二次灌浆法是在灌筑基础时，预留出地脚螺栓孔，安装动设备时插入地脚螺栓，待动设备稳固后向孔中灌入混凝土，如图 6-8（c）所示。二次灌浆法的优点是调整方便，但连接牢固性差。

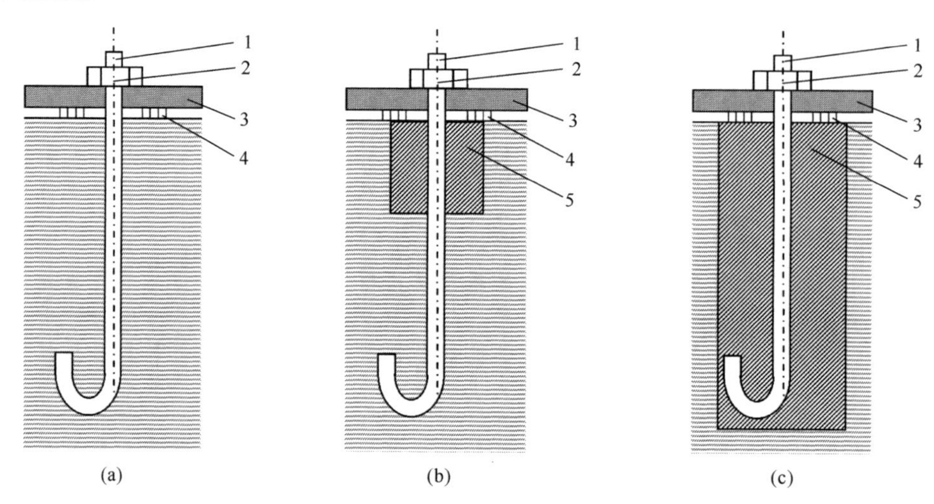

图 6-8　地脚螺栓与基础之间的不可拆卸连接方法

（a）全部预埋法；（b）部分预埋法；（c）二次灌浆法

1—地脚螺栓；2—螺母；3—设备底座；4—垫铁；5—二次灌浆

地脚螺栓的长度可按下式确定：

$$L = 15d + 4t + s \tag{6-1}$$

式中　L——地脚螺栓总长度，mm；

d——地脚螺栓直径，mm；

t——螺距，mm；

s——垫铁、底座、垫圈和螺母的总厚度，mm。

6.4.3　垫铁

垫铁的作用是调整动设备的标高和水平。垫铁按材料分为铸铁和钢板两种，按形状分有平垫铁、斜垫铁、开口垫铁、开孔垫铁等，如图 6-9 所示。

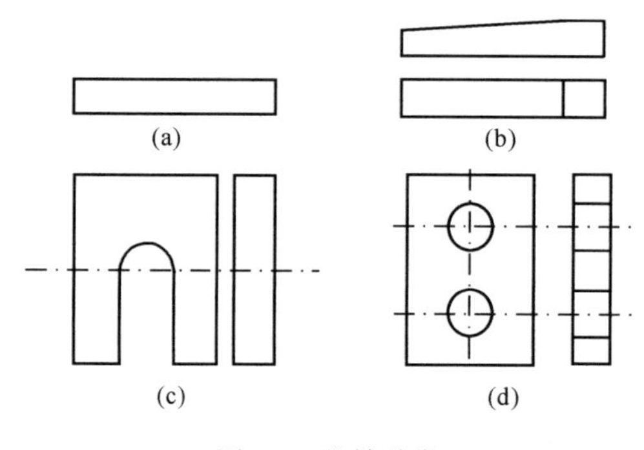

图 6-9　垫铁种类

（a）平垫铁；（b）斜垫铁；（c）开口垫铁；（d）开孔垫铁

动设备底座下面的垫铁放置方法可采用标准垫法或十字垫法（适用于小型动设备），如图 6-10 所示。每个地脚螺栓至少应有一组垫铁，垫铁应尽量靠近地脚螺栓。使用斜垫铁时，下面应放平垫铁，每组垫铁一般不超过 3 块。在平垫铁组中，厚的放在下面，薄的放在中间，且尽量少用薄垫铁。动设备找正找平后，应将每组钢垫铁点焊固定，防止松动。

垫铁组应放置整齐、平稳，与基础间紧密贴合。放在混凝土基础上的垫铁组的面积

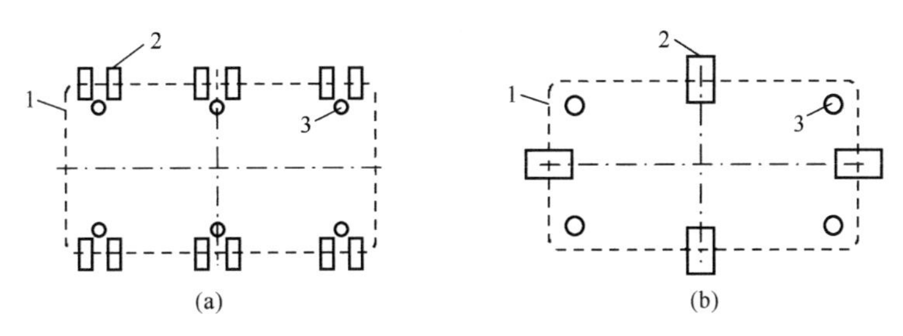

图 6-10 垫铁的放置方法

(a) 标准垫法；(b) 十字垫法

1—机座位置线；2—垫铁位置；3—地脚螺栓孔

可按下式计算：

$$A = \frac{100C(Q_1 + Q_2)}{R} \tag{6-2}$$

式中 A——垫铁与基础的贴合总面积，mm^2；

C——安全系数，$C = 1.5 \sim 3$；

Q_1——动设备压在垫铁组上的重力，N；

Q_2——由于地脚螺栓拧紧后分布在垫铁组上的压力（可采用螺栓的许用抗拉强度），N；

R——基础混凝土的抗压强度（可采用混凝土设计强度），N/cm^2。

6.4.4 机座找正、找平与找标高

机座的找正、找平、找标高是动设备安装过程中的重要工序，直接影响动设备的正常运转与使用寿命。

1. 机座找正

动设备机座的找正就是将机座的纵横中心线与基础的纵横中心线对齐，保证设备机组安装在一条线上、一个平面上，相应的配套设备、管道和附属设施也均应横平竖直、整齐划一。

动设备机座基础的纵横中心线应根据设计基准线测量得到，或以相邻机座纵横中心线为基准。如要求不高，还可以地脚螺栓孔为基准，画出基础的纵横中心线。

基础纵横中心线可用线坠挂线法画出，如图 6-11 所示。在设计基准线上取两点，借助角尺、卷尺等量出相等垂直尺寸，做出标记。立钢丝线架，吊线坠，调整钢丝位置使线坠对准标记，在基础上弹出墨线。另一条中心线以同样方法绘出。最后应将纵横中心线在基础侧面上做出标记，以备安装机座时检查校正。

对于联动设备（如对置式压缩机），可用钢轨或型钢作中心标板，浇筑混凝土时，将其埋在联动设备两端基础的表面中心，把测出的中心线标记在标板上，作为安装中心线的两条基准线，如图 6-12 所示。同一中心线埋设两块标板即可。

2. 机座找平和找标高

动设备机座（如图 6-13 所示）找正后，即进行机座的找平和找标高。找平是指找机座的水平。若动设备沿主轴纵向不水平，运行过程中会产生轴向分力；若横向不水平，运行过程中会导致设备水平方向受力不均匀，甚至导致轴承润滑油分布不均衡。因此，必须

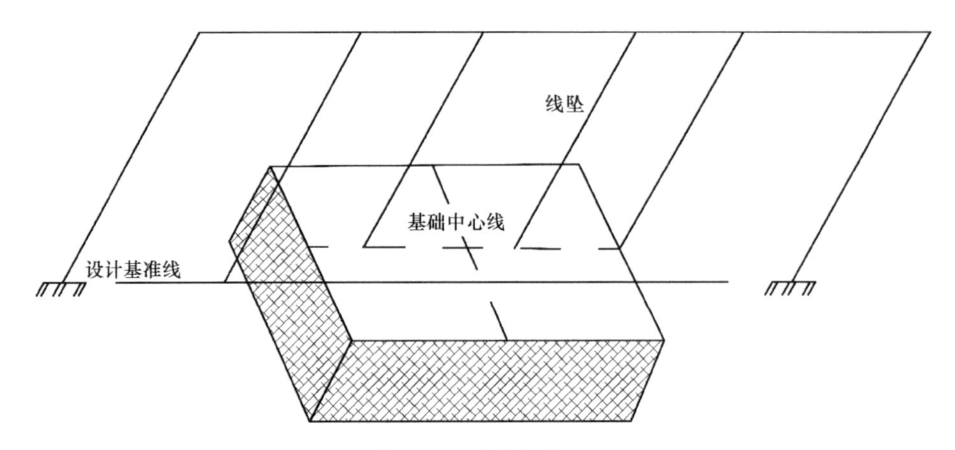

图6-11 线坠挂线法

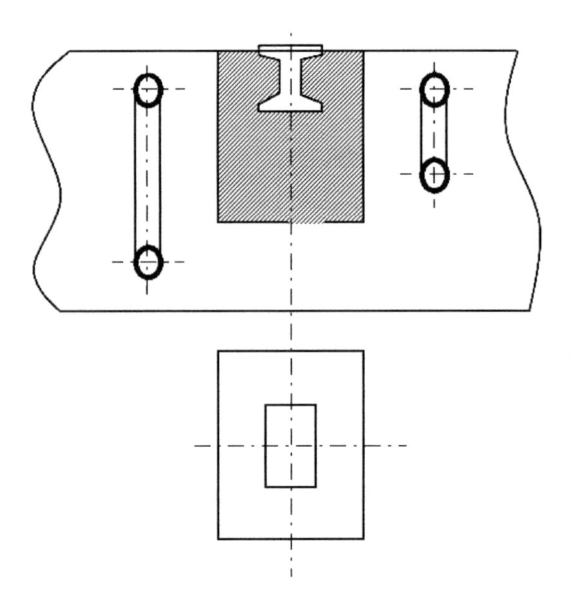

图6-12 钢轨中心标板

图6-13 压缩机组机座

高度重视动设备机座的找平。

找标高是指确保设备机座的安装高度符合设计高度。若机组不同组件特别是主被动组件（如电机与压缩机）之间的相对安装高度不满足设计要求，运行过程中必然会使联轴器等部件产生剧烈抖动，影响动设备正常工作。

动设备机座找平和找标高的过程一般为：

(1) 安装前应对基础标高、螺栓间距及主被动设备的相应方位，再次进行校核，确保基础外形尺寸、标高、表面平整度及纵横轴线间距等符合设计要求。

(2) 用动设备自带的顶丝将机座逐步顶起，采用水准仪等测量仪器找标高，确保安装高度符合设计要求。

(3) 使用精度高于 0.02mm/m 的水平仪，在厂家指定的位置，分别找设备的纵向水平度和横向水平度。若厂家无规定，纵向水平度应小于 0.05mm/m，横向水平度应小于 0.1mm/m。

(4) 选择合适垫铁，采用标准垫法或十字垫法，将机座垫平。若动设备是分体钢架底座，在钢架底座灌浆前，要依照厂家的要求校核动设备联轴器的间隙，一般其误差应小于 0.25mm。

(5) 使用强度大于 M15 流淌性好的微膨胀环氧树脂水泥砂浆，将机座与基础振捣浇筑为一体。为便于排出空气，浇筑时，从动设备宽的一侧注浆，另一侧出浆。注浆要饱满，不可有空洞。

(6) 水泥砂浆硬化后复查水平度，然后按照厂家要求的力矩拧紧地脚螺栓。

(7) 设备安装完成后，再开展配管工作。动设备的进出口管道应由支架支撑，不允许动设备承受管道重力。动设备法兰短节安装紧固后，再焊接动设备进出口短节的最后两个焊口。为保证实现无应力安装，最后的焊口位置应选在易安装组焊的地点，对口间隙和管口错边量均不可超标。为减少焊接应力，应同时进行动设备进出口两边焊接，也可以焊接完一边的根焊，再进行另一边的根焊。以此类推，循环完成焊接。但此方法需采取预热措施，保证焊接层间温度高于 100℃。焊接时应观察联轴器的千分表，不应有变化。管道中杂物应清扫干净。

(8) 安装完机组管道及附件并复核设备联轴器的同轴度后，为检查动设备所受的安装应力，应将动设备的底座螺栓和四周紧固顶丝松开，动设备的位移不应超过 0.05mm。此外，也可解开动设备进出口的法兰螺栓，检查法兰平行度不应大于 0.5mm。

3. 动设备的检测与试运行

动设备在保质期内，原则上不进行拆检。需拆检的动设备需与甲方协商后确定。检测内容主要包括：将待检动设备解体、清洗、检查零部件有无损伤；检测各间隙、配合是否符合要求；转子的径向跳动、轴向跳动是否符合要求。检验合格后，清洗干净并按要求组装，对检查的各种数据，做好记录。

动设备在试运行前，要检测设备的供电、自控仪表、安全仪表系统及设备附属设施，应齐全完好。要清洗干净设备的润滑油系统，加足所要求牌号的润滑剂。若设备是强制润滑，则要“跑油”清洗润滑油系统，直至管路内的润滑油达到合格指标为止。有足够符合要求的试运行输送介质。当实现以上要求后，方可进行设备试运行。主动机连续正常运行 4h 后，接上联轴器使机组连续正常运行 72h，试运行合格，填好试运行记录。

6.5　撬装设备安装

撬装设备是把工艺设备、管道、自动控制系统及其他配套系统等单元设备，在工厂内高效集成预制在一个整体底座或若干个分体底座上，到达现场仅需通气、通电等简单安装施工，即可快速投入运行的设备系统，如图6-14所示。常见的燃气撬装设备主要有撬装门站、撬装调压站、撬装CNG加气站、撬装LNG加气站等。通过撬装方式，可大幅压缩现场施工时长，同时由于设备单元高效集成，将显著减小燃气场站占地面积，具有显著的经济和社会效益。燃气设备撬装化正逐步得到推广应用。

图6-14　撬装门站

6.5.1　安装程序

燃气撬装设备安装程序大致为：熟悉图纸资料→编制施工方案→施工前准备→基础验收、复测划线→设备开箱检验→支吊台架安装→设备吊装、就位、找正、找平→地脚螺栓灌浆、保养→设备清洗、精平复测→设备配管安装、吹扫、试压→设备电气接线调试→设备加油、加液→设备无负荷试运转→配合系统调试→交工验收。

6.5.2　安装方法

(1) 通常先根据图纸及设备清单，将各设备运放在对应的基础附近。

(2) 开箱检查清点设备零部件数量及质量，看有无损坏丢失，是否符合图纸设计要求，并做好记录。开箱时防止损坏碰伤设备。

(3) 做好设备吊装前的准备工作。检查吊装器具是否安全可靠，承载能力是否大于设备重量，吊装点及起重高度是否合适，绳索吊挂是否合理，周围环境有无障碍物等。

(4) 将设备吊装就位，就位前将底座底面、基础上平面、地脚螺栓孔内清理干净，灌浆处基础凿成麻面，保证二次灌浆质量。

(5) 设备采用平垫铁或斜垫铁找正时，应符合下列规定：

1) 斜垫铁应成对使用，搭接长度不得小于全长的3/4，各斜垫铁中心线的相互偏斜角不应大于3°。

2）每组垫铁不超过 3 块，垫铁高度宜为 30～50mm。

3）每组垫铁应放置平稳，设备找正后，每组垫铁均应被压紧，各块垫铁互相焊牢。

4）垫铁露出设备支座外缘宜为 10～20mm，垫铁组伸入长度应超过地脚螺栓。

5）每个地脚螺栓近旁至少有一组垫铁。

（6）在确认设备各部分安装尺寸与图纸相符后，把设备的支台架按图纸要求制作安装牢固。

6.6 工艺管道安装

6.6.1 安装原则

燃气场站工艺管道的安装是在站内容器储罐类静设备、动设备、撬装设备安装就位，并完成设备配管之后进行。在工艺管道安装前，还需要进行管配件的预制和工艺管道支吊架的制作。在上述工作完成并验收合格后，方可进行工艺管道的安装。

场站工艺管道安装程序一般为：准备工作→管道预制→管道安装→无损检测→试压、吹扫、干燥→防腐保温。

燃气场站内工艺管道安装的一般原则为：

（1）先地下（先埋地管道，后地沟管道），再地面，后架空。

（2）先室内，后室外。

（3）先动设备，后配管。

（4）对同类介质管道，先高压、后低压，先大管、后小管。

（5）先主干管道，后分支管道。

（6）对设备就位，先室内、后室外。

燃气场站工艺管道安装，如图 6-15 所示。

(a)

(b)

图 6-15 燃气场站工艺管道安装

（a）配气站；（b）LNG 气化站

由于燃气场站类型多，工艺管道安装遵循的标准规范及其具体要求不尽相同。常见燃气场站工艺管道安装对应的标准规范，详见表 6-3。

为避免赘述，以天然气门站为例，介绍燃气场站工艺管道安装的基本过程和方法。

燃气场站工艺管道安装遵循的主要标准规范　**表 6-3**

场站类型	遵循标准规范
城市门站	《城镇燃气输配工程施工及验收规范》CJJ 33
	《石油天然气站内工艺管道工程施工规范》GB 50540
LNG/LPG 储配站	《工业金属管道施工质量验收规范》GB 50184
	《工业金属管道施工规范》GB 50235
CNG/LPG/LNG 加气站	《汽车加油加气站设计与施工规范》GB 50156
	《石油化工金属管道工程施工质量验收规范》GB 50517

6.6.2　管道预制

管道预制是工艺管道安装施工中的一项基本内容。站内工艺管道的预制工作主要有：管汇制作、管道组合件制作。管道预制件的形式，应根据图纸中工艺管道的结构形式确定。由于预制的工作量较大，应在站内设置的预制场地或平台上进行。

管道预制施工程序一般为：材料检验→下料→切割→组对→焊接。

1. 材料检验

主要检查用于本工程的材料是否有质量证明材料。下料前要进行材质和规格的校对，做到材料外观无腐蚀、无锈污，尺寸误差在允许范围内。

2. 下料

应根据图纸中的结构尺寸计算确定各种短节尺寸，核对无误后进行画线。如果预制件比较复杂，应对下料的短节进行编号，以便区分。下料尺寸及切割误差不得大于 3mm。

3. 切割

不锈钢管应采用机械或等离子方法切割，用砂轮切割或修磨时，应使用专用砂轮片。普通钢管宜采用机械、等离子或氧乙炔火焰切割。主管道宜采用坡口机加工坡口，其余钢管采用氧乙炔气割后应将切割表面的氧化层除去，按要求加工坡口。防腐管的切割，管端处理应满足原防腐留头的要求。

钢管切口应符合下列规定：

（1）切口表面应平整，无裂纹、重皮、毛刺、凹凸、缩口、熔渣、氧化物、铁屑等；

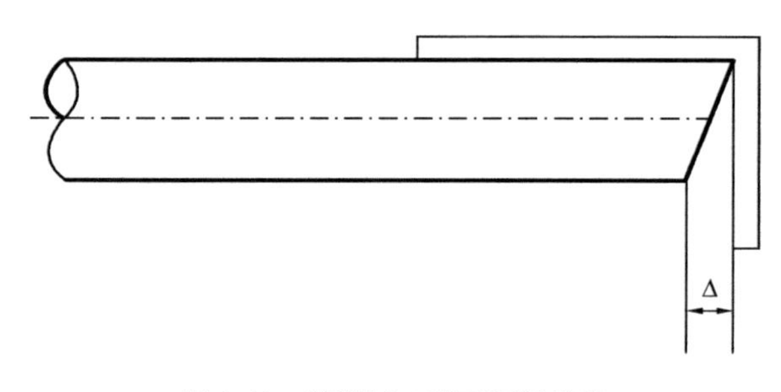

图 6-16　管道切口端面倾斜偏差

（2）切口端面倾斜偏差 Δ（如图 6-16 所示）不应大于管道外径的 1%，且不得超过 3mm；

（3）管端坡口形式及组对尺寸，应符合该工程焊接工艺评定和表 6-3 中相关标准规范的要求。

管口内外表面应清洗，管端 20mm 范围内应无油污、铁锈、油漆和污垢，应呈金属光泽。应将管端部 10mm 范围内螺旋焊缝或直缝余高打磨掉，并平缓过渡。管端坡口如有机械加工形成的内卷边，用锉刀或电动砂轮机清除整平。钢管端部的夹层应切除，并重新加工坡口。钢管的折曲部分及超标凹痕应切除。

4. 组对

管道的组对应在预制平台上进行。根据现场条件可以用吊车或三脚架配合组对，管道组合尺寸的允许偏差、每个方向总长度、每段偏差、角度允许偏差、支管与主管横向中心允许偏差，应符合规范规定。法兰螺孔应跨中安装，法兰密封面与管道中心线垂直，管段平直度小于 0.5mm/m。

管道组对时应对管口清理质量进行检查和验收，并及时组对。使用内、外对口器对口时，内、外对口器的装卸，应符合焊接工艺规程的规定。管道组对应符合表 6-4 中的要求。

管道组对要求 **表 6-4**

序号	检查项目	要求
1	坡口	符合焊接工艺规程要求
2	管内清扫	无任何杂物
3	管口端部清理（20mm 范围内）和修口	管口完好无损，无铁锈、油污、油漆
4	管端螺旋焊缝或直缝余高打磨	端部 10mm 范围内余高打磨掉，并平缓过渡
5	两管口螺旋焊缝或直缝间距	错开间距大于等于 100mm
6	错边和错边校正要求	错口小于等于 1.6mm，沿周长均匀分布
7	钢管短节长度	大于管径，且不小于 150mm
8	过渡坡口	厚壁管内侧打磨至薄壁管厚度，锐角为 15°～45°
9	手工焊接作业空间	大于 400mm
10	半自动焊接作业空间	大于 500mm（距管壁），沟下组焊周围大于 800mm

5. 焊接

参加燃气场站焊接的焊工，必须持证上岗，按其取得的资格证进行相应的工艺管道焊接。不同材质的管道焊接，必须按照经建设单位批准的《焊接工艺规程》的要求，采用相应的焊接材料、进行焊前预热和焊后热处理。当环境条件不能满足焊接工艺规程所规定的条件时，必须按要求采取措施后才能进行焊接。

（1）为保证焊接质量，在雨水、露水天气，大气相对湿度不小于 90%或风速大于 8m/s 时，没有可靠的防护措施均不得施焊。

（2）不锈钢管道焊缝表面不得有咬边现象，其余材质管道焊缝咬边深度不得大于 0.5mm，连续咬边长度不得大于 100mm，且焊缝咬边总长度不得大于该焊缝全长的 10%。焊缝表面不得低于管道表面。

焊接过程中要加强焊材管理：

（1）在施工现场设置库房，房内应通风良好，设气体湿度计，用隔湿材料（如塑料薄膜）将施工材料与库房地面隔开，设置货架分层堆放焊材；

（2）碱性焊条使用前按工艺规范的要求进行烘烤保温；为避免炭化，纤维素型焊条烘烤温度不应大于 100℃；

（3）根据当日的焊接工作量发放焊条，回收的废弃焊条应做好标识，隔离存放。

6.6.3 管墩与管道支架施工

燃气场站工艺管道有埋地敷设、管墩（管沟）支撑敷设和管架支撑敷设等多种敷设方式。在场站平面施工完毕后，要根据设计图纸要求，准确放出管墩或管架的具体位置，进行管墩或管架的制作。只有在管墩或管架制作安装完毕并检查验收合格后，方可进行工艺管道的安装。

1. 支架（管墩）的分类

按支架的材料，管道支架可分为钢结构、钢筋混凝土结构和砖（木）结构等。按支架用途，可分为固定管道用的支架（固定支架）、允许管道在其上能滑动的支架（活动支架）、为控制管道热胀冷缩位移量或减轻管道对约束点（如设备管口、固定点等）推力或力矩的支架（限位支架）。

（1）固定支架

固定支架是为了均匀分配补偿器间的管道热膨胀，保障补偿器能正常工作，从而防止管道因过大的热应力引起管道破坏与较大的变形。如管道不保温，可用U形螺栓和弧形挡板组成的固定支架，如图6-17所示。对于需保温的管道，应装管托。管托同管道应焊牢，管托同支架之间用挡板加以固定。

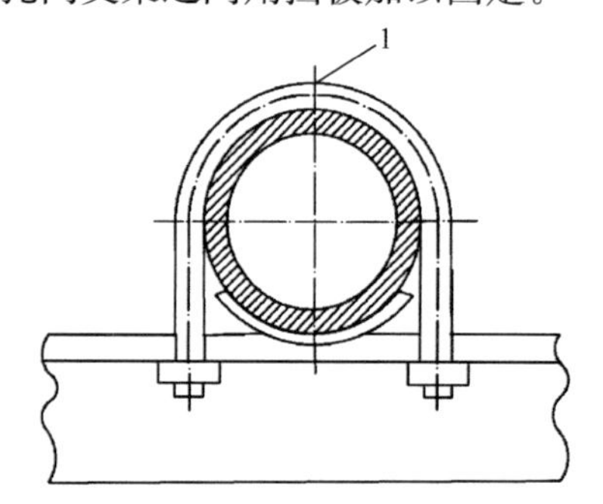

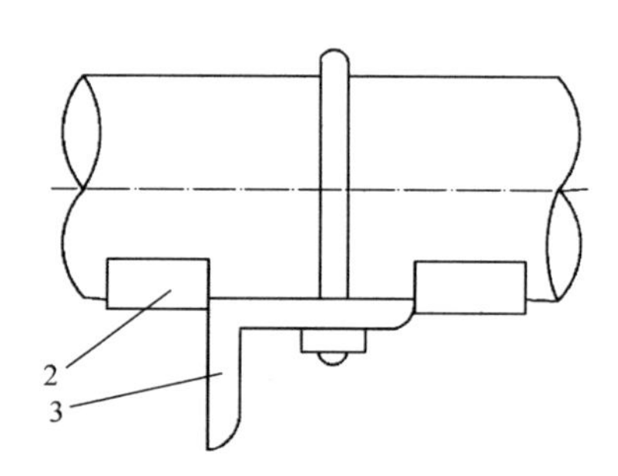

图6-17　固定支架
1—U形螺栓；2—弧形挡板；3—托架

（2）活动支架

活动支架包括滑动支架、导向支架、滚动支架。

1）滑动支架

图6-18　滑动支架

滑动支架可使管道与支承结构间能自由滑动。尽管滑动时摩擦力较大，但由于支架制造简单，适用于用作一般情况下的管道支架，如图6-18所示。

弧形板滑动支架是在管道下面焊接弧形板，其目的是防止管道在热胀冷缩的滑动中和支架横梁直接发生摩擦，使管壁减薄，如图6-19所示。

2）导向支架

导向支架是为了使管道在支架上滑动时不至偏移管道中心轴线而设置的。一般是在管道托架的两侧2mm处各焊接一块短角钢或扁钢，或采用U形卡，使管道在限定方向

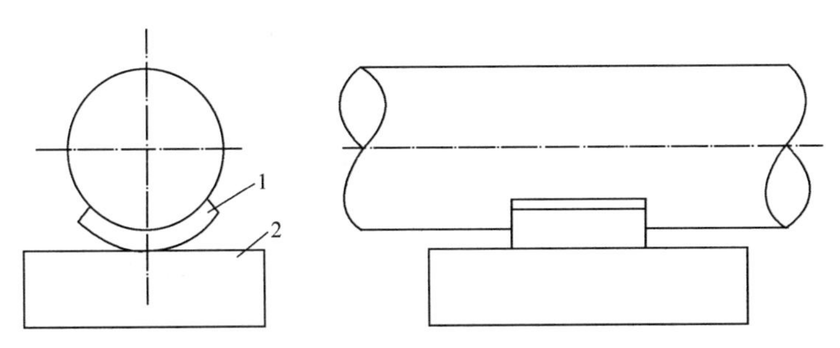

图 6-19 弧形板滑动支架
1—弧形板；2—托架

上能自由伸缩，如图 6-20 所示。

3）滚动支架

滚动支架是在托架上安装滚柱，以减少管道伸缩时与托架之间的滑动摩擦阻力，主要用于管径较大、且无横向位移的管道。

图 6-20 导向支架

（3）限位支架

为控制管道热胀冷缩位移量或减轻管道对约束点（如设备管口、固定点等）的推力或力矩，可在适当位置设置限位支架。根据限位方向，可分为轴向限位支架和径向限位支架。

（4）吊架

吊架分普通吊架和弹簧吊架两种。普通吊架由卡箍、吊杆和支承结构组成，如图 6-21 所示。用于口径较小、无伸缩性或伸缩性小的管道。

弹簧吊架由卡箍、吊杆、弹簧和支撑结构组成，如图 6-22 所示。用于有伸缩性及振动较大的管道。吊杆长度应大于管道水平伸缩量的好几倍，并能自由调节。

2. 管道支架的预制

按图纸给定的形状与尺寸，在预制场地上进行管架的预制。预制时，管道支架使用材料要符合规范要求，材料型号、规格、加工尺寸及焊接符合图纸要求。支架所有开孔均应

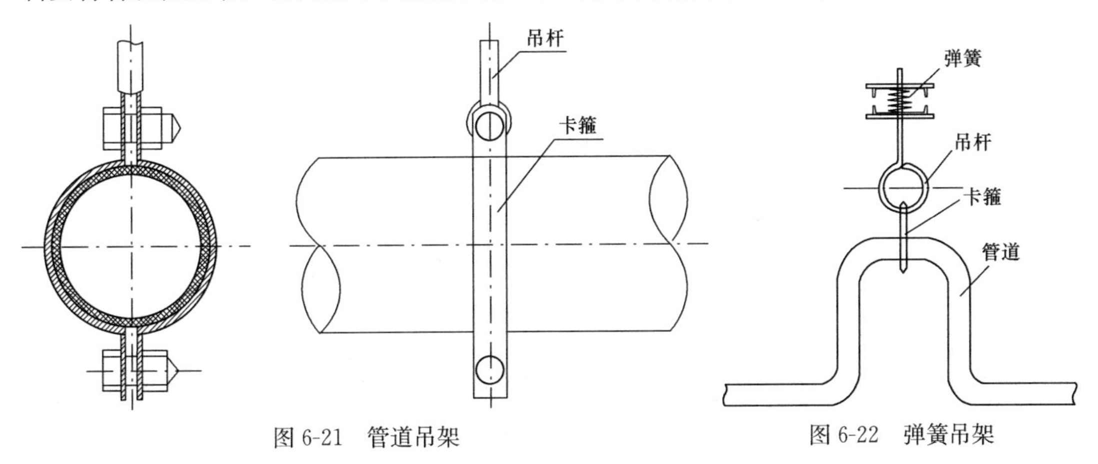

图 6-21 管道吊架　　图 6-22 弹簧吊架

采用钻孔的方式，对管道支架焊缝进行外观检查，不得有漏焊、欠焊、裂纹等缺陷。

制作的支架应除锈、刷漆，并使用标牌标明材质、型号。

3. 管道支、吊架安装

支、吊架安装前，应对所要安装的支、吊架进行外观检查。外形尺寸应符合设计要求，不得有漏焊或焊接裂纹等缺陷；管道与托架焊接时，管道不得有咬肉、烧穿等现象。

支、吊架的标高必须符合管道的设计标高与坡度。对于有坡度的管道，应根据两点间的距离和坡度的大小，算出两点间的高度差，然后在两点间拉一根直线、按照支架的间距，画出每个支架的位置。室外管道支架允许偏差±10mm，室内允许偏差为±5mm，同一管道上的支架标高允许误差值应一致。

管道安装时，应及时进行支、吊架的固定和调整工作。支、吊架位置应正确，安装要平整牢固，管道与支架接触应良好，一般不得有间隙。无热位移的管道，其吊杆应垂直安装。有热位移的管道，吊杆应在位移相反方向，按位移值一半倾斜安装。两根热位移方向相反或位移值不等的管道，除设计有规定外，不得使用同一吊杆。

固定支架应严格按设计要求安装，并在补偿器预拉伸前固定。在无补偿装置、有位移的直管段上，不得安装一个以上的固定支架。导向支架或滑动支架的滑动面应洁净平整，不得有歪斜和卡涩现象。保温层不得妨碍热位移的正常进行。有热位移的管道，在热负荷运行时，应及时对支、吊架进行检查与调整。

6.6.4　管道安装

1. 一般要求

(1) 管道安装前，应对埋地管道与埋地电缆、给水排水管道、地下设施、建筑物预留孔洞位置等进行核对。

(2) 与管道相关的建、构筑物经检查验收合格，达到安装条件。

(3) 与管道连接的设备、管架、管墩应找正，安装固定完毕，且管架、管墩的坡向和坡度符合设计要求。

(4) 安装工作间断时，应及时封堵管口或阀门出入口，严禁让沙土和异物进入管道内。

(5) 不应在管道焊缝位置及其边缘上开孔；为保证管道内的清洁度，管道开孔焊接后应及时清理干净，不便清理的管段，应标注方位提前进行管段预制。

(6) 焊缝及其他连接件的设置应便于检修，并不得紧贴墙壁、楼板或管架。

2. 管道安装

管道安装前应对阀门、法兰与管道的配合情况进行下列检查：

(1) 法兰与管道配对焊接时，检查其内径是否一致；

(2) 平焊法兰与管道配合情况；

(3) 法兰与阀门法兰配合情况以及连接件长短；

(4) 检查三通、弯头、异径管管口内径与其连接的管内径是否一致，不一致的按相关要求开内坡口；

(5) 管道、管道组件、阀门、设备等连接时，不得采用强力对口。

管道对口时应在距接口中心200mm处测量平直度，如图6-23所示。当管道公称直径小于100mm时，允许偏差为±1mm；当管道公称直径大于等于100mm时，允许偏差为

±2mm。但全长允许偏差均为±10mm。

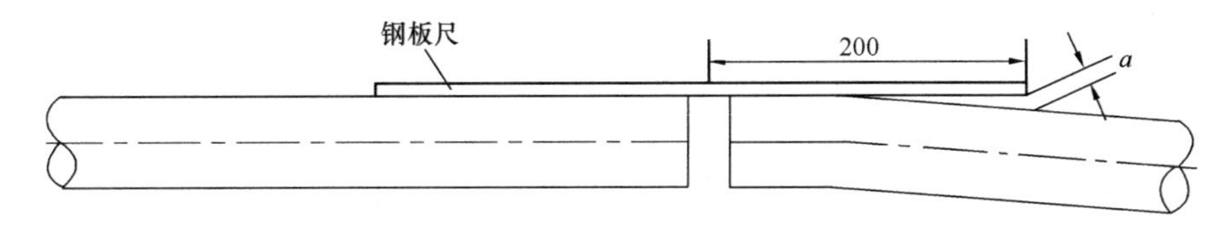

图 6-23 管道对口平直度

管道对接焊缝位置应符合下列要求：

（1）直管段上两对接焊口中心面间的距离不得小于钢管 1 倍公称直径，且不得小于 150mm。

（2）管道对接焊缝距离支吊架不得小于 50mm，需要热处理的焊缝距离支吊架应大于 300mm。

（3）管道对接焊缝距离弯管（不包括压制、热推或中频弯管）起点应大于 100mm，且不得小于管道外径。

（4）螺旋缝焊钢管对接时，螺旋焊缝之间应错开 100mm 以上。

管道安装允许偏差值应符合表 6-5 的规定。

管道安装允许偏差 **表 6-5**

项 目		允许偏差（mm）	
坐标	架空	±10	
	地沟	±7	
	埋地	±20	
标高	架空	±10	
	地沟	±7	
	埋地	±20	
平直度	$DN \leqslant 100$	$\leqslant 2L/1000$	最大 40
	$DN > 100$	$\leqslant 3L/1000$	最大 70
铅垂度		$\leqslant 3H/1000$	最大 25
成排	在同一平面上的间距	±10	
交叉	管外壁或保温层的间距	±7	

注：L 为管道有效长度；DN 为管道公称直径；H 为管道垂直高度。

架空管道的支架、托架、吊架、管卡的类型、规格应按设计选用，安装位置和安装方法应符合设计要求。滑动支架应保证沿轴向滑动无阻，而不发生横向偏移；固定支架应安装牢固。

法兰螺孔应跨中安装，法兰密封面应与管道中心垂直，如图 6-24 所示。当公称直径小于等于 300mm 时，在法兰外径上的允许偏差 e 为±1mm；当公称直径大于 300mm 时，允许偏差 e 为±2mm。

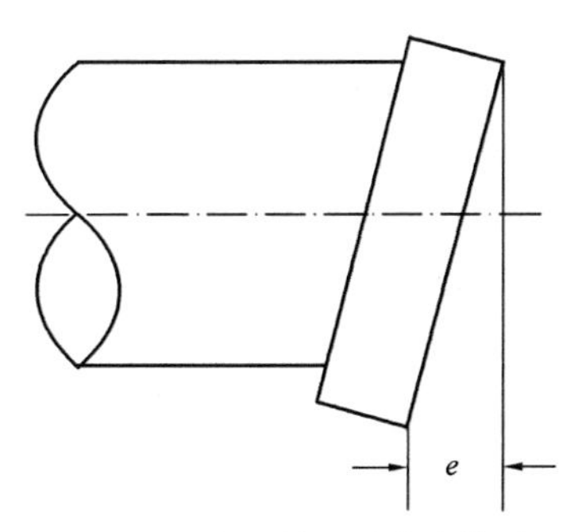

图 6-24 法兰端面垂直度偏差

法兰连接时应保持平行，其偏差不得大于法兰外径的1.5‰，且不大于2mm。垫片应与法兰密封面同心，垫片内径不得小于管内径。

每对法兰连接应使用同一规格螺栓，安装方向一致，保持螺栓自由穿入，螺栓拧紧应按对称次序进行。所有螺栓拧紧后，应露出螺母以外2～3扣，受力均匀，外露长度一致。

螺纹法兰拧入螺纹短节端时，应使螺纹倒角外露，金属垫片应准确嵌入密封面。

与动设备连接管道的安装应符合下列要求：

（1）在配管顺序上，先连接其他管件，最后再与动设备连接。

（2）管道在自由状态下，检查法兰的平行度和同心度，允许偏差应符合表6-6的规定。

法兰平行度、同心度允许偏差和设备位移 **表6-6**

动设备转速（r/min）	平行度（mm）	同心度（mm）	设备位移（mm）
30000～6000	≤0.10	≤0.50	≤0.50
＞6000	≤0.05	≤0.20	≤0.02

（3）重新紧固设备进、出口法兰盘螺栓时，应在设备联轴器上用百分表测量设备位移。

（4）大型高转速设备的配管，最后一道焊缝宜选在离设备最近的第一个弯头后进行，并且在设备联轴器处，安装测量面隙（平行度）和轴隙（同心度）的千分表。焊接结束冷却后，设备盘车一周。千分表若有变化且超标，松开管道与设备连接法兰，用千分尺测量法兰间隙，找出原因。在紧靠法兰盘的第一个环形焊道，用电弧气刨刨掉适当长度和厚度的焊缝，再进行焊接，但返修不得超过1次。

（5）管道安装合格后，不得承受设计规定以外的附加载荷。

（6）管道经试压、吹扫合格后，应对该管道与设备的接口进行复位检查，其偏差值应符合表6-6的规定。

6.6.5 焊缝质量检验

管道对接焊缝应进行100%外观检查。外观检查应符合下列规定：

（1）焊缝焊渣及周围飞溅物应清除干净，不应存在有害的焊瘤、凹坑等缺陷。

（2）对接焊缝允许错边量不应大于壁厚的12.5%，且小于3mm。

（3）对接焊缝表面宽度应为坡口上口两侧各加宽0.5～2mm。

（4）对接焊缝表面余高应为0～2mm，局部不应大于3mm且长度不大于50mm。

（5）焊缝表面应整齐均匀，无裂纹、未熔合、气孔、夹渣、凹陷等缺陷。

（6）盖面焊道深度不应大于管壁厚的12.5%，且不应超过0.5mm。咬边深度小于0.3mm的，任何长度均为合格；咬边深度在0.3～0.5mm之间的，单个长度不应超过30mm。在焊缝任何300mm连续长度内，咬边累计长度不应大于50mm。累计长度不应大于焊缝周长的15%。

焊缝外观检查合格后，应对其进行无损检测。射线检测应按国家现行标准《石油天然气钢质管道无损检测》SY/T 4109的规定进行；超出国家现行标准《石油天然气钢质管道无损检测》SY/T 4109适用范围的其他钢种的焊缝，应按国家现行标准《承压设备无损检测》JB/T 4730的要求进行无损检测及焊缝缺陷等级评定。从事无损检测的人员应取得相应资格证书。

无损检测检查的比例及合格验收的等级应满足：

（1）管道焊缝应进行100%无损检测，检测方法优先选用射线检测或超声波检测。管道最终的连头段、穿越段的对接焊缝，应进行100%的射线检测和100%的超声波无损检测。

（2）管道焊缝进行射线检测和超声波检测时，设计压力大于4.0MPa为Ⅱ级合格，设计压力小于等于4.0MPa为Ⅲ级合格。

（3）不能进行射线检测的焊接部位，按《石油天然气钢质管道无损检测》SY/T 4109进行磁粉或渗透探伤，无缺陷为合格。

不能满足质量要求的焊接缺陷的清除和返修，应符合返修焊接工艺规程的规定。返修仅限于一次。返修后的焊缝应按有关条款进行复检。

6.7 公用工程安装

燃气场站工程除了主体工艺工程施工以外，还包括总图、建筑、结构、自控、仪表、电气、通信、给水排水、暖通等诸多公用配套专业工程的安装，其共同构建了一个完整的燃气场站工程项目。

为避免赘述，燃气场站公用工程施工，请参考其他书籍资料与标准规范。

6.8 工艺管道试压、吹扫和干燥

6.8.1 概述

燃气场站各子系统和仪表、电气、机械、防腐等专业安装完毕后，在置换投产前应进行系统试压和吹扫清洗。由于燃气场站内工艺管道压力等级较高，目前多采用清洁水进行强度试验和严密性试验，试压完毕后还应进行干燥作业。需要说明的是，LNG管道系统宜采用气压试验，以避免试压水留存管内，给后续液氮预冷作业带来风险。

与输配气干线管道施工不同，为优化作业工序，燃气场站工艺管道的吹扫作业一般安排在试压排水作业后进行，即：强度试验→严密性试验→低点排水→管道吹扫→管道干燥。

此外，燃气场站工艺流程复杂，工艺管道上连接有多种输配气设备，有的设备不能进试压水，如计量仪表、压缩机、调压器、节流阀、安全阀等。且站内工艺管道种类多，材质、管径、压力等级也各不相同。因此，燃气场站工艺管道的吹扫、试压作业方案与输配气干线管道相比要复杂得多，一般要采取设备隔离、分系统试压等工程措施。

管道水压试验、扫水结束后，应根据国家现行标准《天然气管道、液化天然气站（厂）干燥施工技术规范》SY/T 4114的有关要求，进行管道干燥。

6.8.2 管道试压

1. 试压前应具备的条件

（1）管道安装工程，包括一次仪表的安装已经完成，管道的无损检测工作也已全部完成。与试压有关的交工资料，已复查合格。

（2）已编制好场站试压、吹扫、干燥的施工总体方案、施工技术要求和压力试验包。压力试验包按单元、分系统设置，编制依据为场站设计说明书、工艺流程图、设计施工图、设备说明书。

（3）对不参与试压的计量仪表、压缩机、调压器、节流阀、安全阀等设备、仪表实施拆除。加装经过强度计算并通过无损检测合格的隔离封头或盲板，将不参与吹扫的设备及管道系统与吹扫系统隔离。加装临时连接管道或短节，将可以一起试压的子系统（如具有相同压力等级的放空系统和排污系统等）临时连接在一起，以尽量减少试压包的数量，提高工作效率，同时可尽量减少各个试压段两端法兰等接头处不能参与试压的数量，从而减少安全隐患。

（4）临时上水和排水管道系统（包括高点排气、低点排水阀门），已安装完毕。

（5）试压用的压力天平、压力记录仪、地温记录仪、管温记录仪、压力表已经校准，并在检验期内，压力表的精度不低于1.5级，压力表的量程应为被测最大试压压力的1.5～2倍。压力表应不少于两块，分别置于管道的两端。试压中的稳压时间应在两端压力平衡后开始计算。气压试验时，应在试压管道的首、末端各安装一只温度计，且安装于避光处，温度计分度值应小于等于1℃。试验压力应以高位置安装的压力表读数为准。

（6）试验时需要加固的管道已经加固。

（7）试压程序文件已由监理审核批准，并已向试压班组进行技术交底。压力试验只有在监理到场并经过监理批准后，方可实施。

2. 试压段划分原则

（1）以管道设计压力为基础进行分段。压力不同的管段必须分段进行相应压力等级的试验。根据燃气场站工艺管道功能及其设计压力，建议将站内管道划分为工艺管道、放空管道、排污管道和自用气管道等试压段，按照其设计压力分别进行试压。

（2）尽量减少试压段数量。站内工艺管道的作用主要是将各种设备连接起来以实现其工艺流程。站内管道种类多、长度短，如果试压段划分太多太细，势必造成各个试压段的两端不能参与试压，遗留较多安全隐患。

（3）试压段划分时，还需考虑与后续吹扫段、干燥段的衔接性，尽量减少后续作业的改造工作量，提高试压、吹扫和干燥作业的整体工作效率。

3. 试压程序

试压程序一般为：编制试压技术要求→临时管道敷设及连接→系统隔离→试压前联合检查→压力试验→压力试验记录。

4. 试压方法选择

在目前的工程实践中，门站工艺管道试压主要遵循标准与其设计压力有关，如表6-7所示。

门站工艺管道试压主要遵循的标准　　表6-7

设计压力（MPa）	主要遵循标准
≤4.0	《城镇燃气输配工程施工及验收规范》CJJ 33
＞4.0	《石油天然气站内工艺管道工程施工规范》GB 50540

目前门站工艺管道设计压力一般都在4.0MPa以下，其强度试验和严密性试验方法可参考国家现行标准《城镇燃气输配工程施工及验收规范》CJJ 33和本书3.9.3节。设计压力在0.8MPa以上的工艺管道，采用水压试验；设计压力在0.8MPa及以下的工艺管道，采用气压试验。

为避免赘述，门站工艺管道设计压力高于4.0MPa情形下的强度试验和严密性试验方法，请参考现行国家标准《石油天然气站内工艺管道工程施工规范》GB 50540。

5. 试压作业案例

下面结合工程实例，介绍燃气场站工艺管道的强度试验和严密性试验作业过程。

（1）工程概况

某天然气门站具有过滤、调压、计量、配气、加臭等功能，设计配气能力为$50\times10^4m^3/d$，工艺流程如图6-25所示。PCV-01和GLV-01之前的进站管路设计压力为4.0MPa；调压器PCV-02、PCV-03、PCV-04之后的出站管路设计压力为1.6MPa；前两者之间的管路设计压力为2.5MPa。此外，放空管道和排污管道设计压力均为1.6MPa。

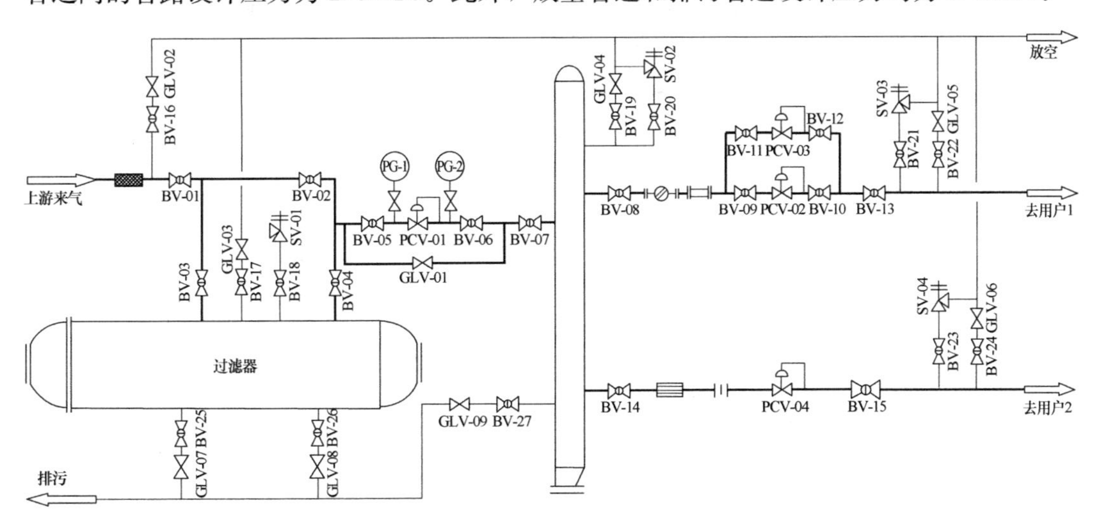

图6-25 门站工艺流程图

（2）试压方案

综合考虑管道设计压力和尽量减少试压段数量，将站内工艺管道分为三个试压段，如表6-8所示。

由于调压器、节流阀、安全阀、天然气流量计等不能参与试压，需要提前拆除；工艺管道与过滤器、汇管之间需要用盲板隔离；同时，需要安装临时短接或连接管，将未连接在一起的管道串在一起，以减少试压段数量。三个试压段（No.1、No.2、No.3）的临时上水、排水、排气以及管道连接图，详见图6-26（a）、（b）和（c）。

本工程所有管道的设计压力均在0.8MPa以上，应采用水压试验，试验压力详见表6-8。

各试压段水压试验压力 **表6-8**

编号	工艺管道	管径	设计压力（MPa）	强度试验压力（MPa）	严密性试验压力（MPa）
No.1	进站区管道	*DN* 200	4.0	6.0	4.6
No.2	中间区管道	*DN* 150	2.5	3.75	2.875
No.3	出站区管道、放空管道、排污管道	*DN* 150 *DN* 100 *DN* 50	1.6	2.4	1.84

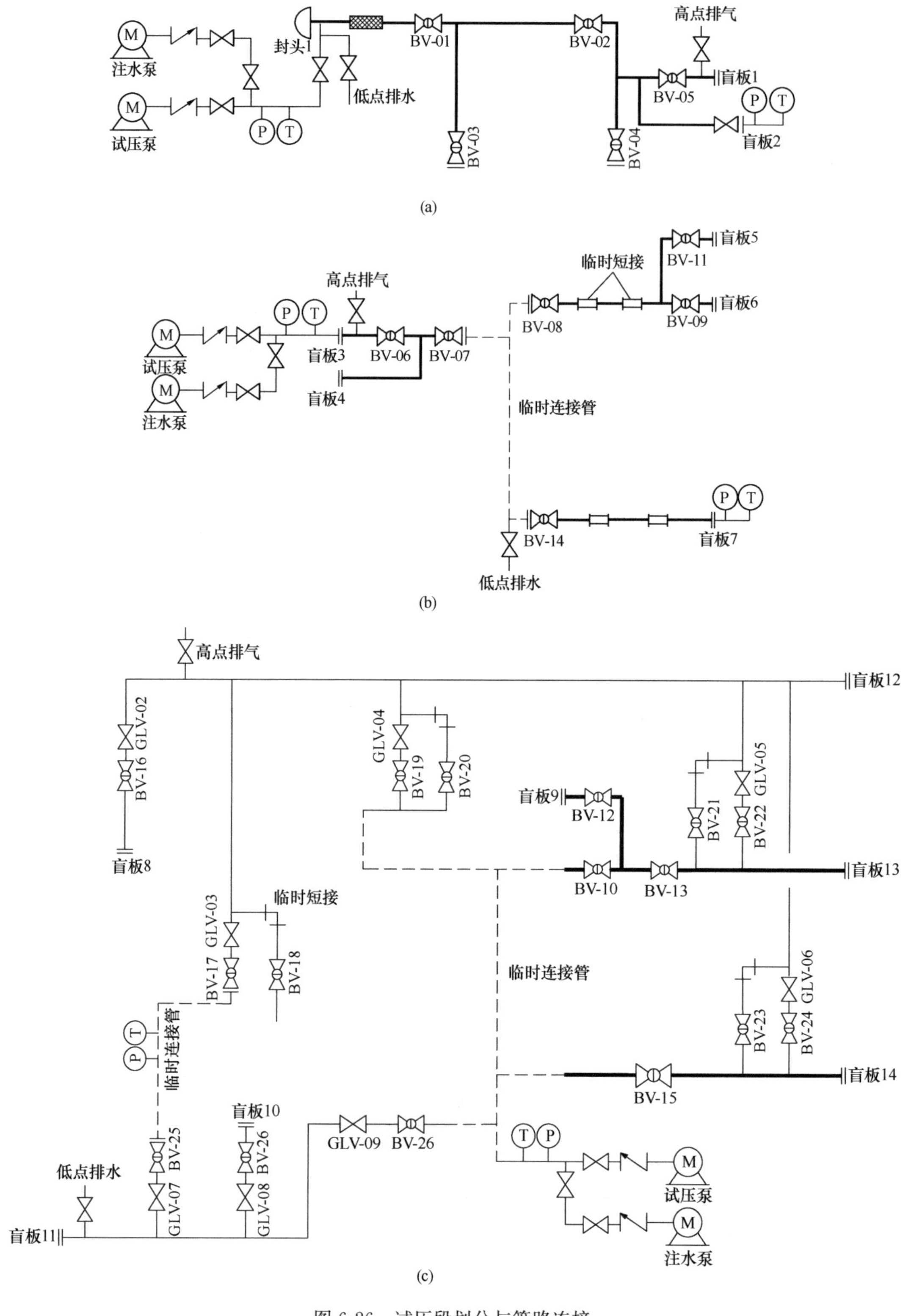

图 6-26　试压段划分与管路连接

(a) 试压段 No. 1；(b) 试压段 No. 2；(c) 试压段 No. 3

(3) 试压操作步骤

以试压段 No.1 为例，说明试压操作步骤：

1) 先用大流量的离心式注水泵将水通过封头 1 注入管道试压段 No.1，注水过程中通过设置在管路高处的排气点排气；当排气点排气结束，关闭排气点阀门和关停离心式注水泵。

2) 改用小流量的往复式试压泵注水，缓慢增加试验压力，升压速度不大于 0.1MPa/min，达到表 6-8 所示的强度试验压力的 50%，即 3.0MPa，检查所有的管件和连接段，看是否有漏水等异常情况；若无异常情况，继续升高压力至试验压力，即 6.0MPa，稳压 1h，观察试压段两端压力表不应少于 30min，无压力降则强度试验合格。如果强度试验不合格，则泄压、排水后对漏点进行处理。再次达到试压条件后，重复以上试压步骤。

3) 强度试压合格后，将压力缓慢地降低到严密性试验压力即 4.6MPa，开始 24h 的严密性试验。每小时记录不应少于 1 次，当修正压力降小于 133Pa 为合格，修正压力降计算公式详见本书式 (3-10)。

4) 严密性试验合格后，缓慢打开安装在低处的排水阀进行排水，同时应开启排气阀，以便快速排出管内试压水。

5) 排水点无试压水排出后，排水作业结束。

采用同样的方法，分别对试压段 (No.2、No.3) 开展水压试验。

6.8.3 管道吹扫

1. 吹扫方法选择

燃气场站工艺管道管径大小不一，无法采用清管器清扫，一般均采用空气作为吹扫介质。吹扫方法主要有人工清理、压缩空气爆破吹扫、压缩空气吹扫，需要综合考虑管道管径、吹扫长度和现场吹扫设备排量等实际情况综合选取。

一般管道公称直径大于 *DN*600 时，采用人工清理，此项工作在工艺安装过程中进行；管道公称直径大于 *DN*100 小于等于 *DN*600 时，宜采用压缩空气爆破吹扫；管道公称直径小于 *DN*100 时，宜用压缩空气吹扫。

2. 吹扫段划分原则

吹扫段落的划分应尽量细，必须把管道里的杂物清除干净。吹扫段划分时，可以将管道按功能划分为工艺管道、放空管道、排污管道等。工艺管道直接与设备连接且管径往往较大，可“以工艺流程为主线，以设备为节点”来进行划分。放空管道、排污管道等管径小、数量多，每条管道可单独作为一个吹扫段，依次进行吹扫。

吹扫注意事项：

(1) 调压器、节流阀、安全阀、天然气流量计、压力表、温度计等不能参与吹扫，需要提前拆除或隔离。

(2) 吹扫流程宜与工艺流程一致，但需将管道与设备分开。

(3) 一般以设备与管道的连接点作为进气点或者排污点，需要采取措施防止管道内杂物进入设备，造成二次污染。吹扫过程中，先干线后支线，高点进气，低点排污，分段逐次吹扫。

3. 吹扫质量检验

每条管道吹扫后，在管道末端排气口用涂有白色油漆的靶板检查，以无铁锈、灰尘及其他杂物为合格。

4. 管道复位

管道试压、吹扫工作结束后，应及时进行管道复位。操作者按照职责分工，对照试压段、吹扫段上面的设定，逐一拆除盲板、管件、临时接管、支架、泵、空气压缩机、轴流风机等，进行管系复位，之后不得再进行影响管内清洁的其他作业。

5. 吹扫作业案例

下面仍以6.8.2节中的工程案例，介绍燃气场站工艺管道吹扫作业过程。

(1) 吹扫方案

为减少吹扫段的改造工作量，本工程吹扫段划分与试压段一致，形成三个吹扫段(No.1、No.2、No.3)，如图6-27所示。

虽然有部分管道管径大于*DN*100，但管道长度较短，且施工队配置有大排量轴流风机，因此三个吹扫段均选择由轴流风机提供的压缩空气吹扫。每个吹扫段的轴流风机接口和排气口，分别详见图6-27 (a)、(b) 和 (c)。

(2) 吹扫操作步骤

仍以吹扫段No.1为例，说明吹扫操作步骤：

1) 将轴流风机通过软管与封头1上阀门连接；开启阀门BV-01、BV-02，关闭阀门BV-03 、BV-04。

2) 打开BV-05，利用轴流风机提供的高速气流（管内流速大于20m/s）吹扫主管段；重复3～4次上述步骤，直到目测排气无烟尘或水雾时，在排气口处用白布或用涂白漆的木板检验，5min内白布或白漆板上无明显可见的尘土、水分及其他杂物为合格；关闭BV-05。

3) 打开BV-04，利用轴流风机提供的高速气流（管内流速大于20m/s）吹扫支管1；重复3～4次上述步骤，直到目测排气无烟尘或水雾时，在排气口处用白布或用涂白漆的木板检验，5min内白布上或白漆板无明显可见的尘土、水分及其他杂物为合格；关闭BV-04。

4) 打开BV-03，利用轴流风机提供的高速气流（管内流速大于20m/s）吹扫主支管2；重复3～4次上述步骤，直到目测排气无烟尘或水雾时，在排气口处用白布或用涂白漆的木板检验，5min内白布或白漆板上无明显可见的尘土、水分及其他杂物为合格；关闭BV-03。

5) 拆除吹扫口1处的盲板，利用轴流风机提供的高速气流（管内流速大于20m/s）吹扫；重复3～4次上述步骤，直到目测排气无烟尘或水雾时，在排气口处用白布或用涂白漆的木板检验，5min内白布或白漆板上无明显可见的尘土、水分及其他杂物为合格。至此吹扫段No.1全部吹扫完毕。

采用同样的方法，分别对吹扫段（No.2、No.3）开展吹扫作业。

6.8.4 管道干燥

1. 干燥方法选择

管道干燥可采取分区干燥的方法，将待干燥管道与其他的管道、设备用盲板隔离；也可将各类管道和设备连为一体，采取整体干燥的方法。

燃气场站管道干燥可采用干空气干燥法、液氮干燥法、真空干燥法，这些方法均可使

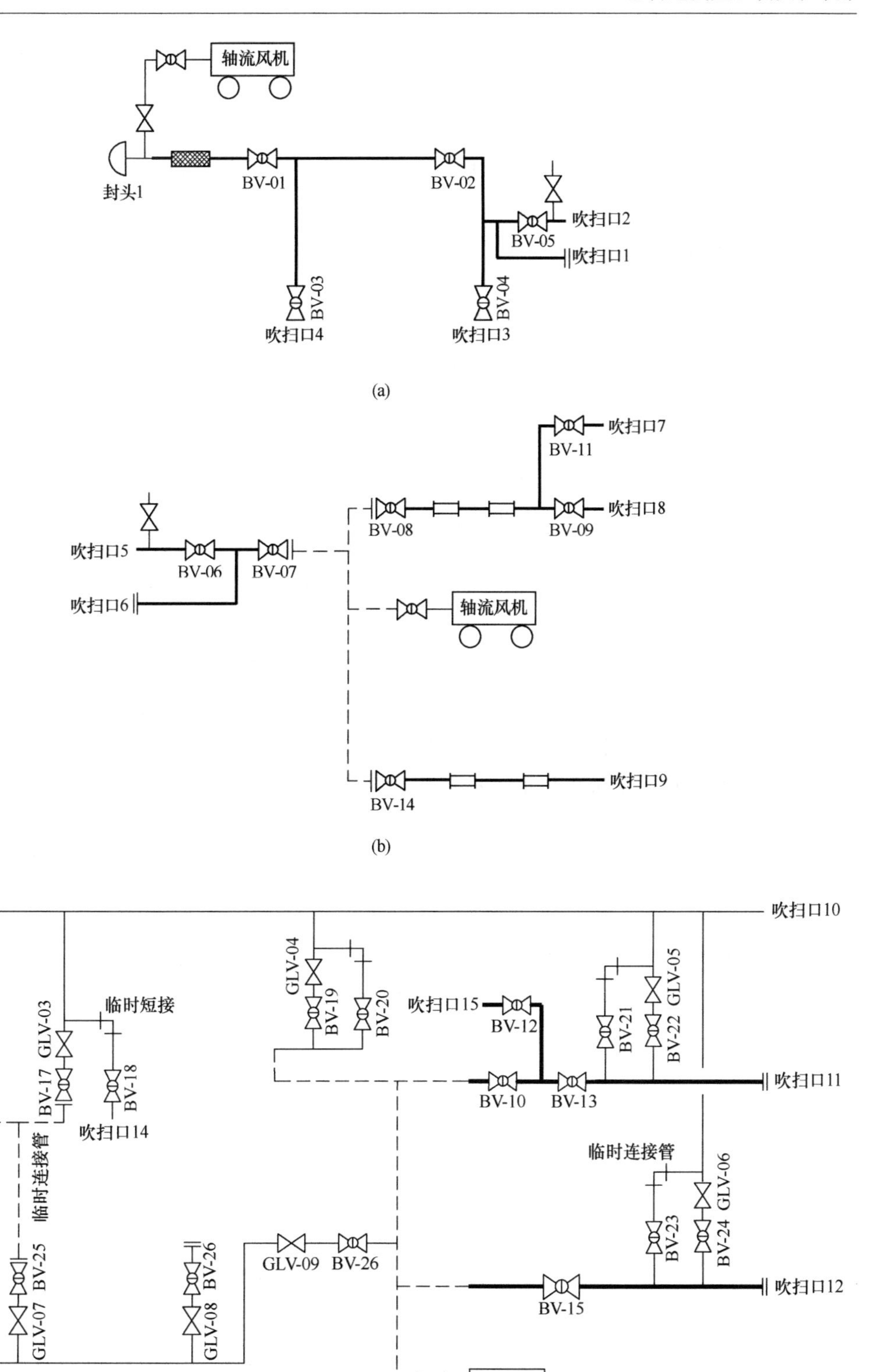

图 6-27 吹扫段划分及管路连接

(a) 吹扫段 No. 1；(b) 吹扫段 No. 2；(c) 吹扫段 No. 3

管道内的水露点不高于−20℃。从施工成本、作业时间、便捷程度等方面综合比较而言，干空气干燥法相对更好，因此在燃气场站工艺管道干燥中用得最多。

此外，燃气场站内工艺管道的干空气干燥与长距离输气管道干燥施工不同，不能采用干空气间隙推泡沫清管器的干燥方法，只能采用干空气低压对每个工艺流程进行吹扫干燥的方法。

2. 干燥质量检验

当管道末端出口处的空气露点达到−20℃的空气露点时，关闭干燥管道两端阀门，将管道置于微正压（50～70kPa）的环境下密闭4h后，在管道末端检测水露点。若密闭试验后水露点升高不超过3℃，且不高于设计要求（如设计无要求，水露点应达到−20℃）的水露点，则干燥合格。

3. 干燥作业案例

下面仍以6.8.2节中的工程案例，介绍燃气场站管道干燥作业过程。

（1）干燥方案

此场站已完成了水压试验，必须进行干燥作业。由于场站规模较小，工艺也比较简单，采用干空气整体干燥法，即：按照正常工艺流程，将站内设备复位（由于采用低压干空气吹扫干燥，低压干空气可能无法打开管路中的调压器，因此四个调压器PCV-01、PCV-02、PCV-03、PCV-04暂不复位；为方便安全阀进出口管道干燥，四个安全阀也暂不复合），并与干燥设备连接，然后对站内管道和设备分段进行低压吹扫干燥。干燥合格后，站内管道和设备整体进行干空气封存，等待与进站管道、出站管道连头。

干燥作业管路与设备连接情况，如图6-28所示。

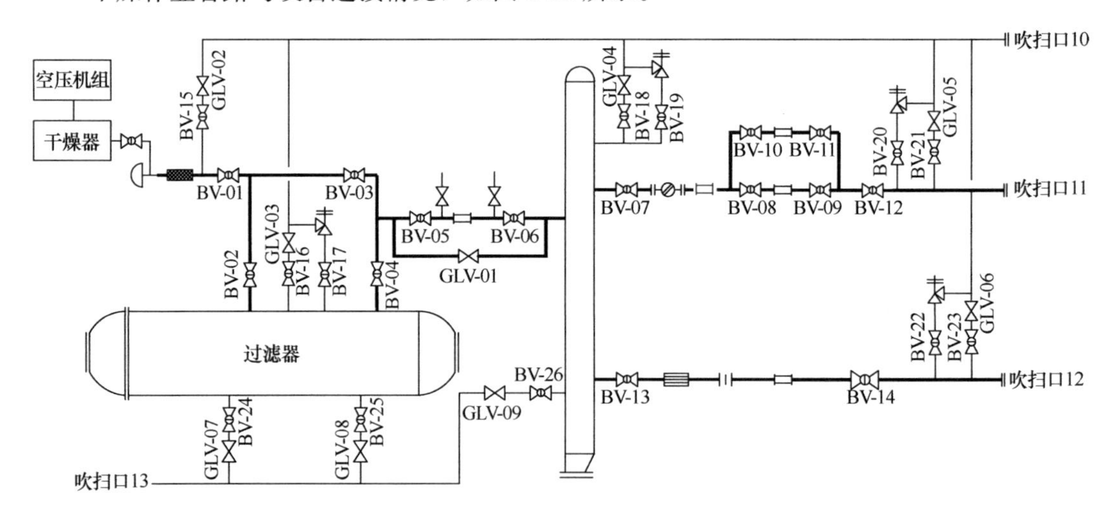

图6-28　干燥作业管路与设备连接

（2）干燥作业步骤

1）干燥设备连接完成后，关闭阀门BV-14、BV-15、BV-16、BV-17、BV-18、BV-19、BV-20、BV-21、BV-22、BV-23、BV-24、BV-25、BV-26，其余阀门处于开启状态；通过封头1接口通入干空气，通过吹扫口11作为干空气放散口，对去往用户1管道进行干燥；吹扫口11出口处的空气露点达到−20℃时，关闭BV-12。

2）打开BV-14，通过吹扫口12作为干空气放散口，对去往用户2管道进行干燥；吹扫口 12 出口处的空气露点达到−20℃时，关闭 BV-14。

3）打开阀门 BV-15，通过吹扫口 10 作为干空气放散口，对 BV-15 前的支管和放散管进行干燥；吹扫口 10 出口处的空气露点达到−20℃时，关闭 BV-15。

4）按照前述方法，依次对 BV-16、BV-17、BV-18、BV-19、BV-20、BV-21、BV-22、BV-23、BV-24、BV-25、BV-26 对应的放散管或排污管进行干燥；各出口处的空气露点达到−20℃时，关闭对应球阀。

5）全部干燥验收合格后，在吹扫口 11、吹扫口 12 安装已预制好的封头，最后在工艺管路和设备中填充 0.07MPa 的干空气，对其进行密封保存。

6）待进站和出站管道安装完成并完成吹扫、试压、干燥后，再割掉封头，进行固定口焊接，即可实现门站与上下游管道的连接，然后再进行后续投产置换作业。

6.9 竣工验收

（1）场站设备在联动试运行合格并办理完竣工验收后，方可交工。场站工程建设整体验收应在各分项工程验收合格的基础上进行。施工单位在工程完工并自检合格的基础上，监理单位应组织进行预验收。预验收合格后，施工单位应向建设单位提交竣工报告并申请进行竣工验收。建设单位应组织设计单位、施工单位、监理单位、建设行政主管部门及质量技术监督管理部门共同进行竣工验收。

（2）工程竣工验收应包括下列内容：

1）工程各参建单位向验收组汇报工程实施的情况。

2）验收组应对工程实体质量（功能性试验）进行抽查。

3）对燃气场站工程竣工验收相关文件进行核查，具体如下：

① 项目投资立项审批报告及可行性研究报告；

② 项目建设规划许可证；

③ 项目建设招标投标文件；

④ 项目建设开工许可证；

⑤ 项目建设设计、施工、监理等合同文件；

⑥ 工程勘探、测量资料、设计图纸及设计评审文件等；

⑦ 设备和材料合格证书、质检报告及施工过程中的全部原始记录；

⑧ 设备监理及政府监检评定报告；

⑨ 各分项分部工程验收合格证书；

⑩ 竣工图；

⑪ 图纸会审记录、技术交底记录、工程变更单（图）、施工组织设计等；

⑫ 城镇燃气工程质量验收记录：燃气分项工程质量验收记录、燃气分部（子分部）工程质量验收记录、燃气单位（子单位）工程竣工验收记录；

⑬ 系统总体试车记录及项目总验收报告等；

⑭ 其他相关资料。

4）签署工程质量验收文件。

思考题与习题

1. 燃气场站动设备与静设备安装的主要区别有哪些？

2. 燃气场站推广撬装设备的主要原因是什么？

3. 如何划分燃气场站试压段？

4. 天然气门站站内工艺管道强度试压和严密性试验的介质、试压压力、试压时长、合格标准分别是什么？

5. 压缩天然气（CNG）加气站站内高压工艺管道强度试验和严密性试验的介质、试验压力、试验时长、合格标准分别是什么？

6. 液化天然气（LNG）气化站站内工艺管道强度试验和严密性试验的介质、试验压力、试验时长、合格标准分别是什么？

7. 试分析本书图 6-26（b）和（c）两个试压包的试压步骤？

8. 燃气场站工艺管道吹扫方法选择、吹扫段划分及吹扫质量检验方法分别是什么？

9. 试分析本书图 6-27（b）和（c）两个吹扫包的吹扫步骤？

10. 燃气场站工艺管道干燥方法选择、干燥质量检验方法分别是什么？

11. 燃气场站施工过程中常见的安装质量问题有哪些？试举例说明。

本章参考文献

[1]　黄梅丹. 城镇燃气输配工程施工手册[M]. 北京：中国建筑工业出版社，2018.

[2]　花景新. 燃气工程施工[M]. 北京：化学工业出版社，2008.

[3]　戴路. 燃气输配工程施工技术[M]. 北京：中国建筑工业出版社，2006.

[4]　李帆，管延文. 燃气工程施工技术[M]. 武汉：华中科技大学出版社，2007.

[5]　何利民，高祁. 油气储运工程施工[M]. 北京：石油工业出版社，2012.

[6]　严铭卿. 燃气工程设计手册[M]. 北京：中国建筑工业出版社，2009.

[7]　李公藩. 燃气管道工程施工[M]. 北京：中国计划出版社，2003.

[8]　黄国洪. 燃气工程施工[M]. 北京：中国建筑工业出版社，2003.

[9]　刘大恕. 油气储运工程施工新工艺[M]. 北京：石油工业出版社，2009.

[10]　中国市政工程华北设计研究院. GB 50028(2020 版)城镇燃气设计规范[S]. 北京：中国建筑工业出版社，2020.

[11]　中国石油和化工勘察设计协会. GB 50235 工业金属管道工程施工规范[S]. 北京：中国计划出版社，2010.

[12]　中国石油和化工勘察设计协会. GB 50236 现场设备、工业管道焊接工程施工规范[S]. 北京：中国计划出版社，2011.

[13]　四川石油天然气建设工程有限责任公司. GB 50460 油气输送管道跨越工程施工规范[S]. 北京：中国计划出版社，2015.

[14]　中交煤气热力研究设计院有限公司. CJJ/T 250 城镇燃气管道穿跨越工程技术规程[S]. 北京：中国建筑工业出版社，2016.

[15]　北京市市政工程设计研究总院. GB 50032 室外给水排水和燃气热力工程抗震设计规范[S]. 北京：中国建筑工业出版社，2003.

[16]　中国石油天然气管道局. GB 50540 石油天然气站内工艺管道工程施工规范[S]. 北京：中国建筑工业出版社，2009.

[17]　深圳市燃气集团有限公司. CJJ 33 城镇燃气输配工程施工及验收规范[S]. 北京：中国建筑工业出版社，2005.

[18] 中国石化工程建设有限公司. GB 50156(2014年版)，汽车加油加气站设计与施工规范[S]. 北京：中国计划出版社，2014.

[19] 中国建筑科学研究院. GB 50204 混凝土结构工程施工质量验收规范[S]. 北京：中国建筑工业出版社，2015.

[20] 中国石油天然气第一建设公司. GB 50094 球形储罐施工规范[S]. 北京：中国计划出版社，2010.

[21] 中华人民共和国机械工业联合会. GB 50231 机械设备安装工程施工及验收通用规范[S]. 北京：中国计划出版社，2009.

[22] 中国机械工业建设总公司. GB 50275 风机、压缩机、泵安装工程施工及验收规范[S]. 北京：中国计划出版社，2010.

[23] 中国机械工业建设总公司. GB 50278 起重设备安装工程施工及验收规范[S]. 北京：中国计划出版社，2010.

[24] 徐州东方工程检测有限公司. SY/T 4109 石油天然气钢质管道无损检测[S]. 北京：石油工业出版社，2020.

[25] 中国特种设备检测研究院. NB/T 47013.1 承压设备无损检测 第1部分：通用要求[S]. 北京：新华出版社，2015.

[26] 中国特种设备检测研究院. NB/T 47013.2 承压设备无损检测 第2部分：射线检测[S]. 北京：新华出版社，2015.

[27] 合肥通用机械研究院. NB/T 47013.3 承压设备无损检测 第3部分：超声检测[S]. 北京：新华出版社，2015.

[28] 合肥通用机械研究院. NB/T 47013.4 承压设备无损检测 第4部分：磁粉检测[S]. 北京：新华出版社，2015.

[29] 合肥通用机械研究院. NB/T 47013.5 承压设备无损检测 第5部分：渗透检测[S]. 北京：新华出版社，2015.

[30] 合肥通用机械研究院. NB/T 47013.6 承压设备无损检测 第6部分：涡流检测[S]. 北京：新华出版社，2015.

[31] 中国特种设备检测研究院. NB/T 47013.10 承压设备无损检测 第10部分：衍射时差法超声检测[S]. 北京：新华出版社，2015.

[32] 中国特种设备检测研究院. NB/T 47013.11 承压设备无损检测 第11部分：X射线数字成像检测[S]. 北京：新华出版社，2015.

[33] 中国特种设备检测研究院. NB/T 47013.12 承压设备无损检测 第12部分：漏磁检测[S]. 北京：新华出版社，2015.

[34] 中国特种设备检测研究院. NB/T 47013.13 承压设备无损检测 第13部分：脉冲涡流检测[S]. 北京：新华出版社，2015.

第7章　室内燃气工程施工

室内燃气工程指城镇居民、公共商业和工业用户内部的燃气供应系统，一般由调压装置、引入管、立管、水平管、燃气表、燃气支管、阀门、燃气用具等组成。室内燃气管道及设备安装施工应遵循国家现行标准《城镇燃气室内工程施工与质量验收规范》CJJ 94以及其他现行国家标准规范。

7.1　一般要求

(1) 承担城镇燃气室内工程的施工单位，应具有国家相关行政管理部门批准的与承包范围相适应的资质。

(2) 从事燃气钢质管道焊接的人员必须具有锅炉压力容器压力管道特种设备操作人员资格证书，且应在证书的有效期及合格范围内从事焊接工作。间断焊接时间超过六个月，再次上岗前应重新考试合格。

(3) 从事燃气管道机械连接的安装人员应经专业技术培训合格，并持相关部门签发的上岗证书，方可上岗操作。

(4) 城镇燃气室内工程施工必须按已审定的设计文件实施。当需要修改设计文件或材料代用时，应经原设计单位同意。

(5) 室内燃气管道的施工单位在施工前，应编制施工组织设计或施工方案，报监理单位和建设单位审批。

(6) 工程验收合格后，方可投入使用。

7.2　室内燃气管道安装

室内燃气管道系统的安装既要满足用户安全、稳定、方便使用的要求，又要便于日常维护管理，达到牢固、美观的效果。所以，室内燃气管道系统的安装应考虑多方面的因素，切实做好现场调查研究工作。施工之前，施工人员应认真阅读图纸，并到施工现场仔细核对，发现问题及时与设计人员研究解决。施工中应做到按图施工，质量达标，搞好协调工作。

近年来，室内燃气管道工程开始尝试引入工厂化预制，尽量减少费时费力的现场预制工作量。同时，室内燃气管道工程应与建筑工程同步设计，以便建筑施工时提前预留好燃气管道路由和孔洞。

7.2.1　管道敷设

1. 燃气管道安装过程

室内燃气管道工程的常规安装工序一般为：熟悉图纸，制定施工方案→放线打洞→测绘安装草图→下料与配管→管道预制→安装固定。

（1）熟悉图纸，制定施工方案

熟悉图纸，掌握室内燃气管道的位置、高程和交叉物等情况。现场勘查和设计交底配合，若发现图纸差错应及时纠正。然后根据设计要求和现行国家标准，结合现场具体情况，制定施工方案。

（2）放线打洞

放线就是按设计图把管道及其附件穿越的准确位置标注在墙面或楼板上，要求横平竖直，如图 7-1 所示。打洞就是利用手动工具或电钻等将穿越位置的墙洞或楼板洞钻透，如图 7-2 所示。孔洞直径略大于燃气管或套管外径，不宜过大，否则难以修补。

图 7-1　红外水平仪放线

图 7-2　室内水钻开孔

（3）测绘安装草图

在打通孔洞后，按放线位置准确地测量出管道的建筑长度，并绘制管道安装草图。所谓建筑长度是指管道中各相邻管件（或阀门）的中心距离。测绘时应使管道与墙面保持适当的距离，如遇错位墙可采用弯管过渡。

（4）下料与配管

配管就是通过对管道进行加工（下料切断、套丝、调直和弯曲），把实测后绘制的安装草图中的各种不同形状和建筑长度的管段配置齐全，并在每一管段的一端（或两端）配置相应的管件或阀门。管道套丝如图 7-3 所示。

（5）管道预制

1）按施工操作便捷和尽量减少现场管件安装工作量的原则，尽量将每一层立管所带的管件、配件在操作台上先预制好。若一个预制管段带数个需要确定方向的管件，预制中应严格找准朝向，然后将预制好的主立管按层编号待用。

2）将主立管的每层管段预制完成后，在预制场地垫好木方。然后将预制管段按立管连接顺序自下而上或自上而下层层连接好。连接时注意各管段间需要确定位置的管件方向，直至将主立管所有管段连接完，然后对全管段调直。注意管道走向，操作时应由两人进行，一人持管段一端，掌握调直方向并指挥，一人用锤击管身法进行调直。

3）达到调直要求后，将各管段连接处相邻两端（管端头与另一管段上的管件）标出

图7-3 无花夹具套丝

连接位置的轴向连接标记，以便于实际安装时管道找正。再依次把各管段（管段上应带有管件）拆开，将一根立管全部管段和立管上连接的横支管管段集中在一起，这样就可以开展室内安装。

（6）安装固定

1）安装顺序

室内燃气管道的安装顺序一般是按照燃气流程，从总立管开始，逐段安装连接，直至灶具支管末端的灶具控制阀。燃气表使用连通管临时连通。强度试验合格后，再把燃气表与灶具（或燃具）接入管道。连接时，螺纹接口的拧紧程度应与配管时相同，否则将产生累积轴向尺寸误差和偏斜，影响安装质量。紧螺纹接口的主要工具是管钳，不同规格的管钳具有不同长度和钳口尺寸，适用于不同管径。接口拧紧后，管道外螺纹应留2～3扣作为上紧裕量。立管吊装作业如图7-4所示。

图7-4 立管吊装作业

2）管道固定

管道安装后应牢固地固定于墙体上。水平管道可采用托勾或固定托卡；立管可采用立管卡或固定卡。托卡间距应保证在最大扰度时不产生倒坡，立管卡一般每层楼设置一个。托卡与墙体的固定一般采用射钉，射钉是一种特制钢钉，利用射钉枪中弹药爆炸的能量，将其直接射入墙体中。需要说明的是，由于射钉是靠对墙体材料的挤压所产生的摩擦力来紧固的，所以不能用于承受振动荷载或冲击荷载的托卡的固定。

2. 燃气管道敷设位置

（1）燃气引入管不宜穿建筑基础进入室内，住宅燃气引入管应设在厨房、外走廊、与厨房相连的生活阳台等便于检修的非居住房间内。

（2）住宅燃气立管宜设在厨房、走廊、与厨房相连的阳台内等便于检修的非居住房间内。如条件允许，立管应优先选择敷设在建筑物外墙。

（3）燃气管道不得敷设在卧室、易燃或易爆品的仓库、有腐蚀性介质的房间、发电间、配电间、变电室、不使用燃气的空调机房、通风机房、计算机房、电缆沟、暖气沟、烟道、进风道、垃圾道和电梯井等地方。

（4）封闭楼梯间、防烟楼梯间及其前室内，禁止穿过或设置燃气管道。公共建筑的敞开楼梯间内，不应设置燃气管道。住宅建筑的敞开楼梯间内，不宜设置燃气管道和计量表。

（5）燃气管道敷设在地下室、半地下室、设备层和地上密闭房间（包括无窗，或窗仅用作采光的密闭房间）以及管道井、住宅汽车库（不使用燃气，并能设置钢套管的除外）时，应符合现行国家标准《城镇燃气设计规范》GB 50028 的相关规定。

（6）户外立管与装饰后墙面的净距，应考虑日后维护、美观以及防攀爬等情况，立管安装后与墙面的距离宜保持在 10～20mm。当户外立管靠近有车辆经过的地方时，为防止车辆碰撞，应加装防撞设施，如图 7-5 所示。

图 7-5　管道防撞设施

（7）燃气支管宜明设。燃气支管不宜穿过起居室（厅）。敷设在起居室（厅）、走道内的燃气管道不宜有接头。

（8）燃气水平干管不宜穿过建筑物的沉降缝、伸缩缝。

（9）燃气管道严禁穿越防火墙。在燃气管道安装过程中，未经原建筑设计单位的书面同意，不得在承重的梁、柱和结构缝上开孔，不得损坏建筑物的结构和防火性能。

（10）室内燃气管道暗埋与暗封应符合下列规定：

1）暗埋的室内管设计使用年限不应小于 50 年，管道最高运行压力不应大于 0.01MPa。

2）未经原建筑设计单位书面同意，严禁在承重墙、柱、梁、板中暗设管道。

3）埋设管道的管槽不得伤及建筑物的钢筋。

4）暗埋管道须为整管，不得有机械接头。

5）暗封部位应检修方便，并应通风良好。暗封管道应设在不受外力冲击、暖气烘烤和潮湿等部位。

6）暗埋管道在敷设过程中不得产生任何形式的损坏，管道固定应牢固。

7）在覆盖暗埋管道的砂浆中不应添加快速固化剂。砂浆内应添加带色颜料作为永久色标。当设计无明确规定时，颜料宜为黄色。安装施工后还应将暗埋管道位置标注在竣工图纸上，移交建设单位签收。

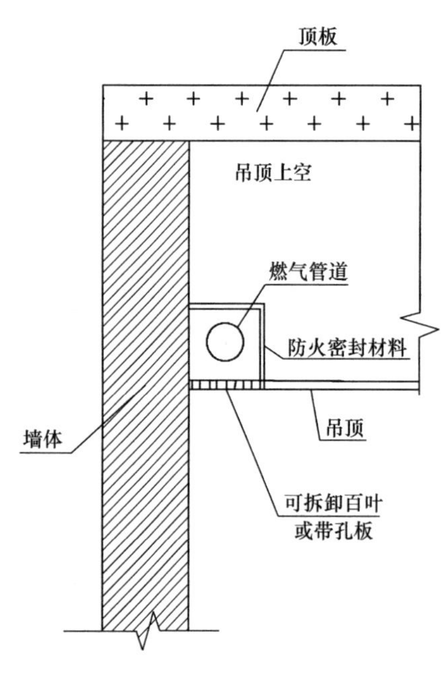

图 7-6　管槽剖面示意图

8）暗埋管道宜加设可有效防止外力冲击的金属防护装置，金属防护装置的厚度宜大于 1.2mm。当与其他埋墙设施交叉时，应采取有效的绝缘和保护措施。

9）公共建筑室内燃气管道局部位于吊顶上方时，可敷设在独立分割的 n 形槽中，管槽底部宜采用可拆卸百叶或带孔板，管槽剖面如图 7-6 所示。

（11）为了建筑的整体美观，燃气管道可设置在凹槽等部位。当设置在幕墙或其他装饰材料与墙体之间时，可采取管槽方式敷设，管槽大小应保证管道的检修及维护和通风良好，可参考图 7-7。

（12）敷设在管道竖井内的燃气管道安装应符合下列规定：

1）管道安装宜在土建及其他管道施工完毕后进行。

2）当管道穿越竖井内的隔断板时，应加套管。

3）燃气管道的颜色应明显区别于管道井内的其他管道，宜为黄色。

4）燃气管道与相邻管道的距离应满足安装和维修的需要。

5）燃气立管可与空气、惰性气体、上下水、热力管道等在一个公用竖井内，但不得与电线、电气设备或氧气管、进风管、回风管、排气管、排烟管、垃圾道等共用一个竖井。

6）竖井内的燃气管道应尽量不设或少设阀门等附件。竖井内的燃气管道的最高压力不得大于 0.2MPa。

7）竖井应每隔 1～3 层做相当于楼板耐火极限的不燃烧体进行防火分隔，且应设法保证平时竖井内自然通风、而火灾时又能防止产生“烟囱”作用的措施。

8）每隔 4～5 层设燃气浓度检测报警器，上、下两个燃气泄漏报警器的高度差不应大于 20m。

9）管道竖井的墙体应为耐火极限不低于 1.0h 的不燃烧体，井壁上的检查门应采用丙级防火门。

（13）当室内燃气管道的敷设方式在设计文件中无明确规定时，宜按表 7-1 选用。

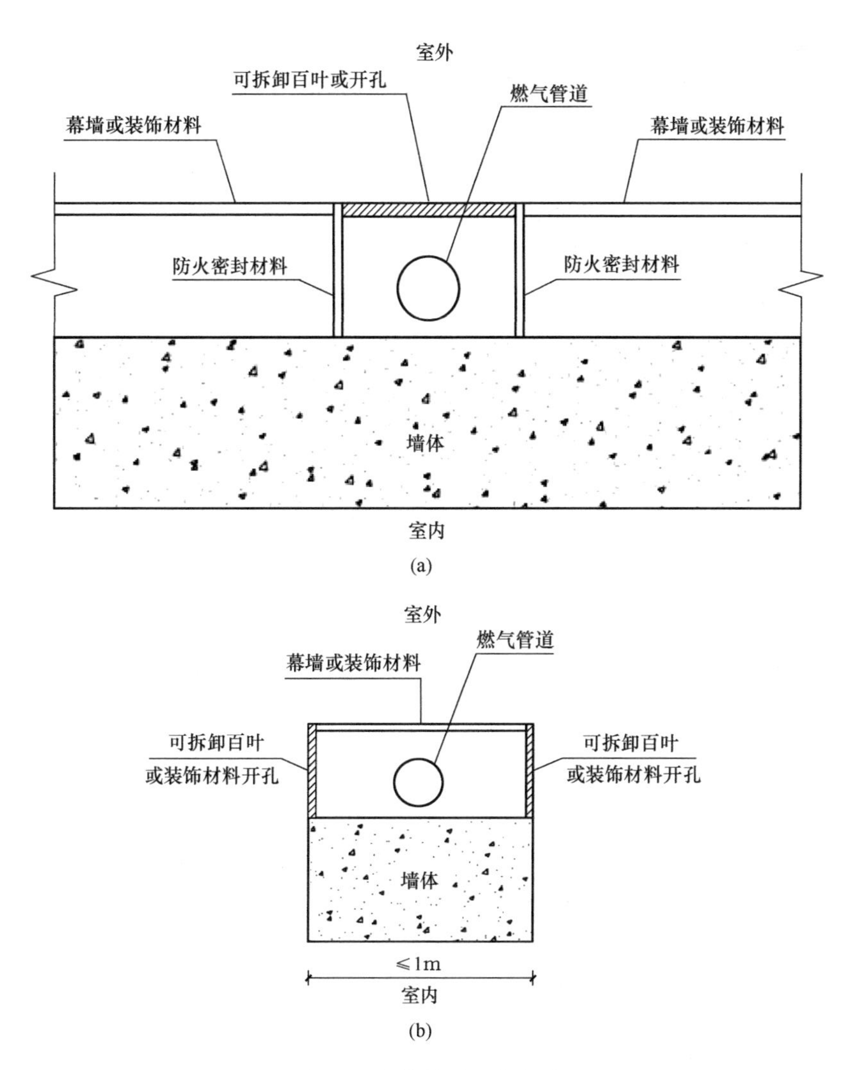

图 7-7 立管管槽设置方式

（a）设置方式 1；（b）设置方式 2

室内燃气管道敷设方式 **表 7-1**

管道材料	明设管道	暗设管道	
		暗封形式	暗埋形式
热浸镀锌钢管	应	可	不推荐
无缝钢管	应	可	不推荐
铜管	应	可	可
薄壁不锈钢管	应	可	可
不锈钢波纹软管	可	可	可
燃气用铝塑复合管	可	可	可

3. 燃气管道穿墙安装

（1）管道应垂直穿墙，且必须加装热缩套和套管保护，管道与套管同轴。

（2）套管内的燃气管道不应有任何形式的连接接头（不含纵向或螺旋焊缝及经无损检测合格的焊接接头）。立管和水平干管穿过通风不良的吊顶时，应设置在套管内。

（3）套管与燃气管道之间的间隙采用密封性能良好的柔性防腐、防水材料填实，套管与建筑物之间的间隙应用防水材料填实。

（4）燃气管道穿墙套管的两端应与墙面齐平，穿楼板套管的上端高于最终形成的地面50mm，下端与楼板底齐平。

（5）穿楼板、穿墙套管与墙体之间不能紧密贴合时，应采用建筑密封胶填实。

（6）套管的管径不宜小于《城镇燃气室内工程施工及验收规范》CJJ 94 的规定，如表7-2所示。

燃气管道配套的套管公称直径（mm）　　表7-2

燃气管公称直径	10	15	20	25	32	40	50	65	80	100	150
套管公称直径	25	32	40	50	65	65	80	100	125	150	200

（7）燃气管道穿墙、穿楼板、出地面套管大样图，如图7-8所示。

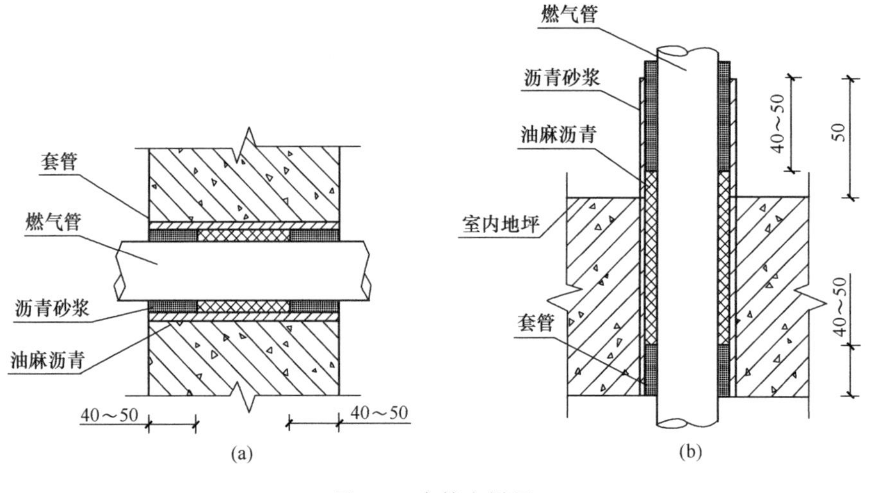

图7-8　套管大样图

（a）穿墙；（b）穿楼板

4. 燃气管道安全间距

（1）中压与低压燃气管道，可沿建筑耐火等级不低于二级的住宅或公共建筑的外墙敷设。沿建筑物外墙的燃气管道距住宅或公共建筑物中不应敷设燃气管道的房间门、窗洞口的净距：中压管道不应小于0.5m，低压管道不应小于0.3m。燃气管道距生产厂房建筑物门、窗距离不限。

（2）室内燃气管道与室内电气及其他设备最小安全间距，如表7-3所示。

室内燃气管道与室内电气及其他设备最小安全间距　　表 7-3

<table>
<tr><th colspan="2" rowspan="2">管道和设备</th><th colspan="2">与燃气管道的净距（cm）</th><th rowspan="2">与燃气表的水平净距（cm）</th></tr>
<tr><th>平行敷设</th><th>交叉敷设</th></tr>
<tr><td rowspan="5">电气设备</td><td>明装的绝缘电线或电缆</td><td>25</td><td>10</td><td>—</td></tr>
<tr><td>暗装或管内绝缘电线</td><td>5</td><td>1</td><td>—</td></tr>
<tr><td>电压小于 1kV 的裸露电线</td><td>100</td><td>100</td><td>100</td></tr>
<tr><td>配电盘或配电箱、电表</td><td>30</td><td>不允许</td><td>50</td></tr>
<tr><td>电插座、电源开关</td><td>15</td><td>不允许</td><td>20</td></tr>
<tr><td colspan="2">相邻管道</td><td>便于安装、检查及维修</td><td>2</td><td>便于安装、检维修</td></tr>
<tr><td rowspan="2">燃具</td><td>燃气灶具</td><td colspan="2" rowspan="2">与主立管水平间距不应小于 30cm；与燃气灶具前管道水平间距不得小于 30cm；燃气管道通过燃具上方时，应位于抽油烟机上方，且与燃具的垂直净距应大于 100cm。燃气灶前管道为铝塑复合管时，与燃气灶具的水平间距不得小于 50cm；燃气管道与热水器水平间距不得小于 20cm；当布置确有困难时，采取有效措施可适当减小净距</td><td>30
（表高位安装时）</td></tr>
<tr><td>热水器</td><td>30</td></tr>
</table>

7.2.2 管道连接及检验

（1）公称尺寸不大于 *DN* 50 的镀锌钢管宜采用螺纹连接，当必须采用其他连接形式时，应采取相应的措施。

（2）无缝钢管或焊接钢管应采用焊接或法兰连接。

（3）铜管应采用承插式硬钎焊连接，不得采用对接钎焊和软钎焊。

（4）薄壁不锈钢管应采用承插氩弧焊式管件连接或卡套式、卡压式、环压式等管件机械连接。

（5）不锈钢波纹软管及非金属软管应采用专用管件连接。

（6）燃气用铝塑复合管应采用专用的卡套式、卡压式连接。

（7）当引入管埋地部分与室外埋地聚乙烯管相连时，其连接位置距建筑物基础不宜小于 0.5m。

（8）管道连接及检验应按照设计文件要求执行。当设计文件无要求时，居民及工商用户室内管道的连接和检验可分别按表 7-4、表 7-5 执行。

居民用户室内管道的连接和检验　　表 7-4

连接及检验 / 材质	连接方式	无损检测		外观检查	
		焊口检查比例（射线）	执行标准及等级	接口检查比例	执行标准及等级
无缝钢管	焊接、法兰	5%，且不少于一个焊缝	GB/T 12605 Ⅲ级	100%	GB 50683 Ⅲ级
热浸镀锌钢管	螺纹	—	—	100%	CJJ 94
薄壁不锈钢管	焊接或机械	—	—	100%	GB 50028、CJJ 94

续表

材质＼连接及检验	连接方式	无损检测		外观检查	
		焊口检查比例（射线）	执行标准及等级	接口检查比例	执行标准及等级
铝塑复合管	机械	—	—	100%	CJJ 94
灶具连接用管道	螺纹、插入	—	—	100%	CJJ 94
不锈钢波纹管	螺纹	—	—	100%	CJJ 94

工商用户室内管道的连接和检验　　**表 7-5**

材质＼连接及检验	连接方式	无损检测		外观检查	
		焊口检查比例（射线）	执行标准及等级	接口检查比例	执行标准及等级
无缝钢管（通风良好房间及室外）	焊接、法兰	5%，且不少于一个焊缝	GB/T 12605 Ⅲ级	100%	GB 50683 Ⅲ级
无缝钢管（地下室、半地下室、地上密闭房间）	焊接、法兰	固定焊口 100%；活动焊口 10%	NB/T 47013.2 Ⅲ级	100%	GB 50683 Ⅲ级
热浸镀锌钢管	螺纹	—	—	100%	CJJ 94
灶具连接用管道	螺纹、插入	—	—	100%	CJJ 94

7.2.3　管道附件安装

1. 阀门设置及安装

（1）室内燃气管道阀门宜采用球阀，如内螺纹铜球阀、带锁球阀、电磁切断阀等。

（2）室内燃气管道应在燃气引入管、调压器前和燃气表前、燃气用具前、测压计前、放散管起点等部位设置阀门。

（3）阀门在安装前应对阀门逐个进行外观检查，并宜对引入管阀门进行强度试验和严密性试验。阀门的安装位置应便于操作和维修，并宜对室外阀门采取安全保护措施。寒冷地区输送湿燃气时，应对室外引入管阀门采取保温措施；阀门宜有开关指示标识，对有方向性要求的阀门，必须按规定方向安装。阀门应在关闭状态下安装。

2. 补偿措施

（1）由于温差引起的燃气管道长度变化，应按照式（7-1）计算：

$$\Delta L = \alpha L \Delta t \tag{7-1}$$

式中　ΔL——管道的伸长量，m；

α——管道的线膨胀系数，m/℃；

L——管道长度，m；

Δt——温差，℃。

（2）外立管补偿需经计算确定，宜采用自然补偿。

（3）高层建筑燃气立管应采取下列措施：

1）应限制管道水平位移。

2）间隔 60m 应设置一个固定支架。两个固定支架间采取补偿措施。固定支架不得设在管道焊缝或连接部位。

3）燃气水平干管和高层建筑立管应考虑工作环境温度下的极限变形。当自然补偿不能满足要求时，应设置方型补偿器或波形补偿器，不得采用填料型。补偿量计算温度可按下列条件选择：

① 有空气调节的建筑物内取 20℃；

② 无空气调节的建筑物内取 40℃；

③ 沿外墙和屋面敷设时可取 70℃。

3. 室内管道调压

室内供气系统优先采用一次调压下环上行的供气方式。建筑高度小于等于 100m 的住宅建筑，宜采用一次调压的供气方式。建筑高度大于 100m 的住宅建筑，为保证用户供气压力的稳定，宜采用低压进户、二次调压的模式，即在民用户内表前加装低压调压器。

若住宅小区整体使用天然气壁挂炉供暖（如每户配套壁挂炉的精装修交付小区），供气方案应综合比选。当一次调压供气导致立管管径过大，可采用二次调压的模式。对特殊户型住宅，正常底层无法引入的户型，可采用燃气管道上环下行的供气方式，即从顶楼引入厨房室内供气，且应保证顶层厨房不超压、底层厨房不欠压。

4. 管道支架安装

（1）管道支架应安装牢固，支架位置不得影响管道的安装、检修与维护。

（2）每个楼层的立管至少应设支架 1 处。

（3）当水平管道上设阀门时，应在阀门来气侧 1m 范围内设支架，并尽量靠近阀门。

（4）与不锈钢波纹软管、铝塑复合管直接相连的阀门，应设固定底座或管卡。

（5）钢管支架的最大间距宜按表 7-6 选择；铜管支架的最大间距宜按表 7-7 选择；薄壁不锈钢管道支架的最大间距宜按表 7-8 选择；铝塑复合管支架的最大间距宜按表 7-9 选择；不锈钢波纹软管的支架最大间距不宜大于 1m。

（6）支架的结构形式应排列整齐，安装牢固。支架与管道接触紧密。固定支架应使用金属材料。

（7）当管道与支架为不同种类的材质时，两者之间应采用绝缘性能良好的材料进行隔离，或采用与管道材料相同的材料进行隔离。隔离薄壁不锈钢管道所使用的非金属材料，其氯离子含量不应大于 50×10^{-6}。

钢管支架最大间距 **表 7-6**

公称直径	最大间距（m）	公称直径	最大间距（m）
*DN*15	2.5	*DN*100	7.0
*DN*20	3.0	*DN*125	8.0
*DN*25	3.5	*DN*150	10.0
*DN*32	4.0	*DN*200	12.0
*DN*40	4.5	*DN*250	14.5
*DN*50	5.0	*DN*300	16.5
*DN*65	6.0	*DN*350	18.5
*DN*80	6.5	*DN*400	20.5

铜管支架最大间距　　表7-7

外径（mm）	15	18	22	28	35	42	54	67	88
水平敷设（m）	1.8	1.8	2.4	2.4	3.0	3.0	3.0	3.5	3.5
垂直敷设（m）	1.2	1.2	1.8	18	2.4	2.4	2.4	3.0	3.0

薄壁不锈钢管支架最大间距　　表7-8

外径（mm）	15	20	25	32	40	50	65	80	100
垂直敷设（mm）	2.0	2.0	2.5	2.5	3.0	3.0	3.0	3.0	3.5
水平敷设（mm）	1.8	2.0	2.5	2.5	3.0	3.0	3.0	3.0	3.5

铝塑复合管支架最大间距　　表7-9

外径（mm）	16	18	20	25
水平敷设（m）	1.2	1.2	1.2	1.8
垂直敷设（m）	1.5	1.5	1.5	2.5

7.2.4　外立管防腐

外立管管材目前一般均采用涂刷防锈漆的方式进行防腐处理。但在外界腐蚀环境、防锈漆本身质量以及涂刷施工质量等因素的综合作用之下，外立管防锈漆一般在5～10年内即会出现严重老化，失去防腐作用，如图7-9所示。

(a)

(b)

图7-9　燃气外立管及其腐蚀

（a）外立管；（b）外立管腐蚀

已有研究结果表明，外立管管材不管采用无缝钢管还是低压流体输送用钢管，均宜放弃使用传统的防锈漆涂层，而应选用熔结环氧粉末防腐层、3PE外贴锡箔涂层等抗紫外线辐照的防腐层。补口采用环氧底漆＋辐射交联聚乙烯热缩套（带）。

当建筑对外观要求较高时，经建设单位和燃气公司认可，可对燃气管道另罩面漆一道，其色彩应与建筑相匹配，并间隔3.0m加设2个宽度为20mm、间距为10mm的褐黄色专用标识环。

7.2.5　高空作业施工

室内燃气管道工程的高空作业主要包括：悬空作业、临边作业、洞口作业和交叉作业。

1. 悬空作业

高层居民住宅室外燃气立管常敷设在建筑物临空的外墙上。为了满足施工作业要求，常采用搭设电动吊篮施工。吊篮施工属高处载人作业。操作时应严格执行国家和地方颁布的高处作业、劳动安全、安全施工、安全用电及其他有关的法规、标准。电动吊篮在使用过程中，严禁空中上下人员及物料，以防坠人、坠物，上下人员及物料必须在吊篮降至地面后进行。操作人员必须经过培训，持证上岗，施工现场设专职安全员一名，负责施工安全，并将施工区域下方围挡，安排两人看护，防止非施工人员进入作业区域。安全带要通过安全钩固定在从屋面上垂下的安全绳上的不锈钢自锁器上。

安装完毕后应及时固定，防止管道坠落，如图 7-10 所示。

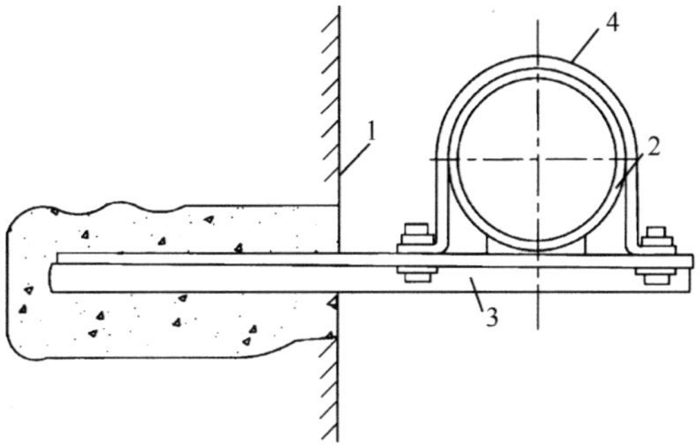

图 7-10 架空管道固定

1—墙；2—架空管；3—托架；4—扁钢箍

需要穿越墙壁或楼板进行凿洞操作时，隔墙处应设专人监护，防止穿孔时砖块碎片飞溅伤人。

2. 临边作业

（1）在坠落高度 2m 及以上的地方进行临边作业时，应在临空一侧设置防护栏杆，并应采用密目式安全立网或工具式栏板封闭。

（2）分层施工的楼梯口、楼梯平台和梯段边，应安装防护栏杆。外设楼梯口、楼梯平台和梯段边，还应采用密目式安全立网封闭。

（3）建筑物外围边沿处，应采用密目式安全立网进行全封闭。有外脚手架的工程，在脚手架外侧立杆上应设置密目式安全立网，并与脚手杆紧密连接；没有外脚手架的工程，应采用密目式安全立网将临边全封闭。

（4）施工升降机、龙门架和井架物料提升机等各类垂直运输设备与建筑物间设置的通道平台两侧边，应设置防护栏杆、挡脚板，并应采用密目式安全立网或工具式栏板封闭。

（5）各类垂直运输接料平台口应设置高度不低于 1.80m 的楼层防护门，并应设置防外开装置。多笼井架物料提升机通道中间，应分别设置隔离设施。

3. 洞口作业

（1）当竖向洞口短边边长小于 500mm 时，应采取封堵措施。当垂直洞口短边边长大于等于 500mm 时，应在临空一侧设置高度不小于 1.2m 的防护栏杆，并应采用密目式安全立网或工具式栏板封闭，设置挡脚板。

（2）当非竖向洞口短边尺寸为 25～500mm 时，应采用承载力满足使用要求的盖板覆盖，盖板四周搁置应均衡，且应防止盖板移位。

（3）当非竖向洞口短边边长为 50～1500mm 时，应采用专项设计盖板覆盖，并应采取固定措施。

（4）当非竖向洞口短边长大于等于 1500mm 时，应在洞口作业侧设置高度不小于 1.2m 的防护栏杆，并应采用密目式安全立网或工具式栏板封闭。洞口应采用安全平网封闭。

（5）电梯井口应设置防护门，其高度不应小于1.5m，防护门底端距地面高度不应大于50mm，并应设置挡脚板。

（6）在进入电梯安装施工工序之前，电梯井道内应每隔2层且不大于10m加设一道安全平网。电梯井内的施工层上部，应设置隔离防护设施。

（7）施工现场通道附近的洞口、坑、沟、槽、高处临边等危险作业处，除应悬挂安全警示标志外，夜间还应设灯光警示。

（8）边长不大于500mm洞口所加盖板，应能承受不小于1.1kN/m²的荷载。

（9）墙面等处落地的竖向洞口、窗台高度低于800mm的竖向洞口及框架结构在浇筑完混凝土没有砌筑墙体时的洞口，应按临边防护要求设置防护栏杆。

4. 交叉作业

（1）施工现场立体交叉作业时，下层作业的位置应处于坠落半径之外，坠落半径如表7-10所示。模板、脚手架等拆除作业，应适当增大坠落半径。当达不到规定要求时，应设置安全防护棚，下方应设置警戒隔离区。

坠落半径　　表7-10

序号	上层作业高度 h（m）	坠落半径（m）
1	$2 \leqslant h < 5$	3
2	$5 \leqslant h < 15$	4
3	$15 \leqslant h < 30$	5
4	$h \geqslant 30$	6

（2）施工现场人员进出的通道口应搭设防护棚。

（3）处于起重设备的起重机臂回转范围之内的通道，顶部应搭设防护棚。

（4）操作平台内侧通道的上下方，应设置阻挡物体坠落的隔离防护措施。

（5）防护棚的顶棚使用竹笆或胶合板搭设时，应采用双层搭设，间距不应小于700mm。当使用木板时，可采用单层搭设，木板厚度不应小于50mm，或可采用与木板等强度的其他材料搭设。防护棚的长度应根据建筑物高度与可能坠落半径确定。

（6）当建筑物高度大于24m，并采用木板搭设时，应搭设双层防护棚。两层防护棚的间距不应小于700mm。

7.3 室内燃气设备安装

7.3.1 燃气计量仪表选型及安装

1. 燃气计量仪表选型

（1）居民用户计量仪表主要有普通膜式燃气表、IC卡膜式燃气表、无线远传膜式燃气表。燃气表的规格应根据用气设备功率来选择，常用家用燃气表选型可参考表7-11。

常用家用燃气表规格　　表7-11

规格	流量范围（m³/h）	适用燃器具
G1.6	0.016～2.5	1台家用双眼灶＋1台20kW以下的燃器具（相当于10L热水器）

续表

规格	流量范围（m^3/h）	适用燃器具
G2.5	0.025～4	1台家用双眼灶+1台32kW以下的燃器具（32kW相当于16L热水器）
G4.0	0.04～6	1台家用双眼灶+1台热负荷33～48kW的燃器具 （48kW相当于24L热水器）

（2）工商业用户流量计量仪表应综合考虑用气设备工作压力、额定流量、同时工作系数、小流量使用状况等因素来选型。工商业用户常用流量计量仪表类型及其特性，详见表7-12和表7-13。

工商业用户常用燃气流量计量仪表 **表7-12**

流量范围（m^3/h）	用户类型	推荐表具类型
<40	餐饮类用户； 小型热水炉等低压用气设备	膜式燃气表 超声波流量计
40～100	酒店、宾馆等大型餐饮类用户； 锅炉、工业设备等	膜式燃气表 罗茨流量计 超声波流量计
100～650	酒店、宾馆等大型餐饮类用户； 锅炉、工业设备等	罗茨流量计 涡轮流量计 超声波流量计
≥650	锅炉、工业设备； 总表设置	超声波流量计 涡轮流量计

工商业用户常用燃气流量计量仪表特性 **表7-13**

特性	罗茨流量计	涡轮流量计	超声波流量计
工作原理	容积式	速度式	速度式
常用规格	*DN*50～*DN*100	*DN*50～*DN*300	*DN*25～*DN*200
量程比	≤160∶1	≤20∶1	50∶1
计量精度	±(1.0～1.5)%	±(1.0～1.5)%	±(1.0～1.5)%
压力等级	1.6MPa	1.6MPa	1.6MPa
压力损失	有	有	无
温压补偿	一体式	一体式	一体式
前置设备	过滤器	过滤器	过滤器、整流器
直管段要求	无	有	有
维护工作量	定期维护	定期维护	无需定期维护
机械磨损	有	有	无

（3）流量计的量程应满足单台设备最小流量与多台设备同时开启时最大流量的要求。对工况流量变化较大的设备或单台用气量比较大的设备，宜选择单台流量计独立计量。用气量较大、设备较多的商业餐饮类用户，应根据同时工作系数的要求、单台表具控制的用

气设备数量等因素来综合选择燃气表。选用膜式燃气表、涡轮流量计或罗茨流量计时，用气设备的额定用气量在最低压力下宜处于流量仪表上限流量的 80%。选用超声波燃气表或超声波流量计时，用气设备的额定用气量在最低压力下不宜超过流量仪表上限流量的 90%。

2. 安装要求

(1) 一般要求

1) 室内燃气表宜安装在不燃或难燃结构的室内通风良好和便于查表、检修的地方。严禁安装在下列场所：卧室、卫生间及更衣室内；有电源、电器开关及其他电气设备的管道井内，或有可能滞留泄漏燃气的隐蔽场所，环境温度高于 45℃的地方，经常潮湿的地方，堆放易燃易爆、易腐蚀或有放射性物质等危险的地方，有变、配电等电气设备的地方，有明显振动影响的地方，高层建筑中的避难层及安全疏散楼梯间内。

2) 商业和工业企业的燃气表宜集中布置在单独房间内，当设有专用调压室时可与调压器同室布置。

3) 室外设置的燃气表应安装在表箱内，表箱材料应选择玻璃钢或不锈钢材质。表箱位置宜选择在建筑厨房侧的楼下，距非用气房间的门、窗、洞口的水平净距不得小于 0.3m，距离地面的垂直距离宜保持在 0.3～0.8m。若建筑物首层为商业用途时，宜将燃气管道延长至住宅一层，再设置集中挂表。表箱安装位置应易于箱门开关，且不易被碰撞，开启后不阻碍通道。若表箱设置在可能有车辆通过的地点，应考虑增设防撞设施。表箱应具有排水和自然通风功能，表箱内汇管必须用管卡固定在墙上，避免表箱因承受重力而损坏。

(2) 家用燃气表安装

1) 家用燃气表宜明设，可高位或低位安装，如图 7-11 所示。住宅内高位安装燃气表时，表底距地面不宜小于 1.4m；低位安装时，表底距地面不得小于 100mm。当燃气表装

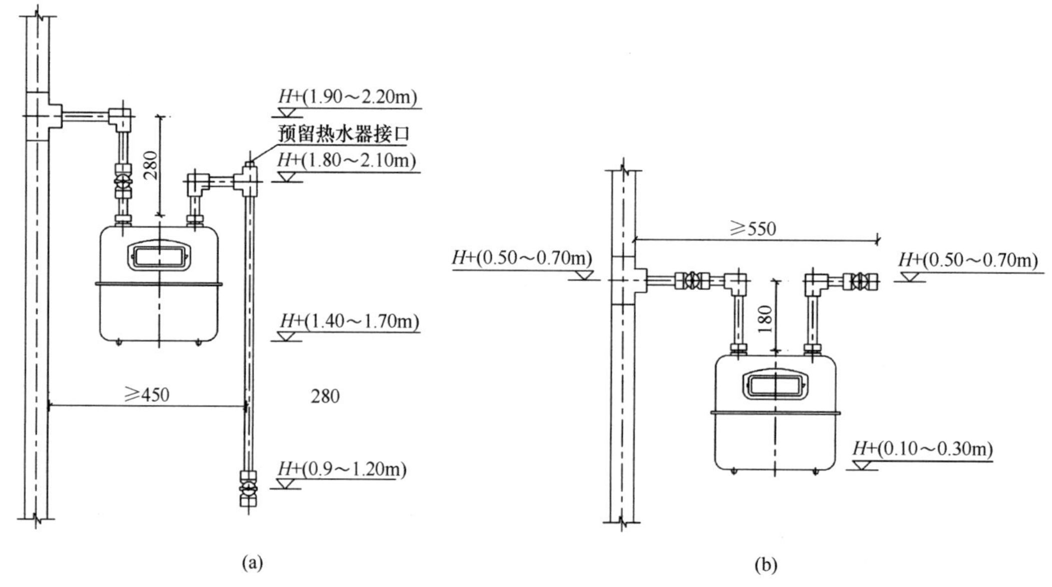

图 7-11　家用燃气表安装位置

(a) 高位安装；(b) 低位安装

在燃气灶具上方时，燃气表与燃气灶的水平净距不得小于 300mm。安装应横平竖直，并采用专门的表连接件。

2）燃气计量表与低压电气设备之间的间距，应符合表 7-14 的要求。

燃气计量表与低压电气设备之间的间距　　表 7-14

设备设施	与燃气计量表的最小水平净距（mm）
相邻管道、燃气管道	便于安装、检查及维修
家用燃气灶具	300（表高位安装时）
热水器	300
电压小于 1000V 的裸露电线	1000
配电盘、配电箱或电表	500
电源插座、电源开关	200
燃气计量表	便于安装、检查及维修

（3）工商业用户燃气计量表安装

1）最大流量小于 $65m^3/h$ 的膜式燃气计量表：采用高位安装时，表后距墙净距不宜小于 30mm，并应加表托固定；采用低位安装时，应平稳地安装在高度不小于 200mm 的砖砌支墩或钢支架上，表后与墙净距不应小于 30mm。

2）最大流量大于等于 $65m^3/h$ 的膜式燃气计量表，应平正地安装在高度不小于 200mm 的砖砌支墩或钢支架上，表后与墙净距不宜小于 150mm。

3）罗茨流量计应垂直安装，气体流动方向为上进下出。

4）涡轮流量计应水平安装。

5）超声波流量计可水平或垂直安装，垂直安装时气体流动方向为上进下出，必须按照产品说明书进行安装。

6）涡轮流量计、超声波流量计必须按照设备说明书要求设计上下游直管段。

7）燃气表的安装应在管道吹扫和强度试验完成后进行，并参与严密性试验。严禁带表吹扫管道、带表焊接法兰、带表高压试漏、野蛮装卸施工。

7.3.2 民用燃气设备安装

1. 燃气灶具安装

燃气灶具安装前应复核其安装环境与条件是否满足设计和安装要求，如燃气灶具类型是否与气源类型匹配、厨房面积是否大于 $3.5m^2$、是否有面向大气的窗户等。

燃气灶具应放置水平，灶台高度不宜大于 800mm。燃气灶具与墙净距不得小于 100mm，与侧面墙的净距不得小于 150mm，与木质门、窗及木质家具的净距不得小于 200mm。嵌入式燃气灶具与灶台连接处应做好防水密封，灶台下面的橱柜应根据气源性质在适当的位置开总面积不小于 $80cm^2$ 并与大气相通的通气孔。燃具与可燃的墙壁、地板和家具之间应设耐火隔热层，隔热层与可燃的墙壁、地板和家具之间间距宜大于 10mm。

采用硬连接安装双眼灶时，钢管直径不小于 15mm，并用活接头连接。双眼灶的放置应保持水平。采用软连接时，应采用燃气专用软管，钢管与软管连接处应安装阀门。软管长度不应超过 2m，中间不许有接头。软管连接口应用管卡或锁母固定，软管不得穿墙、门和窗。两个双眼灶并排安装时，其净距应大于 0.4m。两个单眼灶并排安装时，其净距应大于0.3m。灶具距墙的距离不应小于0.2m，与对面墙的距离不应小于1m。燃气表与灶具的水平净距不得小于0.3m。双眼燃气灶如图7-12所示。

图7-12　双眼燃气灶

2. 燃气热水器安装

燃气热水器安装前应复核其安装环境与条件是否满足设计和安装要求。燃气热水器的安装应按照设计文件及产品说明书的要求进行安装，并应安装牢固，无倾斜。支架的接触应均匀平稳，并便于操作。与室内燃气管道和冷热水管道连接必须正确，并应连接牢固、不易脱落。燃气管道的阀门、冷热水管道阀门应便于操作和检修。排烟装置应与室外相通，烟道应有1%坡向燃具的坡度，并应有防倒风装置。

安装前，应仔细阅读热水器的说明书，检查热水器零配件是否齐全，外观有无缺陷，各旋钮是否开关灵活，安装有无特殊要求。热水器使用的燃气种类是否与安装地点的燃气种类相同。热水器质量标准是否符合国家标准规定。

烟道排气式热水器和平衡式热水器应有专用的烟道。热水器的安装高度以热水器的观火孔与人眼高度相齐为宜，一般距地面1.5m；热水器应安装在耐火的墙壁上，与墙的净距应大于20mm，与对面墙之间应有大于1m的通道；与燃气表和燃气灶的水平净距应大于0.3m，顶部距顶棚应大于0.6m，上部不得有电力明线、电器设备和易燃物；热水器四周保持0.2m以上的空间，便于通风；热水器两侧的通风孔不能堵塞，以保证有足够的空气助燃。

热水器的供水管道在配接管时，应与热水器各接口口径一致，不得任意缩小口径以避免供水管道错误串接至热水器燃气供应接口。热水器的冷热水管敷设暗管时，其配管应比原口径增大一档，且热水管道不宜过长。热水器的进、出水接口，应使用活接头连接，活接头位置应接近进、出水口。热水器燃气供气管应根据设备耗气量选择口径，其接口处应设置旋塞阀或球阀。

热水器不得安装在楼梯和安全出口附近5m范围内，不得安装在橱柜内；壁挂热水器安装应保持垂直，不得倾斜。热水器下方不得设置燃气烤炉、燃气灶具等燃气具。热水器安装除了符合国家相关规范外，还应符合厂家安装说明的要求。热水器烟道应设防冷凝水和雨水倒灌措施，燃气燃烧所产生的烟气必须排出室外。厨房燃具排气罩排出的油烟不得与热水器或供暖炉排烟合用一个烟道。

穿外墙的烟道终端排气出口应设置在烟气容易扩散的部位，距地面的垂直净距不得小于0.3m，距门窗洞口的最小净距应符合表7-15。

3. 燃气壁挂炉安装

燃气壁挂炉一般安装在便于操作、检修的位置，主要是厨房、设备房（阳台）、外墙面等处，并应综合考虑排烟、防雨、防冻、燃气管道走向等因素的影响。

燃气热水器烟道排气口距门窗洞口的最小净距（m） **表 7-15**

门窗洞口位置	密闭式燃具		半密闭式燃具	
	自然排烟	强制排烟	自然排烟	强制排烟
非居住房间	0.6	0.3	不允许	0.3
居住房间	1.5	1.2	不允许	1.2
下部机械进风口	1.2	0.9	不允许	0.9

注：下部机械进风口与上部热水器排气口水平净距大于等于 3m 时，其垂直距离不限。

燃气壁挂炉应安装固定于墙面上。墙面及壁挂炉背面挂钩固定处不得预埋水管、线管、燃气管及其他管道，以免安装壁挂炉时遭意外损坏。壁挂炉背面挂钩处打眼固定时需要用水平尺测量，不得仅凭肉眼观察，以避免壁挂炉安装倾斜，或反复打眼导致壁挂炉固定不牢靠。若墙面为干挂大理石，则应提前预留好壁挂炉固定点。安装烟管时，烟管须水平向下倾斜 3°～5°，防止雨水及冷凝水倒灌至壁挂炉内部，造成壁挂炉损坏。壁挂炉安装位置必须保证便于操作和维修。安装供暖主管道、燃气管道、生活用水管道时，必须确保垫片及生料带充填到位，防止跑冒滴漏的发生。

7.3.3 公用燃气设备安装

1. 商业用气设备

（1）一般要求

1）当商业用气设备安装在地下室、半地下室或地上密闭房间内时，应严格按设计文件要求施工。

2）商业用气设备的安装应符合下列规定：

用气设备之间的净距应满足设计文件、操作和检修的要求。

用气设备前宜有宽度不小于 1.5m 的通道。

用气设备与可燃的墙壁、地板和家具之间应做耐火隔热层。当设计文件无规定时，其厚度不宜小于 1.5mm，耐火隔热层与可燃的墙壁、地板和家具之间的间距宜大于 50mm。

（2）砖砌燃气灶

1）砖砌燃气灶的燃烧器应水平地安装在炉膛中央，其中心应对准锅中心；应保证外焰有效地接触锅底，燃烧器支架环孔周围应保持足够的空间。

2）砖砌燃气灶的高度不宜大于 0.8m，封闭的炉膛与烟道应安装爆破门，爆破门的加工应符合设计文件的要求。

（3）炒菜灶

用于炒菜或煮煎的燃气灶包括炒菜灶、烟台灶、二用灶、汤灶等。多种灶具设置在同一灶台上时，可平行设置，也可交叉设置。各灶具边、框净距一般不小于 300mm，炒菜灶与汤灶的净距一般不小于 250mm。间距应保证同时操作时互不影响，如图 7-13 所示。

图 7-13 炒菜灶安装

（4）蒸饭灶

蒸饭灶应设置在通风良好的厨房内，并应设烟囱排除废气。蒸饭灶的燃气连接管管径不得小于25mm。蒸饭灶在使用中，耗水量较大，因此，应设置有浮球开关的自动补水装置，保持蒸饭灶正常工作。

（5）沸水器

1）安装沸水器的房间应按设计文件检查通风系统。

2）沸水器应采用单独烟道。当使用公共烟囱时，应设置防串烟装置。烟囱应高出屋顶1m以上，并应安装防倒风装置。

3）沸水器与墙净距不宜小于0.5m，沸水器顶部距屋顶的净距不应小于0.6m。

4）当安装2台或2台以上沸水器时，沸水器之间净距不宜小于0.5m。

2. 工业用气设备

（1）工业用气设备的安装场所应符合现行国家标准《城镇燃气设计规范》GB 50028的规定。当用气设备安装在地下室、半地下室或地上密闭房间内时，应严格按设计文件要求施工。

（2）当工业用气设备为通用产品时，其燃气、自控、鼓风及排烟等系统的检验应符合产品说明书或设计文件的规定。

（3）当工业用气设备为非通用产品时，其燃气、自控、鼓风及排烟等系统的检验应符合下列规定：

1）燃烧器的供气压力必须符合设计文件的规定；

2）用气设备应符合现行国家标准《城镇燃气设计规范》GB 50028的相关规定。

（4）用气设备燃烧装置的安全设施除应符合设计文件要求外，还应符合下列规定：

1）当燃烧装置采用分体式机械鼓风或使用加氧、加压缩空气的燃烧器时，应安装止回阀，并应在空气管道上安装泄爆装置。

2）燃气及空气管道上应安装最低压力和最高压力报警、切断装置。

3）封闭式炉膛及烟道应按设计文件施工，烟道泄爆装置的加工及安装位置应符合设计文件的规定。

7.3.4　燃气泄漏切断保护装置安装

燃气泄漏切断保护装置安装应遵循国家现行标准《燃气报警控制系统技术规程》CJJ/T 146：

（1）商业、工业用户应安装燃气泄漏切断保护装置；高层建筑居民用户宜安装燃气泄漏切断保护装置。

（2）燃气泄漏检测报警装置应安装在设备、管道较为集中的位置：建筑物内燃气管道设备层、管道层、集中燃气表间、锅炉间和用气设备的地下、半地下房间和重要公共建筑的用气场所等处。

（3）燃气报警系统应采用经国家有关产品质量监督检测单位检验合格的产品。

（4）燃气泄漏检测报警装置在检测到燃气泄漏量达设定值时，应能发出声光报警和连锁切断信号。发出声光报警和连锁切断信号的燃气泄漏量设定值为燃气爆炸下限的10%～20%。

（5）燃气泄漏报警器不能设置于进风口和排风口，如图7-14所示。

（6）报警装置宜集中管理监视。

（7）声音报警信号距装置 2m 处的声压级不得低于 70dB。

（8）连锁切断装置：

1）连锁切断装置的反应时间要求不大于 10s；

2）连锁切断装置后，必须由专业人员复位；

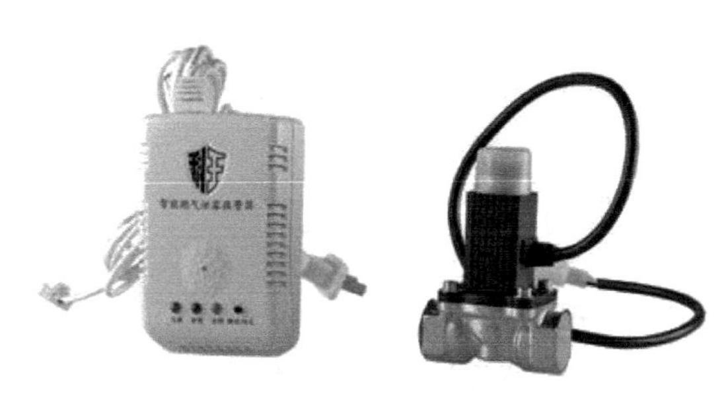

图 7-14 燃气泄漏报警器

3）居民用户连锁切断装置宜安装在建筑燃气进户管道切断阀门处，如图 7-15 所示；

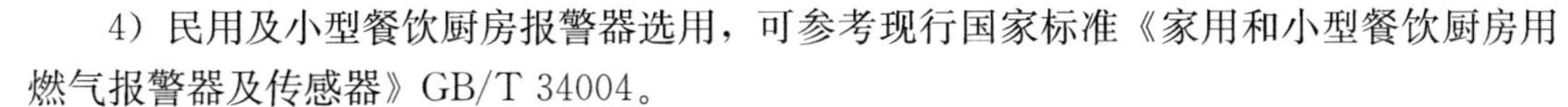

4）民用及小型餐饮厨房报警器选用，可参考现行国家标准《家用和小型餐饮厨房用燃气报警器及传感器》GB/T 34004。

图 7-15 电磁式燃气紧急切断阀

（9）可燃气体检测报警器与燃具或阀门的水平距离，应符合下列规定：

1）当燃气相对密度比空气轻时，水平距离应控制在 0.5～8.0m 范围内，安装高度应距屋顶 0.3m 之内，且不得安装于燃具的正上方；

2）当燃气相对密度比空气大时，水平距离应控制在 0.5～4.0m 范围内，安装高度应距地面 0.3m 以内。

7.3.5 燃气送排风设施安装

（1）当采用自然通风时，厨房内的自然通风开口面积不应小于该房间地板面积的1/10，并不得小于 0.6m^2；当厨房外设阳台时，阳台的自然通风开口面积不应小于厨房和阳台地板面积总和的 1/10，并不得小于 0.6m^2。否则，应加装独立的强制送、排风装置。

（2）敷设有燃气管道的地下室、半地下室、设备层、地上密闭房间和锅炉房应有独立的机械送排风系统，强制送、排风装置应防爆。用气房间通风量应满足下列要求：正常工作时，换气次数不应小于 6 次/h；事故通风时，换气次数不应小于 12 次/h；不工作时，换气次数不应小于 3 次/h；当燃烧所需的空气由室内吸取时，应满足燃烧所需的空气量及排除房间热力设备散失的多余热量所需的空气量。

（3）地下室、半地下室、设备层、地上密闭房间和锅炉房内的燃气泄漏报警装置，应与事故排风装置、连锁切断装置等联动。

7.3.6 燃气放散系统安装

（1）当地下室用气时，燃气管道末端须设置放散管。放散管须采用无缝钢管，管道连接采用焊接。采用建筑屋顶放散方式时，放散管的高度应高出建筑屋顶 1m 以上。

（2）工业企业用气车间、锅炉房以及大中型用气设备的燃气管道上应设放散管，放散管管口应高出屋脊（或平屋顶）2m 以上。

（3）当放散管位于防雷区域之外时，放散管的引线应接地，接地电阻应小于 10Ω。

7.4　室内燃气管道试压

7.4.1　一般要求

（1）室内燃气管道安装完毕后，应进行强度试验和严密性试验。试验介质采用空气或氮气，严禁采用氧气及可燃性气体。

（2）试验用压力计应在检验的有效期内，其量程应为被测最大压力的 1.5～2 倍。弹簧压力表的精度不应低于 0.4 级；U 形压力计的最小分度值不得大于 1mm。

（3）试验时发现的缺陷，应在试验压力降至大气压力后进行处理。处理合格后应重新进行试验。

（4）暗埋敷设的燃气管道系统的强度试验和严密性试验，应在未隐蔽前进行。

（5）当采用不锈钢金属管道时，强度试验和严密性试验检查所用的发泡剂中氯离子含量不得大于 25×10^{-6}。

7.4.2　强度试验

1. 试压范围

（1）居民用户：明管敷设时，试压范围为引入管阀门至燃气计量装置前阀门之间的管道系统；暗埋或暗封敷设时，试压范围为引入管阀门至燃具接入管阀门（含阀门）之间的管道。

（2）工商业用户：试压范围为引入管阀门至燃具接入管阀门（含阀门）之间的管道（含暗埋或暗封的燃气管道）。

2. 试压压力与合格标准

（1）当设计压力小于 10kPa 时，试验压力为 0.1MPa。用发泡剂涂抹所有接头，不漏气为合格。

（2）当设计压力大于等于 10kPa 时，试验压力为设计压力的 1.5 倍，且不得小于 0.1MPa。应稳压 0.5h，用发泡剂涂抹所有接头，不漏气为合格；或稳压 1h，观察压力表，无压力降为合格。

7.4.3　严密性试验

1. 试压范围

（1）居民用户：试压范围为引入管阀门至燃具接入管阀门（含阀门）之间的管道。需要注意的是，燃气表也应参与严密性试验。

（2）工商业用户：试压范围为引入管阀门至燃具接入管阀门（含阀门）之间的管道（含暗埋或暗封的燃气管道）。

2. 试压压力与合格标准

（1）低压管道系统：试验压力应大于等于 5kPa。居民用户试压 15min，商业和工业用户试压 30min，观察压力表，无压力降为合格。

（2）中压管道的试验压力为设计压力，但不得低于 0.1MPa。以发泡剂检查，不漏气为合格。

居民和工商业用户室内燃气管道在典型设计压力下的试压范围及其试验压力，分别见表 7-16 和表 7-17。

居民用户室内燃气管道的试验范围及试验压力 **表 7-16**

试验类型＼设计压力	5kPa	9.5kPa	0.2MPa	试验范围
强度试验压力	0.1MPa	0.1MPa	0.3MPa	引入管阀门至燃气计量装置前阀门之间的管道系统（不含燃气表）
严密性试验压力	5kPa	9.5kPa	0.2MPa	引入管阀门至燃具前阀门之间的管道（含燃气表）

工商业用户室内燃气管道的试验范围及试验压力 **表 7-17**

试验类型＼设计压力		5kPa	9.5kPa	0.2MPa	0.4MPa	0.8MPa	试验范围
强度试验压力	通风良好用气房间	0.1MPa	0.1MPa	0.3MPa	0.6MPa	1.2MPa	（1）有引入管时：引入管阀门至燃具接入管阀门之间的管道系统（燃气表除外）；（2）无引入管时：接管点至燃具接入管阀门之间的管道系统（燃气表除外）
	地下室、半地下室、地上密闭用气房间	0.15MPa	0.15MPa	0.6MPa	0.9MPa	1.5MPa	
严密性试验压力	通风良好用气房间	5kPa	9.5kPa	0.2MPa	0.4MPa	0.8MPa	引入管阀门至燃具前阀门之间的管道系统（含燃气表）
	地下室、半地下室、地上密闭用气房间	0.1MPa	0.1MPa	0.4MPa	0.6MPa	1.0MPa	

注：地下室、半地下室、地上密闭用气房间敷设的燃气管道提高一个压力等级进行设计：低压提高到 0.1MPa；中压 B 提高到 0.4MPa；中压 A 提高到 0.6MPa；次高压 B 提高到 1.0MPa

7.5 防雷防静电

（1）室外的屋面管、立管、引入管和燃气设备等处，均应有防雷、防静电接地设施。

（2）当屋面管道采用法兰连接时，在连接部位的两端应采用截面积不小于 $6mm^2$ 的金属导线进行跨接；当采用螺纹连接时，应使用金属导线跨接。

（3）管道不得敷设在屋面的檐角、屋檐、屋脊等易受雷击部位。当燃气管道安装在建筑物避雷保护范围内时，应每隔 25m 至少与避雷网采用直径不小于 8mm 的镀锌圆钢进行连接，焊接部位应采取防腐措施，管道任何部位的接地电阻值不得大于 10Ω。当安装在建筑物的避雷保护范围外时，应符合设计文件的规定。

（4）室内燃气管道严禁作为接地导体或电极。

7.6 竣工验收

（1）施工单位在工程完工自检合格的基础上，监理单位应组织进行预验收。预验收合格后，施工单位应向建设单位提交竣工报告并申请进行竣工验收。建设单位应组织有关部门进行竣工验收。

（2）工程竣工验收应包括下列内容：

1）工程各参建单位向验收组汇报工程实施的情况。

2）验收组应对工程实体质量（功能性试验）进行抽查。

3）对室内燃气工程竣工验收相关文件和内容进行核查，具体如下：

① 设计文件；

② 设备、管道组成件、主要材料的合格证、检定证书或质量证明书；

③ 施工安装技术文件记录：焊工资格备案、阀门试验记录、射线检测报告、超声波检测报告、隐蔽工程（封闭）记录、燃气管道安装工程检查记录、室内燃气系统压力试验记录；

④ 质量事故处理记录；

⑤ 城镇燃气工程质量验收记录：燃气分项工程质量验收记录、燃气分部（子分部）工程质量验收记录、燃气单位（子单位）工程竣工验收记录。

⑥ 其他相关记录。

4）签署工程质量验收文件。

思考题与习题

1. 简述室内燃气管道系统的组成。
2. 试述室内燃气管道强度试验和严密性试验的介质、试压压力、试压时长、合格标准。
3. 地下室、半地下室、地上密闭房间等室内场所的燃气工程，在施工过程中应注意哪些问题？
4. 室内燃气系统有哪些典型的高风险安全隐患？试举例并说明原因。
5. 目前国内室内燃气事故频发，试分析原因并提出合理可行的建议。
6. 燃气钢质外立管目前通常采用的防腐方式是什么？存在哪些问题？有哪些改进的防腐措施？
7. 近年来，室内燃气管道开始尝试引入工厂化预制，尽量减少费时费力的现场预制工作量。试述目前的进展与存在的问题。

本章参考文献

[1]　黄梅丹．城镇燃气输配工程施工手册[M]. 北京：中国建筑工业出版社，2018.

[2]　花景新．燃气工程施工[M]. 北京：化学工业出版社，2008.

[3]　戴路．燃气输配工程施工技术[M]. 北京：中国建筑工业出版社，2006.

[4]　李帆，管延文．燃气工程施工技术[M]. 武汉：华中科技大学出版社，2007.

[5]　住房和城乡建设部标准定额研究所．GB 50494 城镇燃气技术规范[S]. 北京：中国建筑工业出版社，2009.

[6]　中国市政工程华北设计研究院．GB 50028(2020 版)城镇燃气设计规范[S]. 北京：中国建筑工业出版社，2020.

[7]　公安部天津消防研究所．GB 50016(2018 年版)建筑设计防火规范[S]. 北京：中国计划出版社，2018.

[8]　鞍钢股份有限公司．GB/T 8163 输送流体用无缝钢管[S]. 北京：中国标准出版社，2018.

[9]　天津友发钢管集团股份有限公司．GB/T 3091 低压流体输送用焊接钢管[S]. 北京：中国标准出版社，2015.

[10] 宁波市圣字管业股份有限公司 . CJ/T 197 燃气用具连接用不锈钢波纹软管[S]. 北京：中国标准出版社，2010.

[11] 山西太钢不锈钢钢管有限公司 . GB/T 12771 流体输送用不锈钢焊接钢管[S]. 北京：中国标准出版社，2019.

[12] 无锡永大集团 . GB/T 18997.1 铝塑复合压力管　第 1 部分：铝管搭接焊式铝塑管[S]. 北京：中国标准出版社，2003.

[13] 无锡永大集团 . GB/T 18997.2 铝塑复合压力管　第 2 部分：铝管对接焊式铝塑管[S]. 北京：中国标准出版社，2003.

[14] 深圳市燃气集团有限公司 . CJJ 33 城镇燃气输配工程施工及验收规范[S]. 北京：中国建筑工业出版社，2005.

[15] 北京市煤气热力工程设计院有限公司 . CJJ 94 城镇燃气室内工程施工与质量验收规范[S]. 北京：中国建筑工业出版社，2009.

[16] 中国市政工程华北设计研究总院 . CJJ 12 家用燃气燃烧器具安装及验收规程[S]. 北京：中国建筑工业出版社，2013.

[17] 中国石油和化工勘察设计协会 . GB 50683 现场设备、工业管道焊接工程施工质量验收规范[S]. 北京：中国计划出版社，2011.

[18] 国网北京电力建设研究院 . GB/T 12605 无损检测　金属管道熔化焊环向对接接头射线照相检测方法[S]. 北京：中国标准出版社，2008.

[19] 中国特种设备检测研究院 . NB/T 47013.2 承压设备无损检测第 2 部分：射线检测[S]. 北京：新华出版社，2015.

[20] 中国船舶工业综合技术经济研究院 . GB/T 8923.1 涂覆涂料前钢材表面处理　表面清洁度的目视评定　第 1 部分：未涂覆过的钢材表面和全面清除原有涂层后的钢材表面的锈蚀等级和处理等级[S]. 北京：中国标准出版社，2011.

[21] 中国石油集团工程技术研究院 . SY/T 0407 涂装前钢材表面处理规范[S]. 北京：石油工业出版社，2012.

第 8 章　燃气输配系统投产置换

燃气管道和场站在工程验收合格后、投入使用前，需通过投产置换作业排出管道与设备中的空气，防止天然气与管内空气混合形成爆炸性气体。若置换方案选择不当或操作失误，均可能引发严重安全事故。因此，如何确保燃气置换过程的安全就显得特别重要。此外，置换还应考虑经济性问题，若方案不当将造成置换工作量大、持续时间长、作业费用高。因此，对投产置换工作必须高度重视，事先制订周密的符合实际的置换作业方案，由生产、施工与设计等单位密切配合，在统一组织下进行，确保顺利开展投产置换。

8.1　置换方法

8.1.1　置换类型

根据置换目的的不同，可分为投产置换、检维修置换和气源转换置换。

根据置换对象的不同，可分为燃气管道置换和燃气场站置换。

根据是否采用惰性气体（通常为氮气）来隔离燃气和空气，可分为直接置换和间接置换。

为避免赘述，本书仅介绍天然气输配系统的投产置换，但其基本原理仍适用于其他类型燃气输配系统的置换。

8.1.2　直接置换

直接置换是指采用燃气直接置换燃气设施中的空气，或采用空气直接置换燃气设施中的燃气的作业。直接置换操作简便、经济。但在直接置换过程中，燃气设施内必然会产生部分处于爆炸极限范围内的可燃混合气体。若遇到火种（如高速气流与管壁摩擦产生静电火花，或高速气流吹动管道中的石块、铁屑、焊条头等固体物质与管道内壁碰撞产生火花等）就会发生爆炸。因此，该方法不是本质安全的，需要有严格的使用条件和作业要求。

工程实践表明，小口径燃气管道若采用直接置换，只要将置换过程中管道内气流速度控制在 5m/s 以下，管道内就不易产生点火源，也就不会发生燃气爆炸。因此，该方法一般用在小口径、短距离燃气管道（如户内燃气管道）的置换作业。

8.1.3　间接置换

间接置换是先用惰性气体置换燃气设施中的空气，再用燃气置换惰性气体，或采用惰性气体置换燃气设施中的燃气，再用空气置换惰性气体的作业。优点是安全可靠，缺点是工序较多，置换过程相对复杂。大口径燃气管道与场站的置换常采用此方法。

常用的间接置换方法主要有两种：氮气整体置换工艺、不加隔离清管器的气推气置换工艺。

1. 氮气整体置换工艺

将高纯度氮气（≥99%）从管道起点注入，在管道末端设放散口。若排出的气体中体积含氧量小于2%，并且连续3次（每次间隔5min）检测达到此值，即氮气置换合格。再从管道起点注入燃气，继续利用管道末端放散口放散。用可燃气体浓度检测仪连续3次（每次间隔5min）检测放散气体中的天然气浓度均大于90%，则投产置换合格。

2. 不加隔离清管器的气推气置换工艺

采用氮气推动空气，再由天然气推动氮气，中间不加隔离清管器，即采用“气推气”的投产置换方式，如图8-1所示。采用这种方式，三种气体介质之间没有任何隔离措施，氮气和天然气完全处于自由运动状态，其运行速度靠管道起点的供气压力来控制。在管道沿途设检测点，检测氮气和天然气各自的到达时间，计算纯氮气段长度和氮气损耗量。

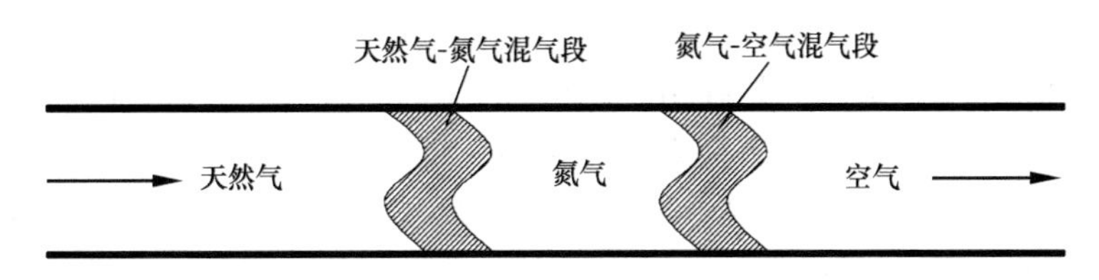

图8-1 管内气体结构

置换时各场站采用正常输气流程。检测到氮气后，首先使氮气停止向下游流动，进行场站置换。置换完成后再进入正常输气流程，继续向下游置换。检测到天然气后，可打开越站旁通管道，边进行场站置换，边进行下游管道的天然气置换。

工程实践证明，在氮气与空气之间、天然气与氮气之间不放置隔离清管器，混气段的长度要比放置隔离清管器的小。该置换工艺应注意以下问题：

（1）置换前应计算确定置换过程中天然气的供气压力，合理控制管道内气体流速，置换平均推进速度应控制在10.8～18km/h（即3～5m/s）。

（2）置换时要注意检测氮气及天然气到达的位置，计算管道内纯氮气段长度，保持天然气与空气之间具有足够的安全距离，以确保投产过程安全。

（3）注氮压力和注入天然气压力应保持一致。在注氮结束后要马上注入天然气，尽量保持管内气体流速恒定，减小混气段长度和氮气损失量。

8.1.4 置换方法适应性分析

目前常用的三种置换方法的优缺点及其适用范围，详见表8-1。

置换方法适应性分析 **表8-1**

置换方法	优点	缺点	适用范围
直接置换工艺	操作简便，经济性好	置换过程中管内存在处于爆炸浓度内的可燃气体，存在爆炸风险	小口径、短距离管道
氮气整体置换工艺	能确保管内燃气和空气完全无接触可能性，安全性好	氮气耗量大，经济性不好	短距离的气源管道、多分支的配气管道
不加隔离清管器的气推气置换工艺	氮气和天然气流速易于控制平稳，混气量少，因此用氮量少，且减少了收发球操作、检测和工艺流程切换，减少投产时间，置换效率高，节约施工成本	若氮气塞长度不足或置换操作不合理，存在天然气与空气混合形成爆炸性气体的可能	长距离输气或气源管道

8.2　置换准备

置换过程能否安全、顺利进行，最重要的是要做好置换准备工作。置换准备工作包括技术和组织准备，编制完善的投产置换方案并通过审批。

投产前，需确认投产条件符合投产置换方案要求。工艺、设备、仪表及自控系统、电气系统、通信系统、消防系统、防雷防静电等应调试完成并通过验收。上述工作内容繁杂，若因细小的疏忽留下隐患，管道通气后再处理将十分被动。

8.2.1　置换方案编制

根据置换对象的工艺流程、拓扑结构、运行参数等具体情况，选择合理的置换方法，编制切实可行的投产置换方案。置换方案应包括：组织机构及职责、置换范围、注氮口、临时放散管（放散火炬）、置换操作步骤、置换参数（注氮量、管内介质温度与流速、置换时长、置换合格标准）、置换巡检、操作安全要求、应急预案等。在投产置换方案编制过程中，应特别注意以下几方面。

1. 所需工器具

置换所需工器具主要包括交通工具、通信设备、安全设施、检测仪器、放散设施、专用设备、其他物品等几大类，详见表 8-2。

置换作业需要的工器具　　表 8-2

序号	类型	名称
1	交通工具	抢修车、指挥车、工程车、摩托车等
2	通信设备	专用固定电话、对讲机、手机等
3	安全设施	灭火器、警告标志牌、空气呼吸器、安全帽、道路用的护栏、围带、交通告示筒、反光灯、闪光灯、防火衣、急救箱、防爆照明灯和手电筒等
4	检测仪器	可燃气体浓度检测仪、含氧量检测仪、压力计等
5	放散设施	临时放散管（放散火炬）、放散管支撑架、软胶管、点火枪或点火棒等
6	专用设备	移动发电机、电焊机、氧乙炔焊用具、套丝机、水泵、砂轮机、鼓风机、扳手、管钳、老虎钳、尖嘴钳等
7	其他物品	雨具、镀锌管配件、开启阀门专用工具、试漏液、聚四氟乙烯带、堵气带、除锈剂、钙基脂、大力胶布、密封胶、阀门、开关指示牌等

2. 临时放散管（火炬）设置

（1）应根据置换管道长度和现场条件，确定临时放散点数量和位置。管道末端均需设放散管或放散火炬，避免产生“盲肠”管道。在放散管（火炬）上应设置控制阀门和检测取样阀门，如图 8-2 所示。

（2）放散管（火炬）应高出地面 2m 以上，放散火炬应避开居民住宅、明火、高压架空电线等场所。

（3）放散孔的口径太小会增加换气时间，而口径太大又会给放散管安装带来困难。一般 ϕ500mm 以上管道采用 ϕ75～ϕ100mm 的放散孔；ϕ500mm 以下管道则根据其最大允许开孔直径（孔径应小于三分之一管径）来确定放散管直径。

（4）放散管应采用金属管道，可靠接地，并安装牢固。

（5）以放散点为中心，半径 20m 周界拉彩带旗，并在各路口布置安全警示牌，警示牌不少于两块。

（6）每个放散口配备一支手提式干粉灭火器。

3. 氮气置换

（1）注氮方式

目前，天然气管道投产通常采用液氮泵车或氮气瓶进行注氮作业。

对氮气需求量较大的工程（如天然气长输管道、长距离大口径气源管道），经常采用自带加热、气化装置的液氮泵车进行注氮作业，同时也能满足氮气注入压力、温度、流量等相关要求，如图 8-3 所示。气化装置的出口应配备精确可靠的温度和流量计量仪表，根据环境温度、注氮速度等参数的变化，及时调整并控制好气化装置出口注氮速度和温度。

氮气瓶注氮是将氮气瓶内的高压氮气降压后直接注入待投产管道中，一般适用于管径较小、管长不大、注氮量较小的工程。

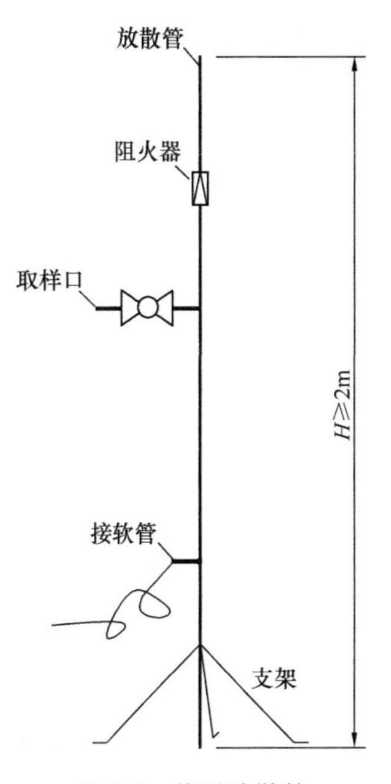

图 8-2 临时放散管（火炬）典型结构

（2）注氮位置

注氮点一般选在管道起点，不影响场站内生产运行且容易拆卸和安装、操作方便的地方，如出站紧急截断阀旁通阀短接处、发球筒进气阀门旁通阀短接处等。

注氮过程中，应实时监测注氮压力和温度。

图 8-3 注氮泵车

（3）注氮量

对不加隔离清管器的气推气置换工艺而言，根据工程实践经验，注氮量一般取置换管段容积的 7%～30%。

（4）注氮温度

在注氮过程中，严禁温度过低或过高的氮气进入管道内，以防损坏管道或设备。因此注氮过程中要根据注氮速度、环境温度等因素，选择具有合适加热能力的注氮设备和车辆，对液氮进行加热，确保注入氮气的温度合适。在管道投产过程中，一般控制进入管道的氮气温度处于5～25℃。

（5）氮气推进速度

《天然气管道运行规范》SY/T 5922规定氮气的最大置换推进速度为5m/s。同时，氮气在管道内推进速度不得低于0.6m/s，过低的注氮速度会产生氮气与空气分层流动现象，导致混气量增加。氮气推进速度一般控制在3～5m/s。

（6）注氮时长

根据注氮量和氮气推进速度，即可确定注氮时长：

$$t_{N}=\frac{V_{N}}{3600Av_{N}} \tag{8-1}$$

式中 t_N——注氮作业时长，h；

V_N——注氮量，m^3；

v_N——氮气的平均推进速度，m/s；

A——管道截面积，m^2。

同时还需要考虑现场准备、操作、氮气放空吹扫和收尾等时间，就可以初步估算出整个过程的时长，合理安排投产置换作业。

4. 天然气置换

（1）天然气推进速度

为保证置换过程中的安全，同时给场站置换人员留有足够的时间完成检测、操作和指挥等工作，置换时天然气的推进速度应控制在3～5m/s。

天然气推进速度调节方法主要有：调节天然气进气口节流阀开度来控制气体流速；调节管道末端放空阀门开度，保证管道内形成一定的背压，以便于稳定天然气推进速度，避免流速忽快忽慢。

（2）天然气置换时长

天然气置换时长t_m为：

$$t_{m}=\frac{L}{3600v_{m}} \tag{8-2}$$

式中 t_m——天然气置换时长，h；

L——管道长度，m；

v_m——天然气平均推进速度，m/s。

在天然气置换推进时长基础之上，还要考虑施工准备、操作、管道升压稳压等所需时间，即可估算出天然气置换时长。

5. 置换合格判断方法

置换合格标准是指管内混合气体中天然气体积浓度已大于爆炸上限。一般选择管道中间阀室或末端的压力表处作为置换气体取样口，检测置换过程中气体含氧量和天然气浓度变化规律，进而判断置换效果和进度。

置换合格判断方法常采用以下两种：

（1）气体成分检测

氮气置换空气：利用含氧分析仪，连续检测3次，每次间隔5min，检测放散气体中含氧量均在2%以下。

天然气置换氮气：利用甲烷浓度分析仪，连续检测 3 次，每次间隔 5min，检测放散气体中天然气浓度均在 90%以上。

（2）取样袋点火

利用橡胶取样袋，在放散管取样口对放散气体取样；将取样袋移至远离现场安全距离外，在取样袋管口点燃袋内气体。连续检测 3 次，每次间隔 5min，火焰均呈橘黄色的扩散式燃烧火焰，则说明天然气置换合格。

8.2.2 作业准备

（1）置换方案技术交底：制定置换人员任务安排表，做到定员定岗，分工明确，并上报置换领导小组；对所有参加置换的人员进行置换方案技术交底。

（2）物资准备：按工器具配置要求分配置换工具；救护车、消防车、抢险车在指定位置戒备到位。

（3）人员准备：按人员配置要求，进气点、各放散点的操作人员以及巡检人员到位待命。

（4）现场准备：检查置换范围内的所有工艺管道、设施、设备是否处于正确的开关状态；置换作业场地清洁无杂物，无闲杂人员逗留。

（5）仪器准备：检查置换范围内的压力表、流量计、含氧分析仪、甲烷浓度分析仪等仪器仪表是否全部检定合格。

（6）准备情况核查：由于置换作业涉及人员广、准备工作多，在正式置换作业开始前，置换领导小组应组织专人对上述准备工作逐一进行检查核实。

8.3 置换作业

下面结合工程实例，介绍气源管道、门站、输配管道与用户管道等不同城镇燃气输配系统的置换过程。

8.3.1 气源管道置换

1. 工程概况

某气源管道将天然气由上游分输站输送至城市门站。管道规格 $\phi406.4\times6.3$，长度 26km，设计压力 4.0MPa，设计输量 $300\times10^4m^3/d$。在距气源管道起点 12km 处，设置线路阀室 1 座。气源管道投产置换如图 8-4 所示。

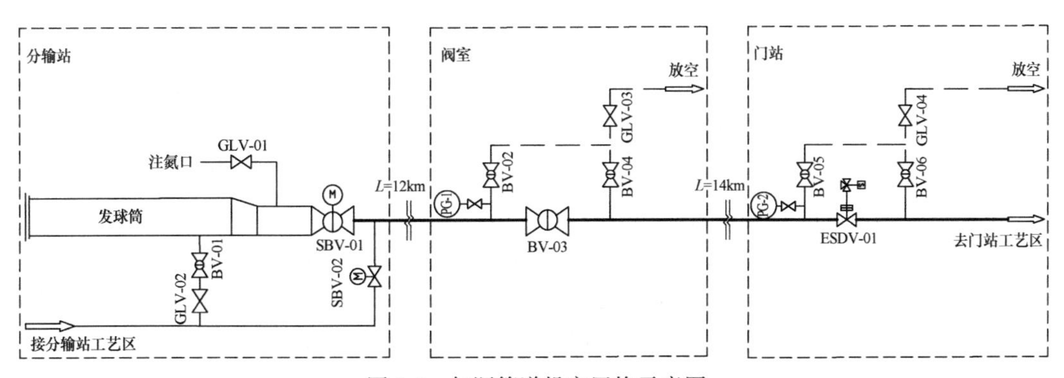

图 8-4 气源管道投产置换示意图

2. 置换方法选择

本气源管道管径较大，且距离较长，不宜采用直接置换工艺，可选方案包括氮气整体置换工艺、不加隔离清管器的气推气置换工艺。

考虑到氮气整体置换工艺所需氮气量多，对应置换费用高，经技术经济比选，确定采用不加隔离清管器的气推气置换工艺，即：液氮槽车提供的液氮经气化器加热后，为置换作业提供氮气；改造分输站发球筒平衡管为注氮口；利用阀室和门站放空管作临时放散点，如图 8-4 所示。氮气前段到达阀室并检测合格后，分输站停止注氮，切换为注入天然气。换句话说，氮气隔离段初始长度为分输站至阀室之间的 12km 管道。

3. 置换操作步骤

（1）前期准备

拆除阀室压力表 PG-1 和门站进站区压力表 PG-2，作为置换过程两种气体（氮气和天然气）界面监测的取样点；改造分输站发球筒平衡管为注氮口，安装液氮气化器出口与注氮口之间的临时管路；全面检查分输站、阀室与门站整个工艺系统，除阀门 SBV-01、BV-03、BV-02、GLV-03、BV-05、GLV-04 处于开启状态外，其余阀门均处于关闭状态。

（2）操作步骤

1）打开 GLV-01，将气化器气化后的氮气（氮气出口温度 5～25℃）注入发球筒，利用 BV-02、GLV-03 和 BV-05、GLV-04 放散管段内空气。调节发球筒 GLV-01 开度，控制管内气体流速 3～5m/s（管内气体流速根据气化器出口安装的气体流量计和管内平均压力估算得到）。随着管内氮气段的不断推进，置换过程中产生的摩阻不断增加，注入点的压力逐步上升，进气流量将逐步下降。需适当调大发球筒 GLV-01 开度，提高氮气注入点的压力，进而使管内氮气推进速度保持稳定。

2）利用含氧分析仪检测判断氮气到达阀室的时间。在 PG-1 处连续检测 3 次，每次间隔 5min，放散气体中的含氧量均在 2%以下，则表示氮气—空气界面已通过阀室，分输站—阀室之间管道的氮气置换合格。打开 BV-04 置换几秒钟，以排除死角处空气。关闭 BV-02、GLV-03。

3）关闭注氮口 GLV-01，打开 GLV-02、BV-01，将天然气导入发球筒。

4）利用门站进站区 BV-05、GLV-04 放散管道内气体。调节 GLV-02 开度来保持管内天然气流速处于 3～5m/s。

5）利用含氧分析仪检测判断氮气到达门站的时间。在 PG-2 处连续检测 3 次，每次间隔 5min，放散气体中的含氧量均在 2%以下，则表示氮气—空气界面已通过门站进站区，整条气源管道氮气置换完成。打开 BV-06 置换几秒钟，以排除死角处空气。关闭 BV-06。

6）利用甲烷浓度检测仪检测判断天然气到达阀室的时间。在 PG-1 处间隔 5min 连续检测 3 次，放散管气体中的天然气浓度均大于 90%，则表示天然气—氮气界面已通过阀室，分输站—阀室之间管道的天然气置换合格。

7）利用甲烷浓度检测仪检测判断天然气到达门站的时间。在 PG-2 处连续检测 3 次，每次间隔 5min，放散气体中的天然气浓度均在 90%以上，则表示天然气—氮气界面已通过门站进站区，整个气源管道天然气置换完成。关闭 BV-05、GLV-04。

（3）升压作业

当天然气置换合格后，管道全线设备工作正常，开始全线升压作业。升压速度一般不超过 0.8MPa/h；每升高压力 0.2MPa 时，稳压 10min，观察有无异常，直至压力升高至运行工作压力。关闭 GLV-02、BV-01，对气源管道进行保压。

8.3.2 门站置换

1. 工程概况

某天然气门站具有过滤、调压、计量、配气、加臭等功能，设计配气能力为 50×10^4 m^3/d，投产置换如图 8-5 所示。

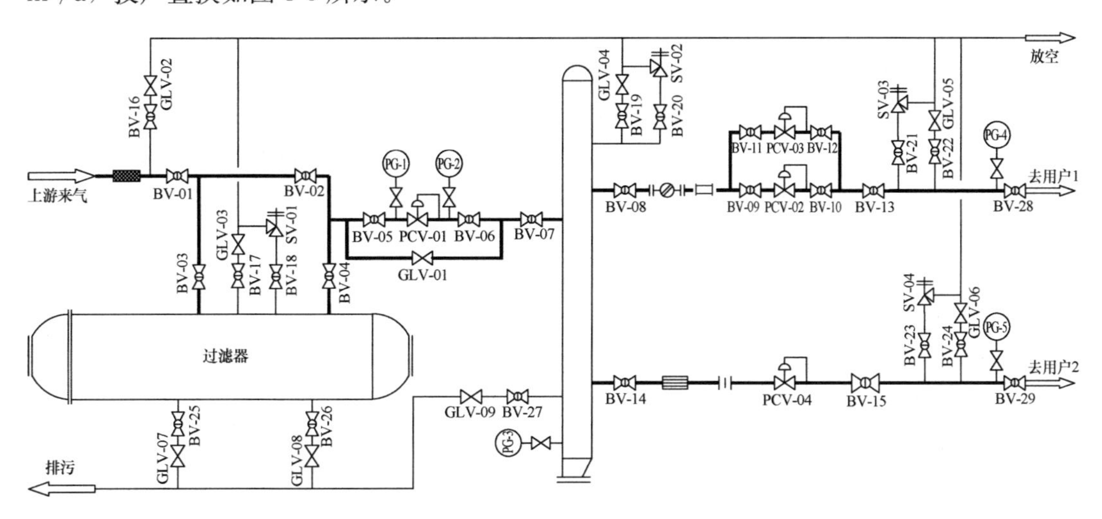

图 8-5　门站投产置换示意图

2. 置换方法选择

由于站内分支管道多，置换距离短，经技术经济比选，确定采用氮气整体置换工艺，即：先用氮气将站内工艺管道内空气全部置换完毕，再用天然气将管道内氮气全部置换完毕；利用门站放空管作放散点；站内工艺管道置换与气源管道置换一并进行，利用气源管道置换所用氮气来置换站内工艺管道，以减少置换时长和氮气损耗量，降低置换成本。

3. 置换操作步骤

(1) 前期准备

由于置换过程中气体压力低，可能无法打开调压器，因此将出站调压器 PCV-02、PCV-03、PCV-04 用临时短管代替，置换完成后关闭调压器上下游阀门，再重新装上对应调压器；拆除调压器 PCV-01 上下游压力表 PG-1、PG-2、PG-3、PG-4、PG-5，作为气体检测取样点；除 BV-03、BV-04、BV-05、GLV-01、BV-19、GLV-04 处于开启状态之外，其余阀门均处于关闭状态。

(2) 氮气置换空气

1) 当门站进站区氮气置换合格后，缓慢打开进站球阀 BV-01，将气源管道内氮气引入门站内过滤器，利用 BV-19、GLV-04 和门站放空管进行放散，进行站内氮气置换。

2) 利用放空管下端排污阀口作气体浓度检测取样点，用含氧分析仪连续检测 3 次，每次间隔 5min，放散气体中的含氧量均在 2%以下，过滤器及其前后主管路氮气置换完成。

3）关闭 BV-03、BV-04，打开 BV-02，仍然利用 BV-19、GLV-04 和门站放空管进行放散；利用放空管下端排污阀口作气体浓度检测取样点，用含氧分析仪连续检测 3 次，每次间隔 5min，放散气体中的含氧量均在 2%以下，过滤器旁通管路氮气置换完成；关闭 BV-19、GLV-04。

4）打开取样点 PG-1、PG-2 对应的取样阀门，用含氧分析仪连续检测 3 次，每次间隔 5min，放散气体中的含氧量均在 2%以下为合格，关闭 PG-1、PG-2 对应的取样阀门。至此，汇管前工艺管路和设备的氮气置换完毕。

5）依次打开 BV-16+GLV-02、BV-17+GLV-03、BV-25+GLV-07、BV-26+GLV-08、BV-27+GLV-09，分别进行放空管和排污管的氮气置换，几秒后关闭。

6）打开 BV-08、BV-09、BV-10、BV-11、BV-12、BV-13，对去用户 1 出站管道进行氮气置换；打开取样点 PG-4，用含氧分析仪连续检测 3 次，每次间隔 5min，检测放散气体中的含氧量均在 2%以下为合格；合格后关闭 BV-08、BV-09、BV-10、BV-11、BV-12、BV-13、BV-22、GLV-05。至此，去用户 1 出站管路的氮气置换完毕。

7）采用同样的方法，进行去用户 2 出站管路的氮气置换。

（3）天然气置换氮气

天然气置换氮气的步骤与氮气置换空气的步骤完全相同。

天然气置换合格监测方法为：用甲烷浓度分析仪，连续检测 3 次，每次间隔 5min，放散气体中的天然气浓度均大于 90%为合格。

（4）重新安装调压器

关闭 PCV-02、PCV-03、PCV-04 调压器的上下游阀门，拆除临时短管，重新装上这三个调压器。

（5）升压作业

天然气置换合格后，站内设备工作正常，可开始升压作业，并分阶段稳压和检漏。按照实际生产需求，调整设定好 PCV-01、PCV-02、PCV-03、PCV-04 调压器的出口压力。

8.3.3　中压管道置换

1. 工程概况

某城区新建天然气中压 A 管道的设计压力为 0.4MPa，采用 SDR11 PE100 聚乙烯管材，管径为 *de*355、*de*200。投产置换如图 8-6 所示。

2. 置换方法选择

该管道分支较多，距离中等，但管径较大，不宜采用直接置换工艺。经技

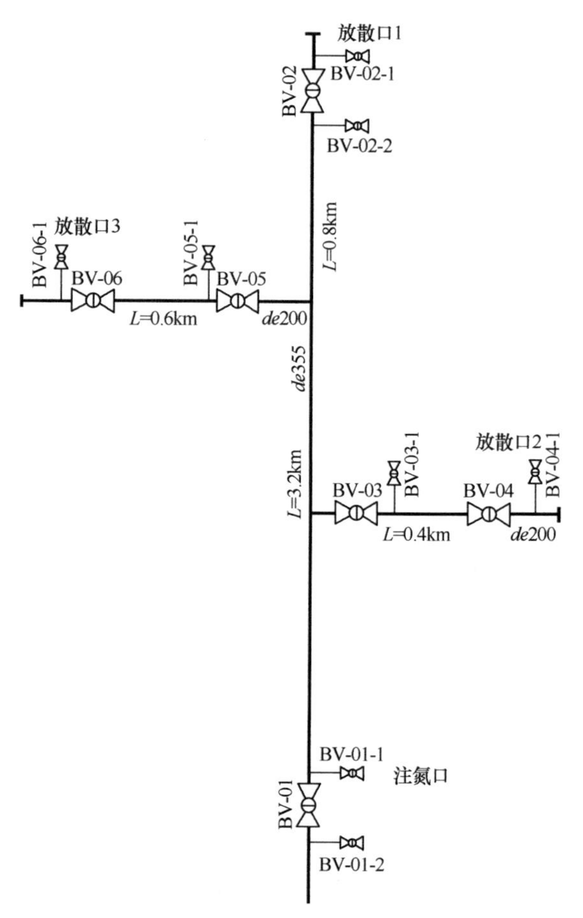

图 8-6　中压管道投产置换示意图

术经济比选，确定采用氮气整体置换工艺：注氮口位于入口放散球阀 BV-01-1，采用高压氮气瓶降压后的氮气作氮气气源。

3. 置换操作步骤

（1）前期准备

检查所有阀门，除阀门 BV-01-1、BV-02、BV-02-1 打开外，其余阀门均处于关闭状态。

（2）氮气置换天然气

1）先从注氮口 BV-01-1 注入氮气，开展主管道的氮气置换；在放散口 1 处，用含氧分析仪连续检测 3 次，每次间隔 5min，放散气体中的含氧量均在 2%以下为合格，关闭 BV-02 和 BV-02-1。

2）打开 BV-05、BV-06、BV-06-1 对支路 2 进行氮气置换。在放散口 3 处，用含氧分析仪连续检测 3 次，每次间隔 5min，放散气体中的含氧量均在 2%以下为合格，关闭 BV-05、BV-06、BV-06-1。

3）打开 BV-03、BV-04、BV-04-1 对支路 1 进行氮气置换。在放散口 2 处，用含氧分析仪连续检测 3 次，每次间隔 5min，放散气体中的含氧量均在 2%以下为合格，关闭 BV-03、BV-04、BV-04-1。

至此，氮气置换全部完成。

（3）天然气置换氮气

打开球阀 BV-01，将天然气引入待置换管路。

天然气置换氮气的其余步骤与氮气置换天然气的相同，不再赘述。

（4）升压作业

当天然气置换完成后，对中压管道升压至 0.2MPa，对管道沿线进行泄漏检查。若无异常，再将该中压管道升压至运行压力。

8.3.4 用户管道置换

1. 工程概况

某低压居民用户燃气供应系统包括两根立管，每根立管分别为 12 个居民用户供气，如图 8-7 所示。

2. 置换方法选择

由于调压箱后用户低压管道管径小、距离短，管内几何容积也未超过 2.5m^3，因此确定采用直接置换工艺。

分别以端堵 1 和端堵 2 作为两根立管的放散口，并用软管与立管端堵口连接，软管出口伸到室外空旷地，使可燃气体扩散至户外，而不会流入建筑物内或积聚在封闭空间。

3. 置换操作步骤

（1）置换开始前，全面检查调压箱后整个户内管道系统各个阀门的开关状态：除两根立管底部的球阀 BV-03、BV-04 和立管顶部端堵 1 和端堵 2 处于开启状态之外，其余阀门均处于关闭状态。

（2）打开调压箱进口球阀 BV-01 和出口球阀 BV-02，同时对两根立管进行直接置换（也可依次对两根立管进行置换操作）。

（3）用甲烷浓度检测仪连续检测两根立管放散口的燃气浓度，连续检测 3 次，每次间

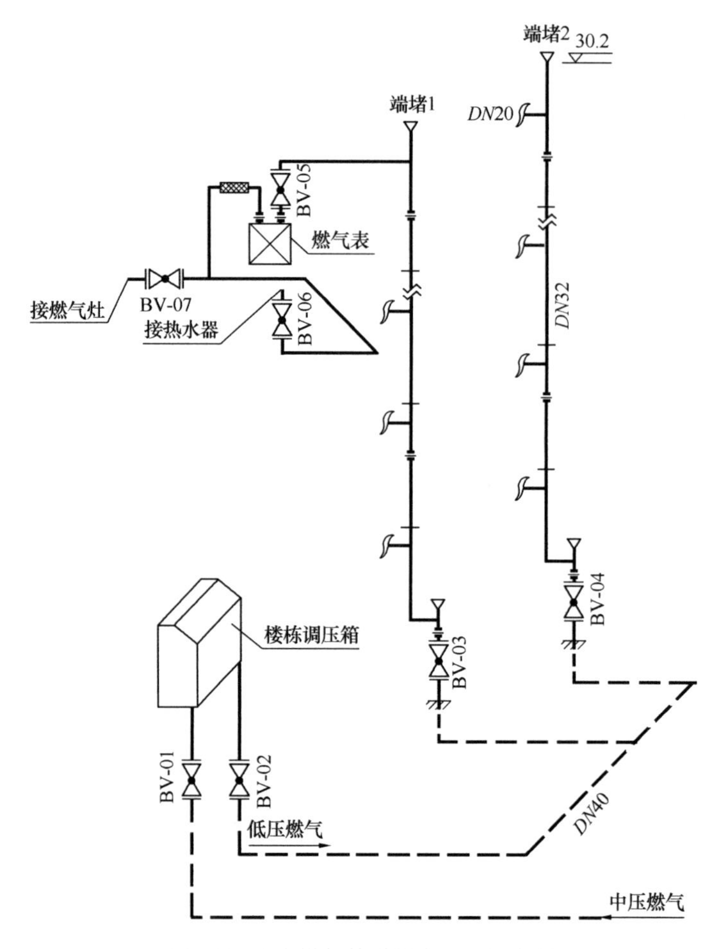

图8-7　用户燃气管道投产置换示意图

隔5min，放散管气体中的燃气浓度均大于90%，立管置换完成。

（4）立管置换完成后，开始对各居民户内支管进行置换。由于户内支管长度短、口径小，可在用户房间内由燃气用具排放。置换时必须采取恰当的方法以确保室内空气流通（如开窗），让燃气快速扩散。置换现场严禁吸烟、明火。

8.4　置换注意事项与安全措施

（1）在置换作业前，对操作人员和配合人员进行技术交底，让操作人员明确各自职责，熟练掌握置换作业流程、操作要求及应急处置方法。

（2）建立统一的组织机构，各作业点均配置对讲机，方便联系。置换过程中操作及配合人员必须听从统一指挥，各岗位人员必须坚守岗位，严禁私自开关阀门。

（3）所有预留管道的阀门后侧，必须加设法兰盲板，防止燃气泄漏。

（4）放散点上空如有架空电缆，应将放散管延伸避让。放散点周围建立20m以上的安全区，在安全区杜绝一切明火，无关人员不得进入作业现场。通信时应远离气源或放散口30m外。放散口人员应站在上风方向区域。

（5）置换操作时，应缓慢开启阀门，边开启边观察压力变化情况，确保管内气体流速不大于 5m/s。当阀门快速开启时容易在置换管道内产生涡流，出现燃气抢先流至放散（取样）口，产生取样合格的假象。

（6）置换过程中安排人员进行沿线巡查、检查有无泄漏；重点部位（如商场和学校出入口、居民集中区等）派专人监视。监控人员应密切注意管道沿线情况，并每隔 10min 向指挥部汇报当时当地实际情况，如遇到特殊情况应立即向指挥部汇报。

（7）置换工作不宜选择在晚间和阴天进行。因阴雨天气压较低，置换过程中放散的天然气不易扩散，故一般选在晴朗的上午为好。风量大的天气虽然能加速气体的扩散，但应注意下风向的安全措施。

（8）置换完成后，应在现场观察 30min 以上。如发现异常情况，及时处理。待一切正常后，方可撤离现场。

思 考 题 与 习 题

1. 燃气置换有哪些类型？常用置换方法有哪些？各自的适用范围是什么？

2. 燃气置换方案应包含哪些内容？

3. 某燃气公司新建一条 ϕ219×6.5 的天然气气源管道，设计压力 2.5MPa，从分输站至城市门站的距离为 12.6km，全线均位于地形起伏较小的平原地区。管道中段穿越了一条宽约 100m 左右的河流，如图 8-8所示。试回答以下问题：该气源管道投产置换宜选用什么方法？置换操作步骤？如何判断置换完成？

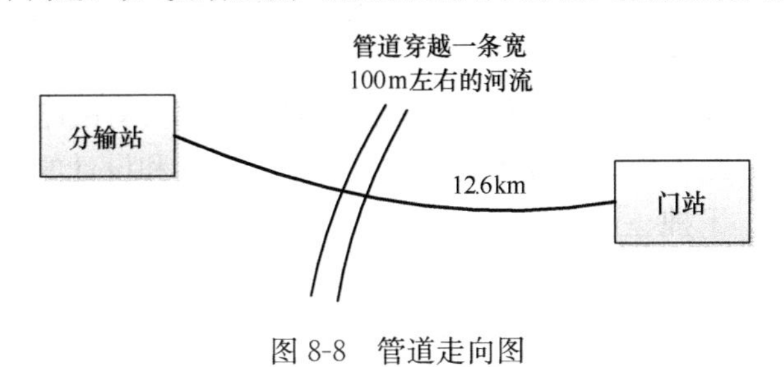

图 8-8　管道走向图

本 章 参 考 文 献

［1］ 全恺．天然气长输管道投产技术［M］．北京：中国石化出版社，2017.

［2］ 港华投资有限公司，中国城市燃气协会．天然气置换手册［M］．北京：中国建筑工业出版社，2005.

［3］ 花景新．燃气工程施工［M］．北京：化学工业出版社，2008.

［4］ 李帆，管延文．燃气工程施工技术［M］．武汉：华中科技大学出版社，2007.

［5］ 黄梅丹．城镇燃气输配工程施工手册［M］．北京：中国建筑工业出版社，2018.

［6］ 何利民，高祁．油气储运工程施工［M］．北京：石油工业出版社，2012.

［7］ 中国石油天然气股份有限公司管道分公司．SY/T 5922 天然气管道运行规范［S］．北京：石油工业出版社，2012.

［8］ 深圳市燃气集团有限公司．CJJ 33 城镇燃气输配工程施工及验收规范［S］．北京：中国建筑工业出版社，2005.

［9］ 中国城市燃气协会．CJJ 51 城镇燃气设施运行、维护和抢修安全技术规程［S］．北京：中国建筑工业出版社，2016.

第 9 章　施工组织与管理

燃气工程施工的顺利进行除了依靠科学的工艺、流程和技术手段外，还需要依靠先进的组织和管理手段。科学合理的施工组织与管理对工程进度、成本、质量、安全、环境保护等目标的达成至关重要。因此，在工程施工前，必须对施工任务进行适当分解，对进度计划、资源计划、平面布置和质量安全保障措施等进行科学合理的设计，以达到降低成本、控制工期、保障施工质量和安全、保护施工环境等目的。

9.1　施工组织设计

9.1.1　施工组织设计概述

施工组织是根据批准的建设计划、设计文件（施工图）和工程承包合同，对所承接工程任务从开工到交付使用所进行的计划、组织、控制等活动的统称。

《建筑施工组织设计规范》GB/T 50502 将施工组织设计定义为：以施工项目为对象编制的，用以指导施工的技术、经济和管理的综合性文件。

施工组织设计是对施工活动实行科学管理的重要手段，具有战略部署和战术安排的双重作用。战略部署上，施工组织设计体现了建设目标、计划和设计的要求，能总体上协调施工过程中参建单位、工种、资源之间的相互关系；战术安排上，施工组织设计能为各阶段的施工准备工作提供依据，特别是对拟定的施工方案、方法、技术组织措施进行提前准备，指导安排人、机、料以及时间、空间等资源。

9.1.2　施工组织设计内容

施工组织设计应包括编制依据、工程概况、施工部署、施工进度计划、施工准备与资源配置计划、主要施工方法、施工现场平面布置及主要施工管理措施等基本内容。

1. 工程概况

（1）工程简介：燃气工程的名称、性质、规模、型号、建设地点和线路、建设周期、分批交付使用的条件、合同条件。

（2）工程环境：燃气工程所在地的地形、地质、水文和气象等情况。

（3）工程条件：燃气工程施工管理人员、劳动力、机具、材料、构件、设备等资源供应情况，以及水、电、通信、交通等条件。

（4）工程特点：燃气管道工程距离较长，施工流动性大，往往穿越多种地形地貌，且地下障碍物复杂，施工前需要求建设单位提供完整、准确的地下管道及建（构）筑物资料，以便施工时对相关管道及建（构）筑物加以保护，减少损害；燃气场站工程虽然施工范围固定，但涉及燃气和电器仪表、自动控制、建筑、给水排水、暖通等多专业交错、综合施工；城镇中低压燃气管道工程与城市交通、市民生活相互干扰，工期短、施工场地狭小。这些特点决定了燃气工程施工组织设计必须有针对性、科学合理的安排，才可能达成施工目标。

2. 施工部署及施工方案

(1) 根据工程情况，结合人力、材料、机械设备、资金、施工方法等条件，全面部署施工任务，合理安排施工顺序，确定主要工程的施工方案。

(2) 对拟建工程可能采用的几个施工方案进行定性、定量的分析，通过技术经济评价，选择最佳方案。

3. 施工进度计划

施工进度计划反映了最佳施工方案在时间上的安排。采用计划的形式，使工期、成本、资源等通过优化调整达到既定目标。在此基础上，编制相应的人力和时间安排计划、资源需求计划和施工准备计划。

4. 施工平面图

施工平面图是施工方案及施工进度计划在空间上的全面安排。它把投入的各种资源、材料、构件、机械、道路、水电供应、生产生活场地及各种临时工程设施合理地布置在施工现场，使整个现场能有组织地进行文明施工。燃气工程施工平面布置图中，开挖区、堆土区、机具设备位置、预制场地、材料堆场、生活区等的布置会随着管道的延伸而移动。

5. 主要技术经济指标

技术经济指标用以衡量施工组织水平，是对施工组织与管理的技术经济效益进行全面评价。

9.2 施工进度管理

施工进度管理指项目部根据合同规定的工期要求编制施工进度计划，并以此为依据对施工过程进行检查、对比、分析、纠偏，以保证工期目标实现的全部活动。

9.2.1 项目结构图

项目结构图（Work Breakdown Structure，WBS）又称为工作分解结构，是把合同范围内的全部任务按层次从总体一直分解到工作包的结构图，其作用如下：

1. 编制进度计划的依据

项目结构图是编制进度计划的一个基本工作步骤，也是进度计划进行工作划分的基础。项目结构图用逻辑方法确定了施工项目的工作范围和具体工作构成，防止编制进度计划时的缺项和漏项。

2. 构建责任体系的依据

施工企业可根据项目结构图编制出项目组织结构图，使组织中各个部门与工作单元联系起来，保证各个部门责任明确。

3. 构建控制系统的依据

在项目的控制过程中，控制系统通过结构分解的编码系统收集分类资源、进度、成本、质量信息，保证这些信息通过统一的注释方法注释出来，并可以随着项目的开展随时用统一的编码递交资源、进度、质量、成本报告，进而数据对比、分析和纠偏。

4. 工程报价的基础

工程报价时，整个工程的费用主要由项目结构中最低层次的工作包标价组成，因此，项目结构图为工程报价提供了一个基本的工具。施工企业报价时可以对各个工作包的费用进行详细划分、汇总、综合，以确保不出现项目遗漏的情况。

项目分解一般按照项目对象或项目阶段进行，项目可分解为若干个第一层面的子项目，并可以继续向下一层面分解，如图9-1所示。在编制进度计划之前，可从进度规划的角度按阶段分类绘制项目结构图，以反映项目进展过程中的全部必要工作和事件。一旦项目内容基本清晰，就应绘制项目结构图，以使项目参与各方对项目有个完整的把握。

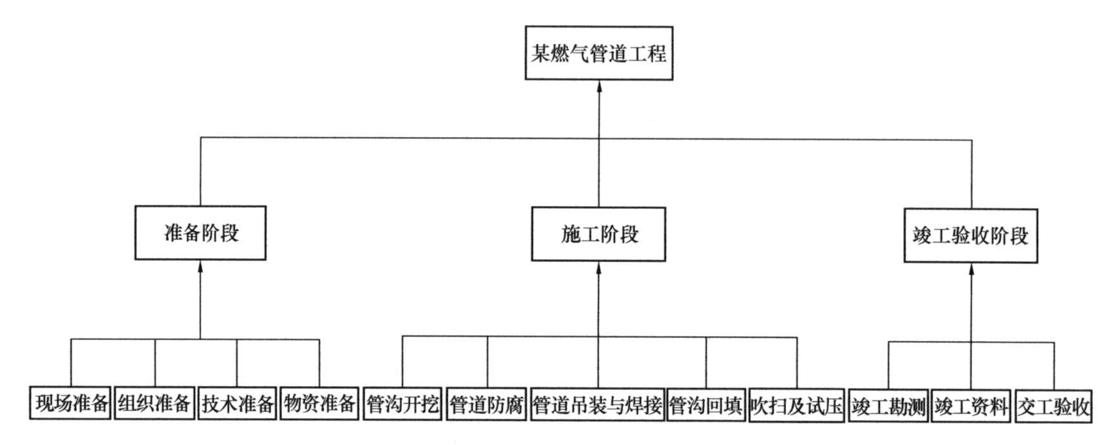

图9-1　某燃气管道工程项目结构图

9.2.2　施工组织方式

工程施工组织方式主要分为依次施工、平行施工和流水施工三类。下面将结合例9-1进行说明。

【例9-1】 某燃气管道安装工程，由Ⅰ、Ⅱ、Ⅲ三个工程量相同的施工段组成，施工内容包括沟槽开挖、管道安装和土方回填3个施工过程。每个工段的劳动力安排和预计工期如表9-1所示。请选择该项目适合的施工组织方式。

某燃气管道安装施工表　　　　**表9-1**

工作内容	作业班组（人/组）	作业时间（d）
沟槽开挖	15	5
管道安装	8	5
土方回填	10	5

对依次施工、平行施工和流水施工三类施工组织方式分别进行讨论：

(1) 依次施工：按施工工艺要求依次完成一个工段的每一个施工过程，再按同样的施工工序完成下一个工段的每一个施工过程，依次类推，其横道图如图9-2所示。

(2) 平行施工。在同一时间、不同的工段（空间）上同时施工，依照工艺完成所有施工过程，其横道图如图9-3所示。

(3) 流水施工。首道工序的专业施工队按顺序依次完成各工段的对应施工任务，后续工序的专业施工队也紧接着按顺序依次完成各工段的对应施工任务，以此类推。其横道图如图9-4所示。

对比以上三种施工方式可知，依次施工方式同时投入的劳动力和物资资源较少，但各

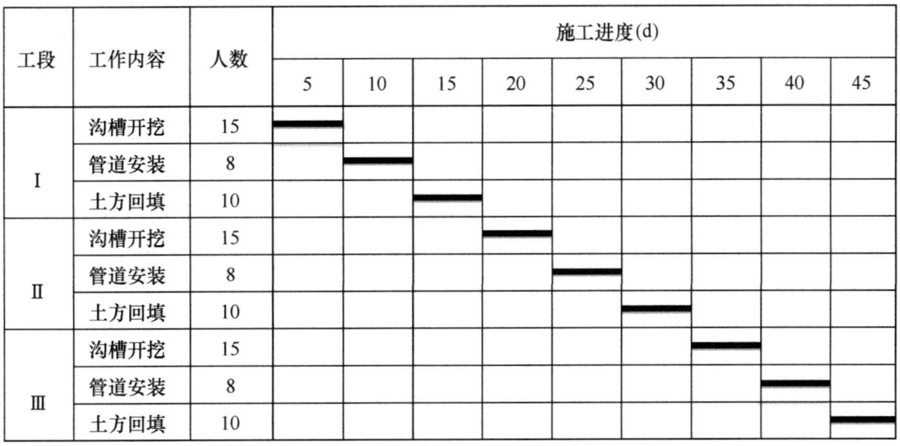

工段	工作内容	人数	施工进度(d)								
			5	10	15	20	25	30	35	40	45
Ⅰ	沟槽开挖	15									
	管道安装	8									
	土方回填	10									
Ⅱ	沟槽开挖	15									
	管道安装	8									
	土方回填	10									
Ⅲ	沟槽开挖	15									
	管道安装	8									
	土方回填	10									

图 9-2 依次施工横道图

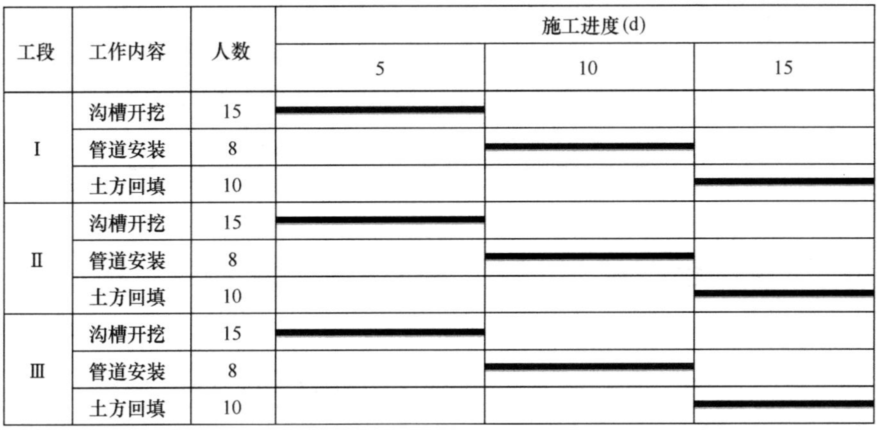

工段	工作内容	人数	施工进度(d)		
			5	10	15
Ⅰ	沟槽开挖	15			
	管道安装	8			
	土方回填	10			
Ⅱ	沟槽开挖	15			
	管道安装	8			
	土方回填	10			
Ⅲ	沟槽开挖	15			
	管道安装	8			
	土方回填	10			

图 9-3 平行施工横道图

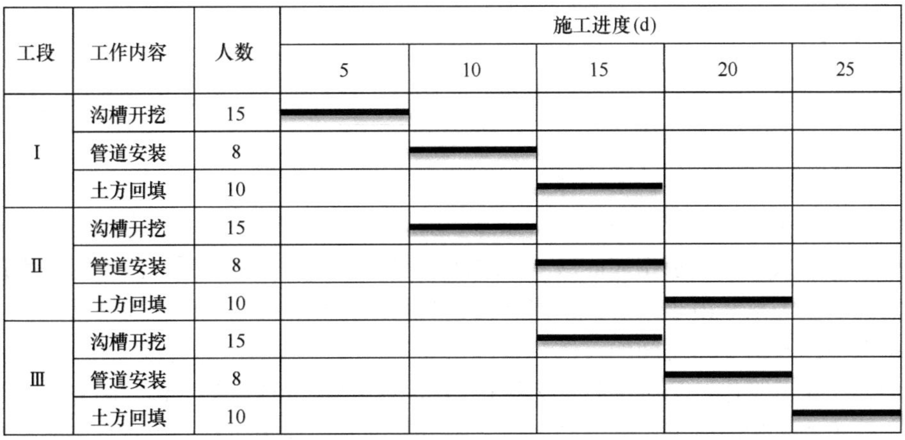

工段	工作内容	人数	施工进度(d)				
			5	10	15	20	25
Ⅰ	沟槽开挖	15					
	管道安装	8					
	土方回填	10					
Ⅱ	沟槽开挖	15					
	管道安装	8					
	土方回填	10					
Ⅲ	沟槽开挖	15					
	管道安装	8					
	土方回填	10					

图 9-4 流水施工横道图

专业队存在窝工现象，工期拖得较长，如图9-2所示；平行施工方式能大幅缩短工期，但各专业队同时投入工作使得相应的劳动力及物资资源的消耗比较集中，会增加成本支出、提高现场管理的复杂性，如图9-3所示；流水施工方式工期中等，劳动力及物资资源的消耗相对平滑，同时又能减少窝工现象，如图9-4所示。综上所述，该项目如无特殊要求，宜采用流水施工方式。

图9-2～图9-4均为横道图，即以图示列表和时间刻度形象地表示特定项目活动顺序与持续时间的方法。横道图是一个二维平面图，横向表示施工进度，纵向表示工作内容。在建设项目进度管理中，横道图不仅可向决策者提供独立工作环节的进度计划，还能用以监控实际进度偏差。

9.2.3　网络计划技术

网络计划技术是通过网络图进行参数计算，找出关键工作和关键线路，并据此调整优化原计划，在满足资源、成本等条件约束的同时，达成进度目标的一种计划技术。一般分为双代号网络图和单代号网络图两种，以下重点介绍双代号网络图。

双代号网络图由若干表示工作的箭线和节点组成，其中每一项工作都用一根箭线和箭线两端的节点来表示。每个节点都编以号码，箭线两端节点的号码代表该箭线所表示的工作，“双代号”的名称由此而来。图9-5所示即为某燃气工程双代号网络图。

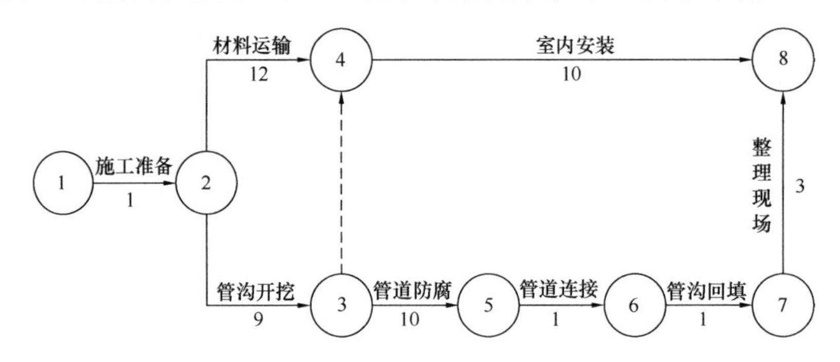

图9-5　某燃气工程双代号网络图

1. 箭线（工作）

工作是一个既消耗时间又消耗资源的子项目或子任务，是双代号网络图的组成要素之一。它用一根箭线和两个节点表示，箭尾表示开始而箭头表示结束，工作名称或代号写在箭线的上方，完成该工作的持续时间写在箭线的下方。

工作通常可以分为三种：第一种是既消耗时间又消耗资源的工作，如管道焊接；第二种是只消耗时间而不消耗资源的工作，如混凝土的养护；第三种是既不占用时间又不耗费资源的虚工作，只用于表示相邻前后工作之间的逻辑关系。逻辑关系一般分为由生产工艺技术决定的工艺关系和由于组织安排需要或资源调配需要而规定的组织关系两种。

网络图中涉及诸工作之间的关系：紧排在某工作之前的工作称为该工作的紧前工作，紧排之后称为紧后工作，与之平行称为平行工作；自起始节点至某工作之间各条线路上的所有工作称为该工作的先行工作，某工作之后至终点节点各条线路上的所有工作称为该工作的后续工作；没有紧前工作的工作称为起始工作，没有紧后工作的工作称为结束工作。

2. 节点

在双代号网络图中箭线的出发、结束和交汇处画上圆圈，并在圆圈内编号，用以表示前一项工作的结束和允许后一项工作的开始的时间点称为节点。节点不同于工作，只标志着工作结束和开始的瞬间，不需要消耗时间或资源。箭线出发的节点称为该工作开始节点，箭线进入的节点称为该工作结束节点；网络图的第一个节点称为起点节点，最后一个节点称为终点节点，其他节点称为中间节点。一项工作应当只有唯一的一条箭线和相应的一对节点，且箭尾节点编号应小于其箭头节点的编号。

3. 线路

网络图中从起点节点开始，沿箭头方向顺序通过一系列箭线与节点，最后到达终点节点的通路称为线路。线路上各项工作持续时间的总和称为该线路的计算工期。线路可依次用该线路上的节点代号来记述，例如网络图 9-5 中的线路有①—②—④—⑧等。所有线路中工期最长的线路被称为关键线路，位于关键线路上的工作称为关键工作，一般用粗实线表示。关键线路在网络图中并不唯一，可能同时存在多条，但持续时间是相同的。若项目在实施过程中采用了与计划不同的技术或组织措施，缩短了关键线路上某些工作的持续时间时，原有的关键线路可能变成非关键线路。

4. 逻辑关系

网络图中工作之间相互制约或相互依赖的关系称为逻辑关系，表现为工作之间的先后顺序。为正确表达逻辑关系，绘制网络图时必须遵循一定的基本规则和要求。网络图中常见的各种工作逻辑关系的表示方法，如表 9-2 所示。

网络图中常见的逻辑关系表示方法　　**表 9-2**

序号	工作之间的逻辑关系	网络图中的表示方法
1	A 完成后才能开始 B 和 C	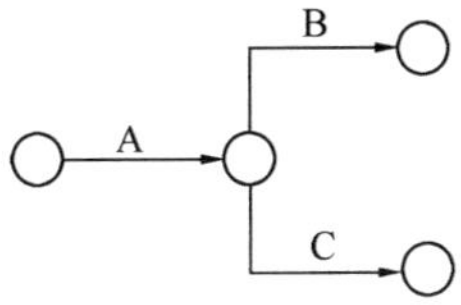 A B C
2	A、B 均完成后才能开始 C	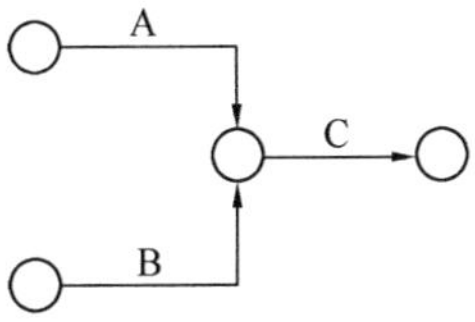 A B C
3	A、B 均完成后才能开始 C 和 D	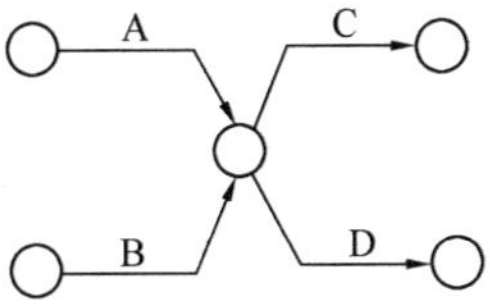 A C B D
4	A 完成后才能开始 C A、B 均完成后才能开始 D	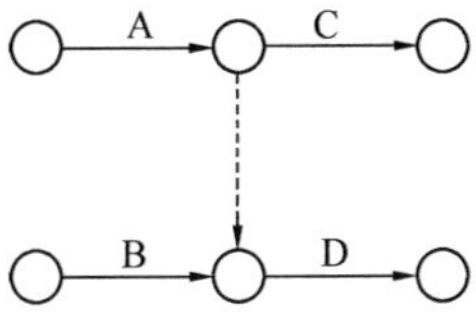 A C B D

续表

序号	工作之间的逻辑关系	网络图中的表示方法
5	A、B 均完成后才能开始 C， B、D 均完成后才能开始 E	
6	A 完成后才能开始 C， A、B 完成后才能开始 D， B 完成后才能开始 E	

需要注意的是，双代号网络图中，严禁出现循环回路。循环回路指从某一个节点出发，顺着箭线方向又回到原来出发点的线路。同时，双代号网络图节点之间严禁出现带双向箭头或无箭头的连线，也严禁出现没有箭头节点或没有箭尾节点的箭线。

【例 9-2】某项目工作之间的逻辑关系如表 9-3 示，试绘制双代号网络图。

某项目工作关系　　表 9-3

工作	A	B	C	D
紧前工作	—	—	A、B	B

解析：（图 9-6）

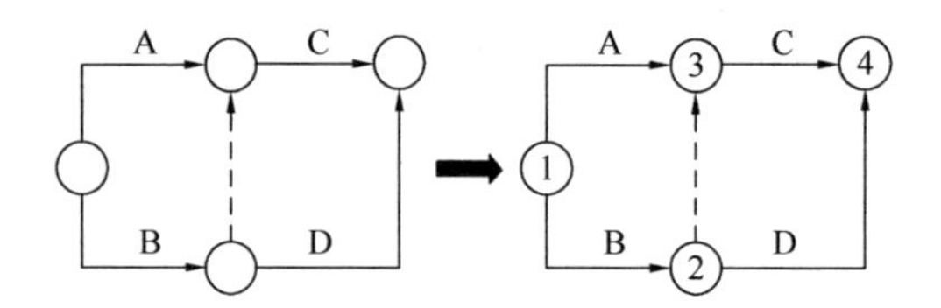

图 9-6　某双代号网络图

5. 参数计算

（1）工作最早开始时间的计算。最早开始时间是在各紧前工作全部完成后，本工作有可能开始的最早时刻。工作 i-j 的最早开始时间用 $ES_{i\text{-}j}$ 表示。工作最早开始时间应从网络计划的起点节点开始，顺着箭线方向依次计算。起点工作的最早开始时间一般设置为零，其他工作的最早开始时间等于其所有紧前工作的最早开始时间与该紧前工作持续时间之和的最大值。

（2）工作最迟开始时间的计算。最迟开始时间是在不影响整个任务按期完成的条件下，本工作最迟必须开始的时刻。工作 i-j 的最迟开始时间用 $LS_{i\text{-}j}$ 表示。工作最迟开始时间应从网络计划的终点节点开始，逆着箭线方向依次计算。终点工作的最迟开始时间等于计划工期减该工作的持续时间，其他工作的最迟开始时间等于其所有紧后工作最迟开始时间减本工作的持续时间所得之差的最小值。

（3）总时差的计算。总时差是在不影响总工期的前提下，本工作可以利用的机动时间。工作 i-j 的总时差用 $TF_{i\text{-}j}$ 表示。工作总时差等于工作最迟开始时间减最早开始时间。

（4）自由时差的计算。自由时差是在不影响其紧后工作最早开始的前提下，本工作可以利用的机动时间。工作 i-j 的自由时差用 $FF_{i\text{-}j}$ 表示。工作自由时差等于该工作的紧后工作的最早开始时间减本工作最早开始时间，再减本工作的持续时间所得之差的最小值。工作的自由时差小于等于其总时差。

（5）最早完成时间的计算。最早完成时间是在各紧前工作全部完成后，本工作有可能完成的最早时刻。工作 i-j 的最早完成时间用 $EF_{i\text{-}j}$ 表示。工作最早完成时间等于工作最早开始时间加本工作持续时间。

（6）最迟完成时间的计算。最迟完成时间是在不影响整个任务按期完成的条件下，本工作最迟必须完成的时刻。工作 i-j 的最迟完成时间用 $LF_{i\text{-}j}$ 表示。工作最迟完成时间等于工作最迟开始时间加本工作持续时间。

（7）关键工作、关键节点和关键线路。在计划工期 T_p 等于计算工期 T_c 时，总时差为 0 的工作就是关键工作。关键工作两端的节点称为关键节点。由关键工作组成的线路，且每相邻的两项关键工作之间的时间间隔为 0 时，该条线路即为关键线路。

9.2.4 网络计划优化

网络计划优化，主要是通过对关键线路上的某些关键工作采取一定的施工技术或施工组织措施（如增加人员、周转设备、增加工作班次等），缩短工作持续时间，从而压缩关键线路长度，达到缩短计划工期的目的。

1. 网络计划优化步骤

（1）当计划工期 T_c 大于要求工期 T_r 时，确定压缩目标 $\Delta T = T_r - T_c$。

（2）优先将关键工作持续时间压缩至极限持续时间。此时若出现新关键线路使原关键工作成为非关键工作，则减少压缩幅度使之仍保持为关键工作，即“松弛”。

（3）此时如果 T_c 仍大于 T_r，继续压缩某些关键工作的持续时间，对多条关键线路的不同关键工作应设定相同的压缩幅度。

（4）逐步压缩关键工作的持续时间后，使计划工期缩短幅度达到要求工期，工期优化过程结束。

2. 压缩关键工作的注意事项

（1）采取增加资源投入的方法压缩关键工作时，可将非关键工作的部分资源转移至需压缩的关键工作上。

（2）增加资源投入时，应确保工作有足够的工作面来展开。

（3）采用节假日不休息、12h 工作制或两班制作业时，要符合相关劳动法规。

（4）在缩短工作持续时间的同时，必须保证工程质量和安全施工，还要考虑施工成本。

（5）缩短关键工作的持续时间往往会引起关键线路的转移，因而每压缩一次关键工作时间均应重新计算线路时间，据此确认新的关键工作和关键线路。

9.3 资源计划与平面布置

9.3.1 资源需求计划

项目资源需求计划，是指通过分析和识别项目的资源需求，确定出项目需要投入的资源种类、对应的数量和投入时间的计划活动。工程项目资源种类主要包括劳动力、原材料、施工机械、安装设备、周转材料、临时设备和后勤供应等。一方面，由于资源种类众多、需求量大、波动频繁且约束条件较多，资源需求计划存在一定的复杂性；另一方面，由于对项目工期、成本、质量和安全均具有重大影响，资源需求计划具有极端重要性。以上两方面共同作用，使得项目资源需求计划和管理工作成为施工组织中的核心工作之一。

1. 劳动力需求计划的编制

根据行业劳动定额，结合本地区劳动量的具体情况、工程平面特点、施工进度计划等，确定各个阶段劳动力配置计划，得到劳动力需求计划，如表9-4所示。下面以人工开挖土方工程为例，说明劳动力需求计算过程。

劳动力需求计划表 **表9-4**

工种	劳动力投入情况				
	总图土建	工艺安装	撬装柜吊装	电气安装	消防安装
管理人员	3	3	3	2	1
管工	0	2	0	0	0
焊工	0	1	0	0	0
普工	0	2	0	0	0
起重工	0	0	1	0	0
驾驶员	0	1	1	0	0
信号工	0	0	1	0	0
电工	1	1	0	2	0
辅助工	8	0	2	0	1
合计	12	10	8	4	2

【例9-3】某安装公司进行管道工程的土方开挖，已知土为三类土、土方量为6000m^3，采用人工开挖，开挖深度为4m，工期为30天，相关定额如表9-5所示。试计算所需劳动力种类和数量。

人工开挖土方消耗量定额（10m^3） **表9-5**

定额编号				1-1	1-2	1-3	1-4	1-5	1-6	1-7	1-8
项目				人工挖一般土方（基深）							
				一、二类土		三类土			四类土		
				≤2m	＞2m	≤2m	≤4m	≤6m	≤2m	≤4m	≤6m
基价（元）				200.06	263.14	321.02	437.7	549.24	466.63	583.23	653.76
其中	人工费（元）			198.28	282.25	318.98	436.66	548.57	464.55	582.19	653.39
	材料费（元）			—	—	—	—	—	—	—	—
	机械费（元）			1.78	0.89	2.08	1.04	0.67	2.08	1.04	0.37
名称		单位	单价	数量							
人工	一般人工	工日	—	2.14	3.04	3.44	4.71	5.92	5.01	6.28	7.05
	普工	工日	83.68	1.71	2.44	2.75	3.77	4.73	4.01	5.03	5.64
	技工	工日	128.74	0.43	0.61	0.69	0.94	1.18	1.00	1.26	1.41
机械	夯实机 20～62N·m	台班	37.09	0.048	0.024	0.056	0.028	0.018	0.056	0.028	0.01

解：一般人工：6000m³×(4.71 工日/10m³)=2826 工日

其中普工：6000m³×(3.77 工日/10m³)=2262 工日

技工：6000m³×(0.94 工日/10m³)=564 工日

根据工期 30 天要求，需要安排一般人工：2826/30=94.2 人

其中普工：2262/30=75.4 人

技工：564/30=18.8 人

综上，在每日工作一班的情况下，为按时完成人工开挖土方工作，需要安排一般人工 95 人，其中普工 76 人、技工 19 人。

2. 材料需求计划的编制

根据总施工进度计划，计算出每月的原材料、预制构件使用量，并规划出低成本的采购、运输、存储计划，使每个施工区段的材料存放合理有序。材料采购时，应进行方案优选，选择采购费和储存费之和最低的方案。其计算公式为：

$$F=\frac{Q}{2}PA+\frac{S}{Q}C \tag{9-1}$$

式中 F——采购费和储存费之和，元；

Q——每次采购量，t；

P——采购单价，元/t；

A——仓库储存费率，%；

S——总采购量，t；

C——单次采购运输费，元。

最优采购批量是指采购费和储存费之和最小的采购批量。将式（9-1）对 Q 求导，并令其为 0，可得最优采购批量：

$$Q_0=\sqrt{\frac{2SC}{PA}} \tag{9-2}$$

式中 Q_0——最优采购批量，t。

【例 9-4】某燃气工程工期为 12 个月，需要采购钢管 24000t。根据以上情况，现提出两种采购方案：

方案一：以半个月为单位采购周期，一次采购运输费用为 600 元，钢管单价 4800 元/t，仓库储存费率 3.5%。

方案二：以一个月为单位采购周期，一次采购运输费用为 700 元，钢管单价 4700 元/t，仓库储存费率 3%。

问题：根据案例中提供的资料，通过计算确定应选择哪一种采购方案？

解：分别计算方案一和方案二的采购费和存储费之和 F：

1）方案一：每次采购数量：24000/24=1000t；

则采购费和储存费之和：$\frac{Q}{2}\times P\times A+\frac{S}{Q}\times C$

$=1000/2\times4800\times3.5\%+24000/1000\times600$

$=98400$ 元

2）方案二：每次采购数量：24000/12=2000t；

则采购费和储存费之和：$\frac{Q}{2}\times P\times A+\frac{S}{Q}\times C$

$=2000/2\times4700\times3\%+24000/2000\times700$

$=149400$ 元

因为方案一采购费和储存费之和较小，故应以半月为周期进行采购。

3. 施工机具需求计划的编制

根据施工组织设计中确定的施工方法和工程量，求出施工机具、设备的需求种类和数量，并根据施工进度计划，编制施工机具设备需用量计划，如表9-6所示。

主要施工机具需求计划表 **表9-6**

序号	施工机具	规格	数量	产地	制造年份（年）	额定功率（kW）	用途
1	吊车	25t	1	中国	2015	—	撬装柜吊装
2	对讲机	BF-888S	8	中国	2015	—	现场联络
3	焊机	熊谷320/220	6	中国	1台2012 3台2013	320：9.6kW 220：5.6kW	管道焊接
4	烘烤筒	DT-10T	4	中国	2015	1kW	焊条烘干
5	保温筒	TRB-5A	4	中国	2016	—	焊条保温
6	夜间警示灯	0.3W	10	中国	2016	0.3W	照明、警示
7	彩钢板	围挡001	—	中国	—	—	打围
8	拉力计	—	1	中国	2015	—	剥离强度试验

施工机具的选择多使用单位工程量成本比较法，即依据施工机械的额定台班产量和规定的台班单价，计算单位工程量成本，以选择成本最低的方案。

【例9-5】某安装公司进行管道工程的土方开挖，土方量为6000m^3，平均运土距离8km，合同工期45d。该公司能投入此工程的机械设备如表9-7所示。

工程机械设备表 **表9-7**

挖掘机			
型号	PC01-01	PC02-01	PC09-01
斗容量（m^3）	0.84	1.17	1.96
台班产量（m^3/台班）	600	1000	1580
台班单价（元/台班）	1180	1860	3000
自卸汽车			
载重能力	8t	12t	15t
运距8km台班产量（m^3/台班）	45	63	77
台班单价（元/台班）	516	680	850

问题：若完成该挖土任务要求按表9-7中挖掘机和自卸汽车型号只能各选一种，数量没有限制，应如何组织才最经济？相应的每立方米土方挖运直接费为多少？

解：1）三种型号挖掘机每立方米土方的挖土直接费分别为：

PC01-01：1180/600=1.97元/m^3；

PC02-01：1860/1000=1.86 元/m^3；

PC09-01：3000/1580=1.90 元/m^3。

所以，应选挖土直接费最低的 1.86 元/m^3 的 PC02-01 型挖掘机。

2）三种型号自卸汽车每立方米土方的运土直接费分别为：

8t 车：516/45=11.47 元/m^3；

12t 车：680/63=10.79 元/m^3；

15t 车：850/77=11.04 元/m^3。

所以，应选运土直接费最低的 12t 自卸汽车。

3）相应的每立方米土方挖运直接费为：1.86+10.79=12.65 元/m^3。

9.3.2 施工平面布置

施工平面布置是根据总体施工部署和进度计划，对施工期间所需各项设施和永久建筑物之间空间关系进行的安排，主要内容包括：

（1）用地与建筑红线、场内外通道、场地出入口、现场临时供水、供电接入口位置；

（2）现场施工水准点和控制点；

（3）现有和拟建的建（构）筑物；

（4）现场主要施工机械（垂直运输机械、加工机械）的位置；

（5）生产、生活用的临时设施，包括临时变压器、水泵、办公室、职工宿舍、卫生间（带淋浴）、厨房、供水供电线路、仓库和堆场的位置；

（6）消防和安保设施，消防道路和消火栓的位置，大门、围墙和门卫，现场视频监控系统等。

工程施工平面布置图如图 9-7 所示。

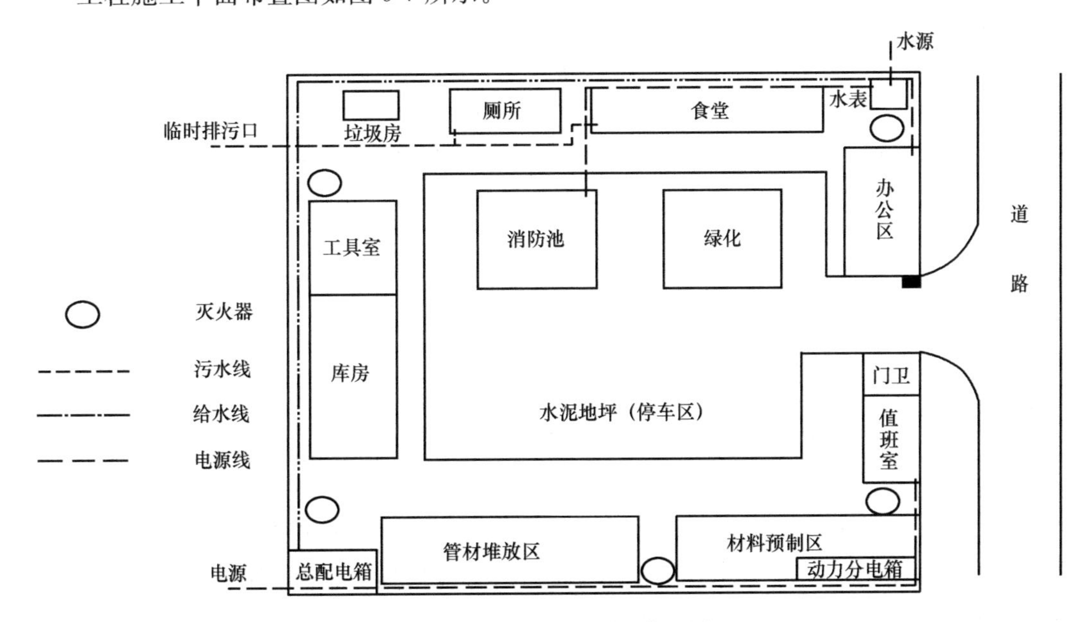

图 9-7 某工程施工平面布置图

其中，仓库等储存设施面积需要经过计算得出为：

$$F=\frac{P}{qk} \tag{9-3}$$

式中 F——仓库所需面积，m^2；

P——仓库材料储备量，t；

k——仓库面积利用系数；

q——单位仓库面积存放材料数量，t。

【例9-6】 某项目需要采购钢管24000t，已知仓库面积利用系数为0.8，每平方米仓库面积存放材料数量为20t，求仓库所需要面积。

解： 根据式（9-3）得仓库所需面积为：

$$F=24000/(20\times0.8)=1500m^2$$

9.4 施工管理措施

9.4.1 施工质量管理

工程质量是指工程满足建设单位需要的，符合国家法律法规、技术规范标准、设计文件及合同中对项目的安全、适用、经济、美观等特性的综合要求。工程项目质量管理是针对工程质量及其影响因素进行的组织、领导、控制、协调等活动。

1. 质量管理要素

(1)“人”(Man)，指直接参与施工的组织者、管理者和具体操作者。人员素质及其组织效果会对工程质量产生重要影响。因此，应加强相关人员的思想教育和培训，特别是对建设、勘察、设计、施工、监理单位项目负责人终身责任制的宣传，确保质量责任落实。同时，应强化落实资质审查制度和相应的奖励机制。

(2)“机械”(Machine)，施工机械设备是实现施工机械化的重要物质基础，是现代化工程建设中必不可少的设施。应根据工程需要从设备选型、主要性能参数及使用操作要求等方面加以控制，使工程所需机械设备及其加工产品达到质量要求。

(3)“材料”(Material)，对材料的控制包括对原材料、半成品、成品、构配件等的控制，包括严格检查验收，建立健全材料管理台账，认真做好收、储、发、运、用等各环节的技术管理，避免混料、错用和使用不合格的材料。

(4)“方法”(Method)，主要包括对施工组织、方案、工艺、技术措施等方法的控制，应切合工程实际，选择可行、合理、适用的技术、工艺和方法，从而在保证工程质量的同时，满足进度和成本的要求。

(5)“环境”(Environments)，影响工程质量的环境因素包括地质、气象、水文等自然环境以及质量保证体系、管理制度、组织结构、工作氛围等管理环境。对于自然环境因素，应充分调查和分析工程沿线和周边的地质、水文等情况，准确预测和研判各类不利因素，有针对性的编制预案。对于管理环境因素，应健全质量保障制度体系，完善质量管理组织结构，形成创优质工程的文化氛围。

(6)“测量”(Measure)，测量主要指为监控和保证产品质量而采用的计量器具、检测方法和技术，涉及计量器具的选择和规范使用、定期的校准和调整、检测过程控制和责任追溯。应推广标准化的计量仪器选择、使用和维护，强化检测流程管理和结果检查。

比如，燃气管道电焊焊缝出现气孔的原因分析，如图 9-8 所示。由图 9-8 可知，燃气管道焊缝出现气孔的原因涵盖人、机、料、法、环、测六个方面。其中，焊丝移动过快和焊枪损坏可能导致气孔出现，焊接人员过度疲劳、工作面潮湿以及焊丝质量缺陷也可能影响焊缝质量。此外，接缝检测不当可能导致气孔未被发现，造成质量隐患。因此，应从以上方面进行焊缝气孔的质量管控。

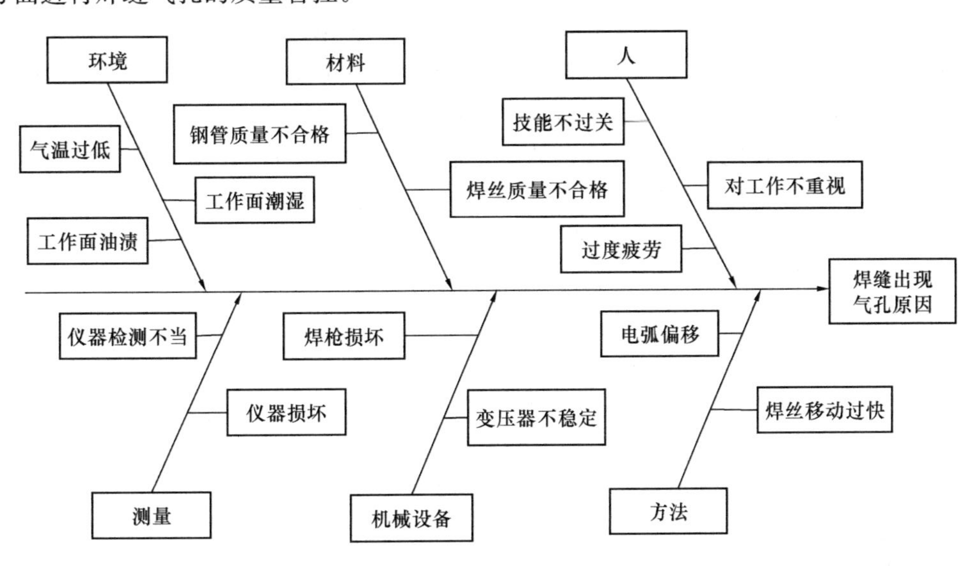

图 9-8 燃气管道焊缝出现气孔原因分析鱼骨图

2. 控制措施

工程施工质量管理是从投入原材料的质量控制开始，到完成整个工程的质量验收和交工后服务的系统过程，分施工准备、施工、竣工验收和回访保修四个阶段。

（1）施工准备阶段质量控制

1）供应商选择与管理。施工中所需的原材料、构配件、机械设备等物资一般由外部供应商供应，因而供应商的优劣直接决定了物资质量的优劣。在物资采购前，应先对供应商进行评价，在综合考察供应商产品质量、企业资质和信誉后，选择质量合格、价格合理的供应商建立合作关系。在合作过程中，依据供应产品的进场检测结果，对合作供应商进行动态调整，提高优质供应商的采购优先级，降低劣质供应商的采购优先级。

2）分包商选择与管理。工程总承包或主承包商将总包的工程项目，按专业性质和工程范围分包给若干个分包商完成。对于拟选择的分包商，应对其技术及管理实务、管理者及特殊工作人员资质、机械设备能力及施工经验进行综合考察和评价，选择合作对象。对分包商的管理也应遵循动态调整、优胜劣汰的原则。

（2）施工阶段质量控制

1）材料、构配件试验和施工检验。对进入施工现场的材料，必须按规范、标准、设计的要求，在使用之前进行检查。材料检查的方法有书面检查、外观检验、理化检验和无损检测四种。严禁将未经检验或检验不合格的材料、构配件、设备等投入使用。检验必须有书面记录并且由负责人签字，确保事后责任追溯。

2）现场质量检查与控制。现场质量检查涵盖工序交接检查、隐蔽工程检查、停工后复工检查、节假日后上班检查、分部分项工程完工后验收检查、成品保护措施检查等，其目的是通过检验确认施工是否符合设计要求和规范，能否进行下一阶段的施工。检查方法主要有目测法、实测法、试验检查等。对于不合格工序必须采取措施加以纠正，并对相关责任人进行处理。

（3）竣工验收阶段质量控制

竣工验收阶段首先要做好竣工预检。竣工预检是承包单位的自我检查，目的是为正式验收做准备。竣工验收预检的过程包括项目部自检、企业复检、向建设单位发送验收报告并提交工程保修书。正式竣工验收关键在于坚持竣工标准，对于无法达到竣工标准的工程，不能进行竣工质量的核定和竣工验收。最后，竣工验收阶段还需要整理竣工验收资料。竣工验收资料是使用、维修、扩建和改建的指导文件和重要依据。在工程完工交接的时候，承包单位应将所有的资料进行分类整理、编目、建档后，移交给建设单位。

（4）回访保修阶段质量控制

工程项目在竣工验收交付使用后，按有关规定，在保修期限和保修范围内，承包单位应主动对工程进行回访，听取建设单位和用户的意见，并进行维修。回访的方式包括季节性回访、技术性回访和保修期满前回访三种。供热与供冷系统保修期为2个供暖期、供冷期，而电气管道、给水排水管道、设备安装保修期为2年。其他项目的保修期限由发包方与承包方约定。建设工程的保修期，自竣工验收合格之日起计算。

9.4.2　施工成本管理

1. 成本管理内涵

施工项目成本是指在施工项目上发生的全部费用总和，包括直接成本和间接成本，其中，直接成本包括人工费、材料费、机械费和措施费；间接成本指施工项目经理部发生的现场管理费。施工成本管理包括成本预测和决策、成本计划编制、成本控制、成本核算、成本分析、成本考核等环节，其中成本计划编制与成本控制是关键环节。

（1）施工成本预测

施工成本预测就是根据成本信息和施工项目的具体情况，对未来的成本水平以及可能发展趋势作出科学的估计，其实质就是在施工以前对成本进行核算。

（2）施工成本计划

施工成本计划是编制施工项目在计划期内的生产费用、成本水平、成本降低率以及为降低成本所采取的主要措施和规划的书面方案，它是建立施工项目成本管理责任制、开展成本控制和核算的基础。

（3）施工成本控制

施工成本控制是指在施工过程中对影响施工项目成本的各种因素加强管理，并采用各种有效措施将施工中实际发生的各种消耗和支出严格控制在计划范围内，将实际成本与计划成本进行分析，从而进行成本控制。

（4）施工成本核算

施工成本核算是指按照规定开支范围对施工费用进行归集，计算出施工费用的实际发生额，并根据成本核算对象，采用适当的方法，计算出该施工项目的总成本和单位成本。

（5）施工成本分析

施工成本分析是在成本形成过程中，综合考虑市场因素和企业内部因素，对施工项目成本进行对比评价和总结工作。成本分析的基本方法包括：比较法、因素分析法、差额计算法和比率法。

（6）施工成本考核

施工成本考核是指施工项目完成后，对施工项目成本形成中的各责任者，按施工项目成本目标责任制的有关规定，将成本的实际指标与计划、定额、预算进行对比和考核，评定施工项目成本计划的完成情况和各责任者业绩，并以此给予相应的奖励和处罚。

2. 成本控制方法

在确定了项目施工成本计划之后，必须定期地进行施工成本计划值与实际值的比较，当实际值偏离计划值时，分析产生偏差的原因，采取适当的纠偏措施，以确保施工成本控制目标的实现。纠偏方法包括：比较、分析、预测、纠偏、检查。

施工成本控制的方法有很多，这里着重介绍偏差分析法中的挣值法（Earned Value，EV）。挣值即已完工作预算费用。

（1）挣值（赢得值）法的三个费用：BCWP、BCWS、ACWP

1）已完工作预算费用（BCWP）＝已完工程量×预算单价

2）计划工作预算费用（BCWS）＝计划工程量×预算单价

3）已完工作实际费用（ACWP）＝已完工程量×实际单价

（2）挣值法的两个偏差

1）费用偏差 CV（Cost Variance），CV＝已完工作预算费用（BCWP）－已完工作实际费用（ACWP）。当 CV＜0 时，成本超支；当 CV＞0 时，成本节约。

2）进度偏差 SV（Schedule Variance），SV＝已完工作预算费用（BCWP）－计划工作预算费用（BCWS）。当 SV＞0 时，进度提前；当 SV＜0 时，进度拖延。

（3）挣值法的两个绩效

1）费用绩效指标 CPI，CPI＝已完工作预算费用（BCWP）/已完工作实际费用（ACWP）。当 CPI＞1 时，成本节约；当 CPI＜1 时，成本超支。

2）进度绩效指标 SPI，SPI＝已完工作预算费用（BCWP）/计划工作预算费用（BCWS）。当 SP＞1 时，进度提前；当 SPI＜1 时，进度拖延。

【例 9-7】某燃气工程公司承接一标段燃气管道铺设工程，前 5 个月完成费用情况如表 9-8所示。合同总价 1500 万元，总工期 6 个月。

完成费用情况　　表 9-8

月份	计划完成工作预算费用 BCWS（万元）	已经完成工作量（%）	实际发生费用 ACWP（万元）	挣值（万元）
1	180	95	185	
2	220	100	205	
3	240	110	250	
4	300	105	310	
5	280	100	275	

问题：（1）计算各月的已完工作预算费用 BCWP、5 个月的 BCWP 及 5 个月累计的

计划完成预算费用 BCWS、实际完成预算费用 ACWP。

（2）计算5个月的费用偏差 CV、进度偏差 SV，并分析成本和进度状况。

（3）计算5个月的费用绩效指数 CPI、进度绩效指数 SPI，并分析成本和进度状况。

【解】（1）各月的 BCWP 计算结果见表 9-9，其中：已完工作预算费用 BCWP＝计划完成预算费用 BCWS×已经完成工作量的百分比，5个月的已完工作预算费用 BCWP 合计为 1250 万元。5个月的累计的计划完成预算费用 BCWS 为 1220 万元，实际完成预算费用 ACWP 为 1225 万元。

计算结果　　　　表 9-9

月份 ①	计划完成工作预算费用 BCWS（万元） ②	已经完成工作量 （%） ③	实际发生费用 ACWP （万元） ④	挣值 （万元） ⑤＝②×③
1	180	95	185	171
2	220	100	205	220
3	240	110	250	264
4	300	105	310	315
5	280	100	275	280
合计	1220		1225	1250

（2）总费用偏差 CV＝BCWP－ACWP＝1250－1225＝25 万元，表明费用节约。总进度偏差 SV＝BCWP－BCWS＝1250－1220＝30 万元，由于 SV 为正，说明进度提前。

（3）费用绩效指数 CPI＝BCWP/ACWP＝1250/1225＝1.0204，由于 CPI 大于 1，说明费用节约。进度绩效指数 SPI＝BCWP/BCWS＝1250/1220＝1.0246，由于 SPI 大于 1，说明进度提前。

9.4.3　施工安全管理

安全管理是为施工项目实现安全生产开展的管理活动。施工现场安全管理的重点是控制人的不安全行为与物的不安全状态，落实安全管理决策与目标，以避免事故伤害、减少事故损失。人的不安全行为分为有意和无意两类。前者包括各种故意冒险和违反规章行为，后者包括疲劳、身体缺陷、精力不济等导致的误操作。物的不安全状态包括设备、材料、机械、环境的不安全状态，如钢管堆放失稳、沟槽边坡倾角过大、电焊机漏电等。燃气工程的施工涉及吊装、土建、安装、焊接等多工种的组合，既可能面临深沟或高空作业，也可能需要带气施工，因此施工安全风险更加突出。为控制人的不安全行为和物的不安全状态，必须对危险源进行有效辨识和防控，同时构建组织机构和责任体系、人员教育培训体系等安全管理体系。

1. 危险源辨识与防控体系

燃气工程施工涉及众多危险源，必须对工程中各类危险源进行辨识和有针对性的防控，才能保证施工安全。燃气工程施工所涉及的部分事故如表 9-10 所示，部分事故控制措施如表 9-11 所示。

燃气工程施工部分事故类型 **表 9-10**

序号	意外事故	原因	危害	涉及岗位
1	氧气、乙炔气瓶爆炸	A. 野蛮运输、装卸、猛烈撞击； B. 高温暴晒，钢瓶超压破裂	人员伤亡、财产损失、火灾	焊工、普工、管工
2	眼睛伤害	A. 电弧强光伤害； B. 未戴护目镜，铁屑焊渣飞溅； C. 砂轮片爆裂	眼睛受伤、外伤	焊工、普工、管工
3	触电	A. 电焊机漏电； B. 砂轮机漏电	人员伤亡	焊工、普工、管工
4	高空坠落	A. 高空作业工具、工件坠落； B. 高空作业未拴保险带、未戴安全帽	死亡、重伤、骨折、脑震荡	焊工、普工
5	管口爆裂	A. 焊接质量不好； B. 母材质量缺陷	人员伤亡、财产损失	管工、普工
6	法兰盲板爆裂	A. 法兰、盲板压力等级与管路设计压力不符； B. 法兰、盲板焊接质量不合格； C. 法兰、盲板使用前未试压	人员伤亡、财产损失	管工、普工
7	吹扫伤害	A. 吹扫口无人警戒，有过往人员和操作人员； B. 吹扫出的木棒、扁铲、石块等伤人	人员受伤	管工、焊工、普工

燃气工程施工部分事故控制措施 **表 9-11**

序号	意外事故	控制措施	实施人	检查人
1	火灾爆炸	A. 运输装卸易燃易爆物品，要有防振圈，轻拿轻放； B. 高温情况下，气瓶要搭设遮阳棚，防止太阳直射，温度过高； C. 气瓶摆放在电弧焊的上风方向，避免电弧焊火花飞溅引起火灾、爆炸； D. 熟练使用消防器材，及时控制险情	班组长 操作员	HSE 监督员、检查员
2	眼睛伤害	A. 焊工防护面罩穿戴齐全，避免电弧强光伤害； B. 焊工、管工在加工坡口时戴好护目镜，防止铁屑飞溅伤眼	班组长 操作员	HSE 监督员、检查员
3	触电	A. 坚持设备巡检制，定期检查设备状况，发现隐患及时整改； B. 穿戴好劳动保护用品，禁止在雨天和潮湿地方作业； C. 如发现触电事故，应迅速切断电源，对触电者进行急救	班组长 操作员	HSE 监督员、检查员、电工
4	高空坠落	A. 严格按照高空作业要求戴好安全帽、系安全带、穿防滑鞋，保险带要高挂低用； B. 无特殊情况不得进行交叉作业，必要时支挂安全网、棚； C. 遵守安全纪律，作业前不能饮酒，作业时禁止打闹、嬉戏	班组长 操作员	HSE 监督员、检查员

续表

序号	意外事故	控制措施	实施人	检查人
5	管口爆裂	A. 保证焊接质量，经探伤检查合格后才允许试压； B. 管材要有质量保证书	班组长 操作员	HSE 检查员、 监督员、 质检员
6	法兰盲板爆裂	A. 法兰要有出厂检验合格证，要与安装的设备相匹配，供应、质检人员把好质量关； B. 法兰、盲板的焊接质量要符合要求，经探伤检查合格后才允许试压	班组长 操作员	HSE 检查员、 监督员、 质检员
7	吹扫伤害	A. 吹扫时吹扫口不能对准居民、人群、高压线； B. 50m 范围内设警戒线，严禁在吹扫口附近路过、逗留、作业	班组长 操作员	HSE 监督员、 检查员、 技术员

2. 组织机构和责任体系

施工现场应设有安全管理机构，施工项目负责人应同时担任安全负责人，并配备专职安全员。同时，还需要建立各级人员安全生产责任制度，从经理到工人的生产系统做到纵向到底，一环不漏；各职能部门、人员的安全生产责任做到横向到边，人人负责。安全生产责任落实情况的检查，应认真、详细记录，并作为绩效考核的原始资料之一。

施工项目应通过监管部门的安全生产资质审查，并得到认可。一切从事生产管理与操作的人员需依照其从事的生产内容，分别通过企业、施工项目的安全审查，取得安全操作许可证，持证上岗。特种作业人员不仅需要通过企业安全审查，还需按规定参加安全操作考核，取得监管部门核发的《安全操作合格证》，持证上岗。施工现场出现特种作业人员无证操作现象时，施工项目经理必须承担管理责任。

3. 人员教育培训体系

进行安全教育与培训，增强人员安全生产意识，提高安全生产水平和能力，有效防止不安全行为。安全教育培训是进行人的行为干预的重要方法和手段。因此，进行安全教育培训应适时、宜人，内容合理，方式多样，形成制度。

安全教育培训包括知识、技能、意识三个阶段的教育。安全知识教育应使操作者了解、掌握生产操作过程中潜在的危险因素及防范措施；安全技能训练应使操作者逐渐掌握安全生产技能，获得完善、自动的安全行为方式，减少操作失误；安全意识教育应着重于确保操作者自觉实行安全技能。为了提高教育培训效果，可采用沉浸式、体验式教育培训方法，通过虚拟现实、增强现实、混合现实等技术模拟物体打击、坠落、电击等事故发生过程，让学员获取更真实的感知体验，从而增强安全意识、提高安全技能，如图 9-9 和图 9-10所示。

9.4.4　施工环境管理

1. 环境管理概述

环境保护是按照法律法规、各级主管部门和企业的要求，保护和改善作业现场的环境，控制现场的各种粉尘、废水、废气、废物、噪声、振动等对环境的污染和危害。文明施工是指保护施工现场良好的作业环境、卫生环境和工作秩序，包括作业环境整洁卫生、

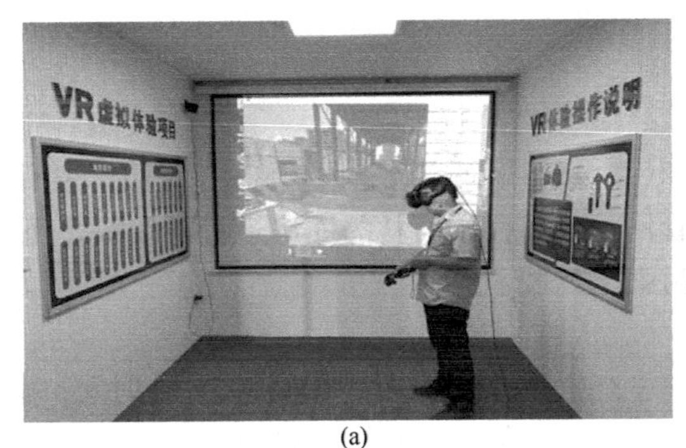

(a)

(b)

图 9-9 VR安全事故沉浸式培训

(a)

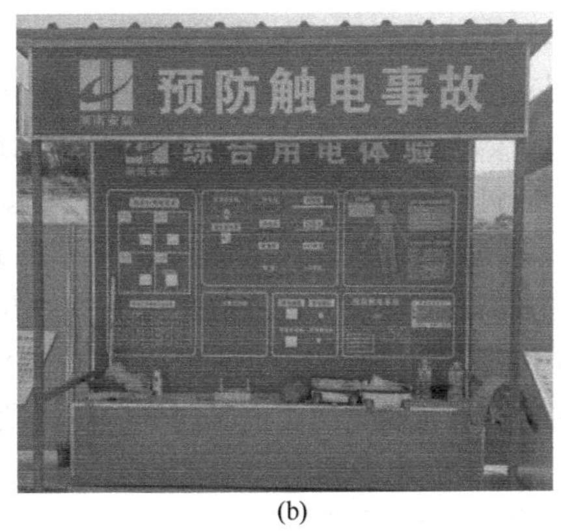

(b)

图 9-10 安全事故体验式培训

现场组织有序、减少施工对周围居民和环境的影响、保证职工的安全和身体健康等。

施工现场污染源是环境管理的重点，主要包括：

（1）大气环境污染源，包括施工现场砂石料扬尘、运输车辆的二次扬尘、作业机械车辆尾气排放、电弧焊产生的光污染等。

（2）水环境污染源，包括泥浆、混凝土养护用水、施工机械的废油料及润滑油等生产的废水，以及粪便污水、场地冲洗污水等生活污水。

（3）噪声污染源，包括施工机械、材料加工、振捣机械、运输车辆、空气压缩机和柴油发电机等机械设备产生的噪声。

（4）固体废弃物，包括施工弃土弃渣、钢筋废料、管材废料、填充材料废弃物、薄膜塑料布、施工人员日常生活垃圾等。

2. 施工环境管理措施

（1）大气污染的防治措施

防治大气污染的重点是控制机械车辆尾气污染以及扬尘污染。前者主要依靠选用符合国家标准的施工机械设备和运输工具，同时施工运输避开交通高峰时段，大件或突击运输选择夜间进行，减少污染。

控制扬尘污染需采取措施包括：施工道路硬化处理；裸露土方和建筑垃圾应覆盖、固化或绿化；对驶出车辆进行清洗；现场垃圾需及时清运，同时严禁抛掷、焚烧各类垃圾和废弃物，此外，现场应使用预拌制混凝土及预拌砂浆，需要现场搅拌时应采取封闭、降尘、降噪措施。

（2）水污染的防治措施

生活污水应按国家规范进行处理并且达标后，才能排入市政管网。施工过程中产生的污水必须经过沉淀池沉淀后，排入市政雨水管网。现场存放油料的库房进行防渗漏处理，存储和使用都要采取措施，防止油料泄漏，污染土壤水体。

（3）噪声污染的防治措施

合理安排施工，尽可能减少机械作业过程中产生的机械噪声。严格控制作业时间，施工时间（早6：00至晚8：00），噪声应控制在80dB以内。对噪声较大的机械设备尽量不同时开启或尽量避开夜间和午休时间。施工场地应根据实际情况，采取相应的降声措施。施工机械及运输车辆，采取禁（限）鸣措施，减少噪声污染。

（4）固体废弃物的处置措施

建立严格的固体废弃物管理制度。废弃物设专用场地堆放，集中管理。生活区设置若干垃圾桶，集中贮放生活垃圾，定期运至指定的垃圾场处理或进行深埋。施工过程中的废弃物、边角料、包装袋等及时收集、清理，运至垃圾场掩埋。在维修或保养机械的过程中严格执行废弃物回收制度，对维修或保养机械过程中产生的废零件、废手套、废棉纱等废弃物，指定专人负责回收，并设立收集废弃物的专门容器。例如，焊条头、焊渣、砂轮片、短截铁丝等小件废弃物放在随身携带的盛装容器内，大件废弃物（如钢材的边角余料、废弃木材等）堆放在施工现场指定的临时堆放点，歇工时放置于工地废弃物回收桶内。

9.4.5　施工信息管理

1. 信息管理概述

施工信息管理的目的是通过对信息传输的有效组织、管理和控制为施工阶段乃至整个项目生命周期全过程活动提供增值服务。施工所涉及的信息可分为劳动力、材料、机械设备等资源信息，也可分为成本、质量、进度、安全、环境等属性信息。项目信息具体分类，如表9-12所示。

不同分类方法的项目信息种类　　表9-12

分类方法	信息类型	分类方法	信息类型
按信息来源分	内部信息	按生产要素分	劳动力管理信息
			材料管理信息
	外部信息		机械设备管理信息
			技术管理信息
按管理目标分	成本控制信息		资金管理信息
	质量控制信息	按工作流程分	计划信息
	进度控制信息		执行信息
	安全控制信息		检查信息
按管理层信息分	决策层信息		反馈信息
	管理层信息	按稳定度分	固定信息
	实施层信息		动态信息

2. 现代项目信息管理

建筑信息模型（BIM）是一种全新的建筑设计、建造、管理的三维数字化方法。通过将决策、设计、建造、运营等阶段的所有资料和信息全部包含在三维模型中，让任何阶段的工作人员在使用该模型时都能拥有完整精确的数据，从而提高管理效率。当前 BIM 的核心应用点包括：碰撞检查、材料构件数据管理、造价计算与管控、现场布置、进度管理以及虚拟施工等。

（1）碰撞检查

对燃气、空调、供配电、给水排水等各类复杂管道的设计图纸进行三维自动化碰撞检查，优化有限空间内的管道布置，大幅减少施工中设计变更、管道调整杂乱无序问题，如图 9-11 所示。

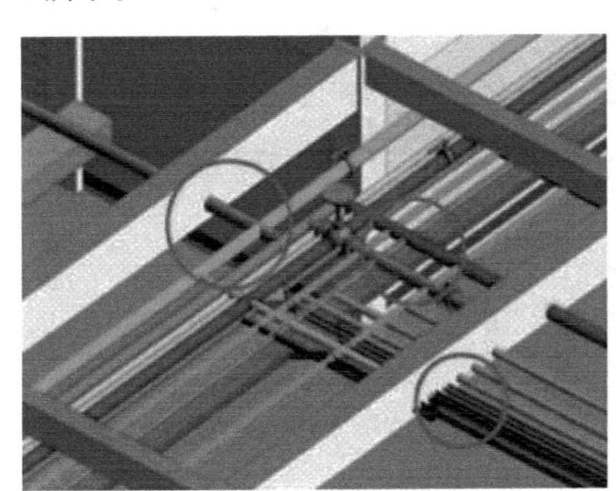
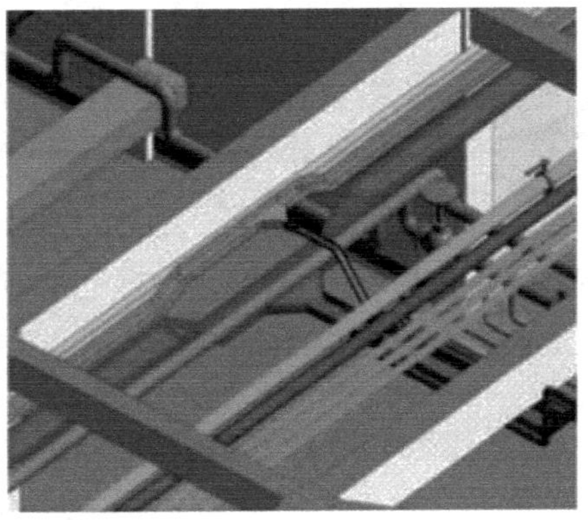

图 9-11　BIM 碰撞检查

（2）资源与产品数据集成

资源数据集成能够涵盖人、机、料等所有施工资源的数据库信息，从而实现资源的优化调配与跟踪，也能够为成本、进度、现场、质量等管理提供基础性数据资源支撑，如图 9-12所示。产品数据集成则是将资源数据与产品构件数据链接，从而实现工程产品质量自动化终生追溯，同时能够实现构件维修、保养、更换的信息化、智能化、可视化，降低运营维护成本。

（3）虚拟施工

以三维可视化模型模拟施工过程，从而对现场空间变化、施工进度计划、工段作业安排和工艺流程等进行全方位综合验证，找出不合理环节和薄弱节点，从而实现现场布置和临时设施优化、施工进度与流程优化、流水工段优化，最终实现资源、时间、空间的节约，如图 9-13 所示。

3. 燃气工程建设期数据采集

城镇燃气管道与场站完整性管理可借鉴油气长输管道与场站工程较为成熟的完整性管理技术方法。燃气工程建设期的数字化测绘与数据采集是燃气设施完整性管理的基础。燃气工程完工交接前，应进行钢质管道防腐层检测及埋深检测、非金属管道的示踪线及信号源检测，记录相关的检测结果和整改情况，同时进行管道走向图绘制和重要信息收集，建立燃气管道、场站完整性管理基础信息台账。数据采集与恢复包括系统设计、施工、运

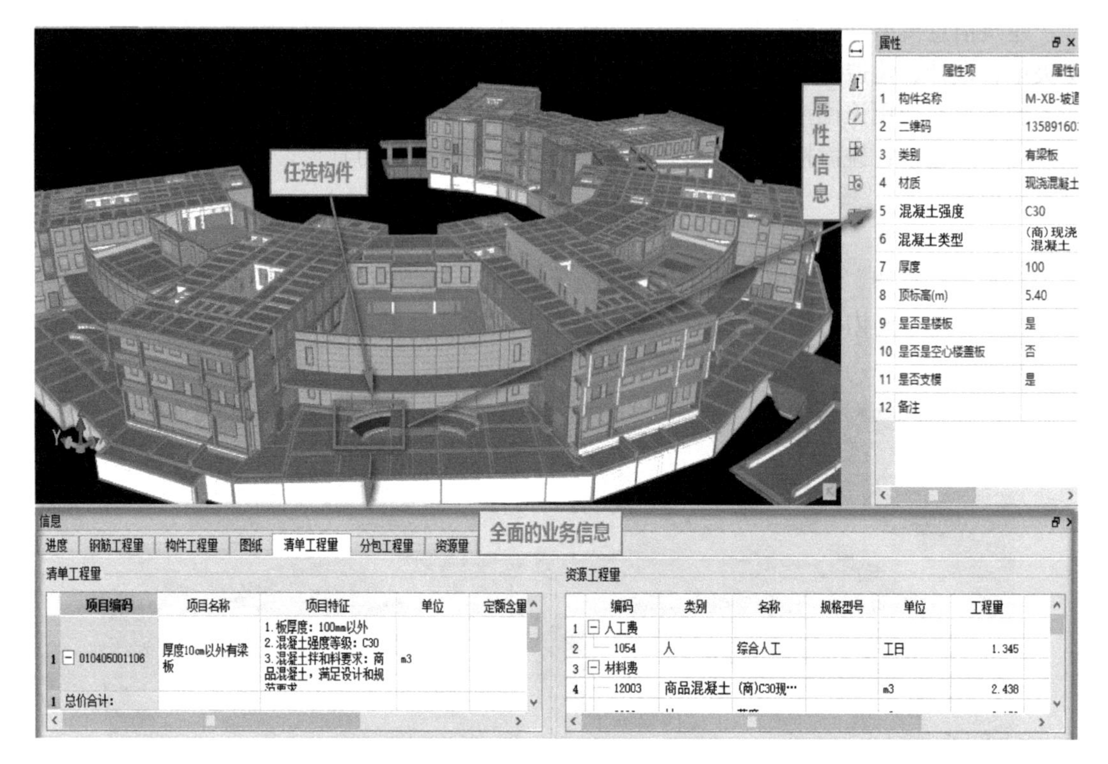

图 9-12　BIM资源信息集成

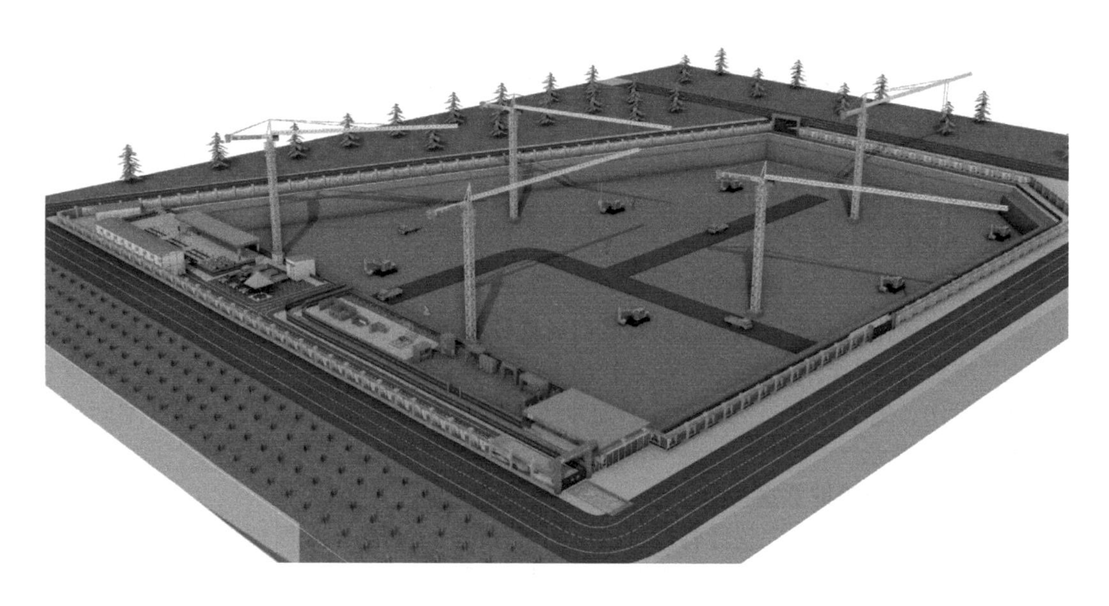

图 9-13　BIM虚拟施工优化

行、检测评价、维修维护等各环节的相关信息数据，并将之录入地理信息系统（Geographic Information System，GIS）中，将燃气管道、场站的空间信息与属性数据统一起来，实现信息的共享、交互、集成。

（1）采集内容

燃气工程建设期数据采集内容宜包括：

1）管道焊接：焊口编号、焊接工艺规程编号、焊接日期、管号、钢管长度、钢管规格、防腐等级、焊口是否返修。

2）焊口补口：焊口编号、防腐类型、补口材料名称、材料生产厂家、材料批号、材料规格型号、底漆材料名称、补口日期。

3）管道竣工测量：焊口编号、焊口以及水平和纵向拐点坐标、水平转角、纵向转角、地表高程、管顶高程、线路施工规范编号。

4）管道固定口焊接及无法试压焊口信息：焊口编号、焊口类型（死口/连头口）、无法试压原因。

5）穿跨越

①大开挖穿越：穿入点坐标、穿出点坐标、所有焊口编号和坐标、穿越管道长度、管顶标高、埋深。

②顶管穿越：穿入点坐标、穿出点坐标、地表高程、焊口编号、穿越管道长度。

③水平定向钻穿越：穿入点坐标、穿出点坐标、高程、入土角、出土角、焊口编号、穿越管道长度。

6）管道沿线地下障碍物：障碍物名称、桩号、相对位置、障碍物坐标、障碍物类型、所属单位、最小间距、埋深、障碍物描述。

7）管道试压：试压区间、管道规格、长度、试压情况描述、试压起止时间。

8）场站工艺管道安装及检测：位号、焊口编号、钢管/管件信息（规格、材质、管件名称）、焊接日期、焊口是否返修、工艺管道焊口编号单管图。

9）场站设备统计：分类采集设备名称、位号、型号及规格。

10）场站总平面布置图：场站四角坐标、基准点桩号、基准点地理坐标 X、基准点地理坐标 Y、基准点建筑相对坐标、基准点高程、建（构）筑物编号、建（构）筑物名称及规格、建（构）筑物单位、建（构）筑物数量、建（构）筑物档案号、配准控制点地理坐标 X、配准控制点地理坐标 Y、配准控制点高程。

（2）采集要求

燃气管道和场站安装完毕后（隐蔽工程在隐蔽前），由施工承包商采集并录入建设期完整性管理数据采集系统。

思考题与习题

1. 编制燃气工程施工组织设计的目的及其主要内容是什么？
2. 简述组织工程施工的基本方式及其适用范围。
3. 简述横道图的优缺点。
4. 简述网络计划的优缺点及其适用范围。
5. 如何利用双代号网络计划关键线路？

6. 简述施工平面布置的编制程序。
7. 如何进行工程质量控制?
8. 简述施工成本控制的程序及其主要内容。
9. 简述工程事故处理程序。
10. 简述工程项目信息管理的任务。
11. 某燃气工程各项工作间的逻辑关系如表9-13所示，试绘制其双代号网络图。

某燃气工程逻辑关系 **表9-13**

工作名称	紧前工作	紧后工作	持续时间（d）
A	—	C、D	2
B	—	E、G	3
C	A	J	5
D	A	F	3
E	B	F	2
F	D、E	H、I	4
G	B	—	2
H	F	J	1
I	F	—	3
J	C、H	—	4

本章参考文献

[1] 何利民，高祁. 油气储运工程施工[M]. 北京：石油工业出版社，2012.
[2] 黄梅丹. 城镇燃气输配工程施工手册[M]. 北京：中国建筑工业出版社，2018.